普通高等教育"十三五"规划教材

Visual Basic 6.0 程序设计实用教程

主　编　张彦玲　于志翔
副主编　汤　莉　张　卉

U0316644

中国铁道出版社有限公司
CHINA RAILWAY PUBLISHING HOUSE CO., LTD.

内 容 简 介

本书重点阐述 Visual Basic 6.0 程序设计的编程思路和实现方法，以及面向对象程序设计的基本概念，并结合大学生的特点，突出了计算机在教学过程中的实际应用。全书思路清晰、通俗易懂、实例丰富，包括 Visual Basic 常用内部控件、程序控制结构、数组、菜单、文件、对话框以及数据库应用等内容。通过学习，读者能够充分利用 Visual Basic 的强大功能进行前台设计，并掌握连接 Access 数据库作为后台支持的方法与技巧。

本书内容丰富、实用性强，既可以作为高等院校非计算机专业学习 Visual Basic 6.0 程序设计的教材，也可以作为大学生参加全国计算机等级考试二级 Visual Basic 考试的参考书目。

图书在版编目（CIP）数据

Visual Basic 6.0 程序设计实用教程 / 张彦玲，于
志翔主编. — 北京：中国铁道出版社，2017.2 （2020.9重印）
普通高等教育"十三五"规划教材
ISBN 978-7-113-22838-5

Ⅰ．①V… Ⅱ．①张… ②于… Ⅲ．①BASIC 语言—程
序设计—高等学校—教材 Ⅳ．①TP312.8

中国版本图书馆 CIP 数据核字（2017）第 032665 号

书　　名：Visual Basic 6.0 程序设计实用教程
作　　者：张彦玲　于志翔

策　　划：魏　娜　　　　　　　　　　　编辑部电话：（010）63549508
责任编辑：陆慧萍　鲍　闻
封面设计：白　雪
责任校对：张玉华
责任印制：樊启鹏

出版发行：中国铁道出版社有限公司　（100054，北京市西城区右安门西街 8 号）
网　　址：http://www.tdpress.com/51eds/
印　　刷：北京虎彩文化传播有限公司
版　　次：2017 年 2 月第 1 版　　2020 年 9 月第 4 次印刷
开　　本：787mm×1 092mm　1/16　印张：17.75　字数：431 千
书　　号：ISBN 978-7-113-22838-5
定　　价：40.80 元

随着社会步入以计算机和多媒体网络技术为代表的信息化时代，人类正在向信息化社会迈进，世界各国对教育的发展给予了前所未有的关注。在信息社会中，信息、知识和技术将成为社会发展的动力及经济发展的基础，计算机作为信息社会中必备的工具已经成为一种普及的文化，与人们的日常工作和生活密不可分，计算机应用水平已成为衡量现代人才综合素质的重要指标之一，大学计算机基础教育在本科各专业培养中已成为不可或缺的组成部分。

按照教育部高等教育司组织制定的《高等学校文科类专业大学计算机教学要求》的精神，我们对现有的教学模式进行了新一轮改革，建立了一套根据学科差别、分三个层次、按模块划分教学内容、突出实验教学的新的教学模式，以缓解学生对计算机知识多层次需求与学校课时紧张之间的矛盾，将计算机教育与专业教育融合在一起。

我们编写的《Visual Basic 6.0 程序设计教程》曾获得"教育部文科计算机基础教学指导委员会立项教材"，并荣获天津市"十二五"规划教材。在此基础上，我们组织具有多年教学和实践经验的一线教师，编写《Visual Basic 6.0 程序设计实用教程》，作为第二层次计算机基础课程教材，旨在突出理论与实践相结合、面向应用、培养学生的编程兴趣和实际操作能力。

本书以 Microsoft Visual Basic 6.0 中文企业版为背景，全面介绍了 Visual Basic 6.0 程序设计语言的开发环境、基本语法、界面设计、程序控制结构，以及数据库开发与应用等内容，按照循序渐进、图文并茂、通俗易懂的原则编写，具有内容紧凑、逻辑性强、行文简练、即学即用的特点。通过学习，读者不仅能够掌握一门实用的计算机语言，还能在创新意识和探索精神等方面获得启迪。

全书共分 11 章。第 1 章介绍 Visual Basic 的特点、安装、启动方法及开发环境的组成，通过简单示例讲解 Visual Basic 程序设计的基本思路和操作顺序；第 2 章结合基本控件的使用介绍简单程序设计的方法；第 3 章介绍常量、变量、表达式、常用函数等程序设计语言基础知识；第 4 章详细介绍三种程序控制结构；第 5 章介绍过程；第 6 章详细介绍数组及其应用；第 7 章介绍图形操作；第 8 章介绍用户界面设计方法；第 9、10 两章分别介绍文件和数据库两种数据存储技术，这是数据管理必备知识。其中，第 10 章以 Microsoft Access 2010 为背景，介绍了数据库基本知识、创建与访问方法、SQL 语言、Data 控件，以及 ADO 数据对象等内容。第 11 章通过创建一个股票交易查询实例，介绍了数据库应用程序开发的基本方法。本书配有电子课件和全套的实例源程序。

　　本书的编写人员均为天津财经大学一线教师。本书由张彦玲、于志翔任主编，汤莉、张卉任副主编。具体编写分工如下：第 1 章由张卉编写；第 2～7 章由张彦玲编写；第 8 章由汤莉编写；第 9～11 章由于志翔编写。全书由张彦玲和于志翔统稿。

　　本书在编写过程中得到了天津财经大学教务处、理工学院以及信息科学与技术系各位领导的大力支持；得到了华斌教授、刘军教授、何丽教授以及计算机公共基础教研室全体教师的鼎力帮助。此外，孙宪、王雪竹、曾华鹏、刘国梁等参与了素材搜集、资料加工整理、图像截取以及书中部分程序的上机调试等工作，在此一并表示衷心的感谢！

　　由于编写时间仓促，作者水平所限，书中尚有不当和疏漏之处，敬请同行、专家、广大读者批评指正。

编　者

2017 年 1 月

目　录

第 **1** 章 Visual Basic 程序设计概述

Visual Basic 作为一种功能强大、简单易学的程序设计语言，成为很多编程初学者选择的语言，也是很多高校教学用程序设计语言。

程序设计就是设计、书写及检查程序的过程。要设计出一个好的程序，首先必须了解利用计算机解决问题的过程，其次应该掌握程序设计的基本技术，最后需要熟练掌握一种程序设计语言。

本章重点介绍 Visual Basic 6.0 的功能特点以及开发环境，对程序设计的基本原理进行简要叙述，介绍 Visual Basic 面向对象的基本概念、程序设计的基本步骤和工程管理的方法。最后通过两个简单的例子说明 Visual Basic 应用程序设计的一般过程。

1.1 Visual Basic 简介

Visual Basic 是在 Windows 环境下运行的，是一种可视化、面向对象和采用事件驱动方式的结构化高级程序设计语言，可用于开发 Windows 环境下的各类应用程序。

Visual Basic 是微软公司推出的一种程序设计语言，是在 BASIC 语言的基础上研制而成的，是面向对象程序设计中的有力工具。它继承了 BASIC 的特点，是一种简单易学、效率高且功能强大的计算机语言，对计算机的推广、应用起到了强大的促进作用，成为广为流行的程序设计语言。

Visual Basic 应用程序的开发是在一个集成环境中进行的，只有了解了这个环境，才能编写出 Visual Basic 应用程序。

1. Visual Basic 的功能与发展

在 Visual Basic 环境下，利用事件驱动的编程机制，可视化设计工具，使用 Windows 内部的应用程序接口（API）函数、动态链接库（DLL）、动态数据交换（DDE）、对象的链接与嵌入（OLE）等技术，可以快速开发出功能强大、图形界面丰富的软件系统。

随着版本的提高，Visual Basic 的功能越来越强，5.0 版以后，Visual Basic 推出了中文版，Visual Basic 6.0 版又在数据访问、控件、语言、向导，以及 Internet 支持等方面增加了许多新功能。

2. Visual Basic 的版本

Visual Basic 6.0 有三个版本，分别为不同层次的人员和开发需求而设计，用户可以根据自己的情况和需要进行购买、安装相应的软件。

Visual Basic 标准版：是初学者学习 Visual Basic 开发应用程序的学习版本，提供了各种控件和数据库访问的基本功能。

Visual Basic 专业版：在标准版的功能基础上，提供了更加完整的工具集和各种附加功能，为专业人员开发客户/服务器应用程序提供条件。

Visual Basic 企业版：包含专业版的全部功能和特征，适合专业人员开发更高性能的分布式应用程序，能够快速访问 Oracle 和 Microsoft SQL Server 等数据库，为创建更高级的客户/服务器或 Internet/Intranet 的应用程序而设计。

3．Visual Basic 的启动与退出

（1）启动 Visual Basic

启动 Visual Basic 如同启动 Windows 其他应用程序，可以通过多种操作方式实现：

① 选择"开始"菜单中的"程序"命令，然后选择"程序"组中的"Microsoft Visual Basic 6.0 中文版"程序组，在其中选择"Microsoft Visual Basic 6.0 中文版"命令，即可启动 Visual Basic 6.0。

② 在桌面上双击 Microsoft Visual Basic 6.0 中文版的快捷方式。或者在资源管理器中找到 Visual Basic 6.0 安装目录，双击 Vb6.exe 可执行文件，也可运行 Visual Basic 系统。

③ 选择"开始"菜单中的"运行"命令，弹出一个对话框，在"打开"栏内输入 Visual Basic 6.0 启动文件的路径与名称，再单击"确定"按钮，即可启动 Visual Basic。

Visual Basic 系统启动后，出现图 1-1 所示的"新建工程"对话框，该对话框共有三个选项卡，单击"新建"选项卡，可以在其中选择要创建的应用程序类型，选择其中某一种应用程序类型后，单击"打开"按钮，即可建立一个新的 Visual Basic 工程。单击"现存"选项卡，可以在选定的文件夹中，选择已经存在的工程文件。单击"最新"选项卡，可以在最近使用过的工程中，选择所需要的工程文件。创建或打开工程文件后，即可进入 Visual Basic 的集成开发环境。

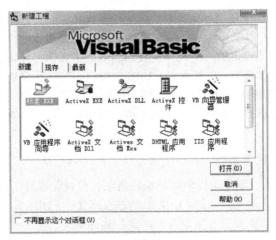

图 1-1　"新建工程"对话框

（2）退出 Visual Basic

退出 Visual Basic 系统如同退出 Windows 其他应用程序，可以选择下列方法之一：

① 选择"文件"菜单中的"退出"命令。

② 单击应用程序"关闭"按钮退出当前应用程序。

Visual Basic 系统在退出前，会自动判断用户在本次操作中是否修改了工程文件的内容，并询问用户是否保存文件，用户确认后可退出 Visual Basic 系统。

1.2　Visual Basic 的特点

Visual 表示可视，即程序员可在图形用户界面下开发应用程序，不需要编写大量代码去描述界面元素的外观和位置，只要把预先建立的对象放到界面上即可。

Visual Basic 是易学易懂、非常受欢迎的 Windows 应用程序的开发语言，它具有以下基本特点：

1．可视化的设计平台

Visual Basic 提供的是可视化的设计平台，把 Windows 界面设计的复杂性"封装"起来，用户只需按设计的要求，用系统提供的工具在屏幕上画出各种对象，并为其设置相应的属性，Visual Basic 自动产生程序界面的设计代码。可视化程序设计为开发 Windows 风格的应用程序提供了简化编程难度的有效方法，大大提高了编程的效率。

2．事件驱动的编程机制

事件驱动是一种适用于图形用户界面的编程方式。当用户在操作界面上点击对象时，该对象就会触发一个事件，此时该事件所对应的程序代码就会被执行，从而完成指定的操作任务。

3．充分利用系统资源

动态数据交换（Dynamic Data Exchange，DDE）是 Windows 操作系统下应用程序间的一种标准通信方式。Visual Basic 支持 DDE，并可以实现和其他支持 DDE 的应用程序进行动态数据交换或通信。

Visual Basic 支持 Windows 的对象链接与嵌入技术（Object Link and Embedding，OLE），其他应用程序的对象能够链接或嵌入到 Visual Basic 应用程序中，例如 Word 文档、Excel 电子表格、图像、声音等，使 Visual Basic 能够充分利用其他应用程序的数据。

动态链接库（Dynamic Link Library，DLL）是 Windows 最显著的特点之一，Visual Basic 支持这项技术。在 Visual Basic 程序运行中，需要调用函数库的某个函数时，Windows 就从 DLL 中读出并运行它。例如，可以将用 C、C++、汇编语言等编写的程序添加到 Visual Basic 程序中。

4．较强的数据库管理功能

可以直接在 Visual Basic 中建立或访问 Access 桌面数据库系统，也能够访问其他外部数据库。Visual Basic 提供了能自动生成 SQL 语句的功能和新的 ActiveX 数据对象（ADO）。

5．全面支持多媒体技术

Visual Basic 提供了多种功能的多媒体控件，能够使用户在较短的时间内，很快掌握编写图、文、声、像并茂的多媒体应用程序的技能。

1.3　Visual Basic 的开发环境

Visual Basic 系统为用户开发应用程序提供了一个良好的集成开发环境，如图 1-2 所示。它集成了各种不同的功能，例如用户界面设计、代码编辑、模块的编译、运行、调试等。该界面由多个窗口构成了 Visual Basic 的集成开发环境。开发 Visual Basic 应用程序时，需要将这些窗口配合使用。

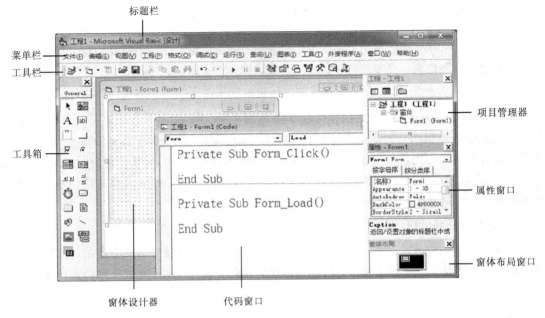

图 1-2   Visual Basic 集成开发环境

1.3.1   主窗口

Visual Basic 系统的主窗口由标题栏、菜单栏和工具栏组成,为用户提供了开发 Visual Basic 应用程序的各种命令和工具。

1. 标题栏

标题栏与 Windows 其他应用程序相似,另外说明了当前的工程文件名和 Visual Basic 的当前工作模式状态,例如图 1-2 标题栏中的"[设计]",表明集成开发环境此时处于设计模式。Visual Basic 的三种工作模式及其作用如下:

（1）设计模式

在该模式下,用户可以进行程序界面的设计和代码的编写工作。

（2）运行模式

程序界面和代码的设计完成后,运行应用程序时处于该模式。Visual Basic 应用程序运行后,一直处于等待事件发生的状态中,退出应用程序,则回到设计模式。运行阶段不能进行界面和代码的编辑工作。

（3）中断模式

应用程序运行出现错误时,处于中断模式。该阶段可以编辑代码,重新运行程序,但是程序界面不能够被编辑。

2. 菜单栏

菜单栏中包含 Visual Basic 系统所有的可用命令,这是程序开发过程中用于设计、调试、运行和保存应用程序所需要的命令。

①"文件"：主要提供创建、打开、保存和增删工程文件等操作命令。将当前应用程序生成可执行文件的操作命令也在其中。

②"编辑"：主要提供编辑应用程序的各种操作命令。

③"视图"：主要提供设计程序界面、运行和调试程序时各种窗口的切换。

④"工程"：主要提供为工程添加窗体、模块、控件、部件等对象的命令。

⑤"格式"：主要提供窗体控件的对齐、尺寸及间距等格式化命令。

⑥"调试"：主要提供调试程序的各种命令。

⑦"运行"：主要提供程序启动、中断和停止等命令。

⑧"查询"：主要提供查询数据库的相关命令。

⑨"图表"：主要提供新建、设置、添加、显示和修改图表等命令。

⑩"工具"：主要提供添加过程、过程属性、菜单编辑器、相关选项的设置及应用程序的发布等命令。

⑪"外接程序"：主要提供在 Visual Basic 中进行数据库管理和外接程序管理器的功能。

⑫"窗口"：主要提供窗口的排列和文件的切换命令。

⑬"帮助"：启动帮助系统，打开帮助窗口，为用户提供相关信息。

3. 工具栏

工具栏中集中了各种用图标表示的按钮，每个按钮对应一个命令，单击按钮，即可执行对应的命令。默认情况下，Visual Basic 启动后显示标准工具栏，此外，Visual Basic 还提供了编辑、窗口编辑器和调试等专用的工具栏。可以通过选择"视图"菜单中的"工具栏"命令将其他工具栏在集成环境中显示或隐藏。

1.3.2　其他窗口

1. 窗体设计器

"窗体设计器"如图 1-3 所示，是用户设计应用程序界面的窗口，也称"对象窗口"。窗体是用来开发 Visual Basic 应用程序界面的，用户可以在窗体中放置各种控件，窗体中的控件可以随意在窗体上移动、缩放。

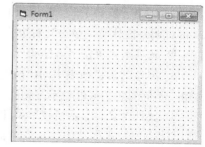

图 1-3　窗体设计器

窗体是 Visual Basic 应用程序的主要部分，用户通过与窗体上的控件进行交互得到操作结果。每个窗体必须有一个唯一的窗体名称，建立窗体时的默认名称为 Form1，Form2，…，用户可以根据需要在工程中建立多个窗体。在窗体的空白处右击，然后在快捷菜单中，选择"查看代码""菜单编辑器"或"属性窗口"命令，可以快速切换到其他窗口。

如果"窗体设计器"在集成环境中没有显示，可以选择"视图"菜单中的"对象窗口"命令使其显示。

2. 工程资源管理器

工程是应用程序各种类型文件的集合，应用程序是建立在工程的基础上完成的，工程文件的扩展名为.vbp。它包含的三类主要文件为：窗体文件（.frm）、标准模块文件（.bas）、类模块文件（.cls）。工程文件就是与该工程有关的所有文件和对象的清单，这些文件和对象自动链接到工程。每个工程中的对象和文件也可以供其他工程使用。

"工程资源管理器"如图 1-4 所示,类似 Windows 资源管理器窗口,窗口中列出当前工程中的窗体和模块,以层次化管理方式显示各类文件,而且允许同时打开多个工程。

在工程资源管理器标题栏的下方有三个按钮,其含义和作用如下:

"查看代码"按钮▣:单击后切换到代码编辑器窗口,查看或编辑代码。

"查看对象"按钮▦:单击后切换到窗体设计器窗口,查看或设计当前窗体。

"切换文件夹"按钮▢:单击后可以在工程中的不同层次之间切换。

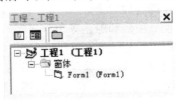

图 1-4　工程资源管理器

3．属性窗口

在 Visual Basic 集成环境中,"属性窗口"的默认位置是在"工程资源管理器"的下方,如图 1-5 所示。单击工具栏中的"属性窗口"按钮或按【F4】键,可以使隐藏起来的"属性窗口"显示出来。

应用程序中的窗体及其控件的属性,均可以通过"属性窗口"设置,如名称、标题、颜色、字体等。"属性窗口"由以下几部分组成:

① 对象下拉列表框:标识当前对象的名称及其所属的类别,例如,图 1-5 中 Form1 是名称,Form 说明是窗体类。单击其右边的箭头可列出所选窗体中包含的对象列表。

② 选项卡:可按字母序或分类序两种方式,列出所选对象的属性。

③ 属性列表:该表中列出所选对象的各个属性的默认值,可以在设计模式设置、修改其属性值。不同对象的属性也不尽相同。列表左边列出的是各种属性,右边是对应的属性值。

④ 属性含义:显示所选取属性的简短文字说明。

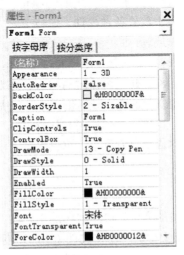

图 1-5　属性窗口

4．工具箱

　　控件是用户设计应用程序界面的工具。Visual Basic 的标准工具箱包含建立应用程序所需的各种控件，如图 1-6 所示。另外，Visual Basic 还提供了很多 ActiveX 控件，可以将它们添加到"工具箱"中。如果"工具箱"在集成环境中没有显示，可以选择"视图"菜单中的"工具箱"命令使其显示。

图 1-6　工具箱

5．代码窗口

　　"代码窗口"如图 1-7 所示，是用来对代码进行编辑的窗口，又称"代码窗口"。Visual Basic 系统为用户提供了较强的代码编辑功能，可以通过多种方式打开"代码窗口"。

　　① 双击窗体中的任何位置。

　　② 单击"工程资源管理器"中的"查看代码"按钮 📰。

　　③ 右击，从快捷菜单中选择"查看代码"命令。

　　④ 选择"视图"菜单中的"代码窗口"命令。

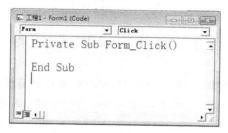

图 1-7　代码窗口

　　（1）"代码窗口"的组成

　　① 对象下拉列表框。对象下拉列表框位于标题栏下的左边。单击下拉列表按钮，会弹出列表，列表中给出当前窗体及所包含的所有对象名称。

　　② 过程下拉列表框。过程下拉列表框位于标题栏下的右边。单击下拉列表按钮，会弹出列表，列表中给出所选对象的所有事件名称。

　　③ 代码编辑区。窗口中的空白区域即为代码编辑区。用户可以在其中编辑程序代码，操作方法与通常文字处理软件类似，而且在代码编辑方面提供了一些自动功能。

　　④ 查看视图按钮。在代码窗口的左下角，有"过程查看"和"全模块查看"两个按钮，前者用于查看一个过程，后者可以查看程序中的所有过程。

　　（2）代码编辑器的自动功能

　　用户在编辑程序代码时可以直接输入语句、函数、对象的属性或方法等内容，也可以利用 Visual Basic 提供的自动功能简化输入过程。

　　① 自动提示信息。当用户输入正确的 Visual Basic 函数后，在当前行的下面会自动显示出该函数的语法格式，当前项加黑显示，为用户输入提供参考。输入一项后，下一项又变为加黑显示。

　　② 自动列出成员。用户在输入控件名后面的句点时，Visual Basic 系统会自动弹出下拉列表框，列表中包含了该控件的所有属性、方法，继续输入成员名的字母，系统会自动显示出相关的

属性名和方法名，可以从中选择所需的内容。

如果操作中没有出现自动提示信息和自动列出成员的功能，按【Ctrl+J】组合键可以使其出现。

③ 自动语法检查。在输入代码的过程中，每次按【Enter】键时，Visual Basic 都会自动检查该行语句的语法。如果出现错误，Visual Basic 会警告提示，同时该语句变为红色。

6．立即窗口

"立即窗口"是用来观察处理结果、调试程序使用的窗口。选择"视图"菜单中的"立即窗口"命令，即可打开"立即窗口"。可以在"立即窗口"中直接输入命令，观察结果；也可以在程序中使用 Debug 对象输出的方式，将结果送到"立即窗口"。例如，在程序中输入 Debug.Print Date 即可在"立即窗口"中显示当前系统日期，如图 1-8 所示。

图 1-8　立即窗口

1.4　程序设计语言概述

完成一项复杂的任务通常需要进行一系列具体工作。要让计算机按人的规定完成一系列工作，就要求计算机具备理解并执行人给出的各种指令的能力。所以在人和计算机之间就需要一种特定的语言，就是程序设计语言。

本节将简要介绍程序设计语言的发展和程序设计方法。

1.4.1　程序设计语言的发展

程序设计语言是人根据计算机的特点以及描述问题的需要设计出来的。

人们在使用计算机解决实际问题时，需要用某种特定的"语言"同计算机进行交流和沟通，计算机语言是人类与计算机交流信息的主要途径。这类语言通过语法、语义、描述记号等来表述各种运算和处理过程，能够被计算机所识别、理解、执行，最终完成某项任务。

计算机语言大体上分为机器语言、汇编语言和高级语言。只有用机器语言编写的程序才能被计算机直接执行，而其他任何语言编写的程序还需要通过中间的过程。

1．机器语言

机器语言是指由 0、1 二进制代码组成的，能被计算机直接识别的机器指令的集合。机器语言能直接针对计算机的硬件结构描述各种算法，因此不需要翻译，就能够被计算机直接执行。但是，用机器语言编程非常烦琐，程序的可读性极差，程序的修改、调试极不方便。另外，机器语言是面向机器的，不同机器的指令系统也不同，不便于计算机的推广应用。

2．汇编语言

汇编语言采用一定的助记符来表示机器语言中的指令和数据，所以也称汇编语言为符号语言。

它用便于识别的符号，如英语单词或其缩写作为助记符，来代替机器指令编写程序，然后由专门的转换程序，将这些符号转换为机器语言指令代码。目前，针对一些实时性要求较高的实际问题，仍可以采用汇编语言来编写程序。和机器语言一样，对机器的依赖性较强，语言的通用性等问题没有得到根本解决。

3．高级语言

高级语言采用一组通用的英语单词、数学式及规定的符号，按严格的语法规则和逻辑关系表述各种运算和处理过程。由于采用这种表达方式编写程序，接近自然语言和数学语言，符合人们的习惯，所以称之为高级语言。高级语言具有较强的通用性，用高级语言编写的程序能够在不同的计算机系统上运行。

计算机并不能直接识别与执行用高级语言设计的程序，必须将高级语言程序转换为机器语言程序才能在计算机上执行，这种转换的过程称为"翻译"。任何一种高级语言系统都包含专门用于"翻译"的程序，对高级语言的翻译有两种方式：一种是"解释"，即"翻译"一句执行一句；另一种是"编译"，是将整个程序"翻译"完后再执行。

最早的高级语言是 FORTRAN，主要适用于科学计算方面。Pascal 语言是一种典型的结构化程序设计语言，语句简明、程序结构严谨。C 语言具有数据结构丰富、数据流控制灵活、通用性强等特点，因此 C 语言既适合系统软件设计，也适合应用软件设计。它们采用的是面向过程的程序设计方法。而较新出的 Visual Basic、Visual C++、Delphi、Java 等适用于 Windows 环境的编程，采用的是面向对象的程序设计方法。

1.4.2　程序设计方法

计算机程序设计语言的发展是随着计算机科学技术及其应用在不断发展的，同时程序设计方法也在不断发展。为了保证程序有很高的正确性、可靠性、可读性和可维护性就要用科学的程序设计方法。程序设计方法主要有模块化程序设计方法、结构化程序设计方法和面向对象程序设计方法等。

1．模块化程序设计方法

在设计和编写大型程序时，对程序进行模块化分解可以降低程序的复杂性，提高程序的正确性和可靠性，模块化程序设计方法是一个常用的有效的程序设计方法。

模块化就是把大的程序划分成若干模块，每个模块完成一个子功能，模块间相互协调，共同完成特定的功能，其实质是把复杂问题分解成许多容易解决的小问题。

2．结构化程序设计方法

结构化程序设计是指仅使用三种基本控制结构实现程序的设计方法，它们是顺序结构、选择结构和循环结构。其基本设计原则是：模块化、自顶向下、逐步求精以及限制使用 GOTO 语句。

（1）程序流程图

流程图用一些图框、流程线以及文字说明来描述操作过程。程序流程图的基本图形符号如图 1-9 所示。

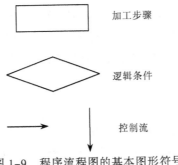

加工步骤

逻辑条件

控制流

图 1-9　程序流程图的基本图形符号

（2）结构化程序的基本结构

顺序结构就是按照程序语句行的自然顺序，逐条语句执行程序，是最基本、最常用的结构，如图 1-10 所示。

选择结构又称分支结构，它包括选择结构和多分支选择结构，这种结构可以根据设定的条件，判断应该选择哪一条分支来执行相应的语句序列，如图 1-11 所示。

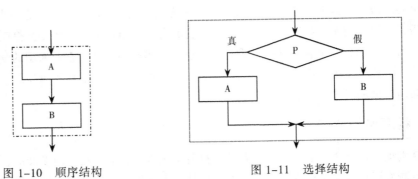

图 1-10　顺序结构　　　　　　　　图 1-11　选择结构

循环结构又称重复结构，它根据给定的条件，判断是否重复执行某一部分操作。循环结构包括当型循环结构和直到型循环结构，当型循环结构是先判断后执行循环体，如图 1-12 所示。直到型循环结构是先执行循环体后判断，如图 1-13 所示。

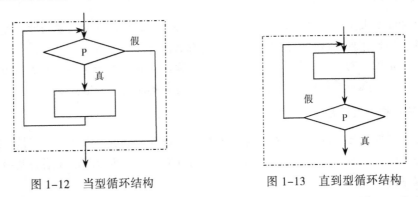

图 1-12　当型循环结构　　　　　　图 1-13　直到型循环结构

总而言之，遵循结构化程序的设计原则，按照结构化程序设计方法设计出的程序易于理解、使用和维护。程序员采用结构化程序设计能够进行逐步求精，降低了程序的复杂性。对于用户来说，结构化程序清晰易读，容易理解，便于使用和维护。

（3）结构化程序设计的原则和方法

在了解和掌握了结构化程序设计原则、方法以及结构化程序基本结构之后，在结构化程序设计的具体实施中，应注意以下几条原则：

① 使用程序设计语言中的顺序、选择、循环等控制结构表示程序的控制逻辑。

② 选用的控制结构只准许有一个入口和一个出口。

③ 复杂结构应该用基本控制结构进行组合嵌套来实现。

④ 严格控制 GOTO 语句的使用。

3. 面向对象程序设计方法

面向对象（Object Oriented）技术充分体现了分解、抽象、模块化、信息隐蔽等思想，可以有效地提高软件生产率，缩短软件开发时间，提高软件质量。面向对象技术是控制软件复杂性的有效途径。与传统的结构化程序设计相比，面向对象的程序设计在描述和理解问题域时采用了不同的方法，其基本思想是对问题域进行自然分割，以更接近人类思维的方式建立问题域模型，从而使设计出的软件尽可能直接地描述现实世界，具有更好的可维护性，能够适应用户需求的变化。

Code 和 Yourdon 给出了一个定义："面向对象=对象+类+继承+通信"。如果一个软件系统是使用这四个概念设计和实现的，那么可以认为这个系统是面向对象的。一个面向对象的程序的每一成分应是对象，计算是通过新对象的建立和对象之间的通信来执行的。

（1）对象（Object）和实例（Instance）

对象是系统中用来描述客观事物的一个实体，它是构成系统的一个基本单位。一个对象由一组属性和对这些属性进行操作的一组方法组成。例如，一个人是一个对象，他具有姓名、身高、年龄、性别等属性，走路、说话等动作。一辆汽车是一个对象，它具有颜色、型号、载重量等属性，启动、刹车等操作。一个窗口是一个对象，它包含了大小、颜色、位置等属性，打开、关闭等操作。

对象只描述客观事物本质的、与系统目标有关的特征，而不考虑那些非本质的、与系统目标无关的特征。对象之间的通信是通过消息实现的，一个对象通过向另一个对象发送消息激活某一个功能。

实例这个概念和对象很类似，实例就是由某个特定的类所描述的一个具体的对象。当使用"对象"这个术语时，既可以指定一个具体的对象，也可以泛指一般的对象，但是，当使用"实例"这个术语时，必然是指一个具体的对象。

（2）类（Class）

类是具有相同属性和方法的一组对象的集合，它为属于该类的全部对象提供了统一的抽象描述。同类对象具有相同的属性和方法，但每个对象的属性值不一定都相同。例如，颜色是一辆汽车的属性，但属性值可以是红、绿、蓝等不同的颜色。

类是静态的，类的语义和类之间的关系在程序执行前就已经定义好了，而对象是动态的，是在程序执行时被创建和删除的。

例如，一个面向对象的图形程序在屏幕左上角画一个半径为 8 cm 的蓝颜色的圆，在屏幕中部画一个半径为 5 cm 的绿颜色的圆，在屏幕右下角画一个半径为 3 cm 的红颜色的圆。这三个圆是圆心的位置、半径和颜色均不相同的圆，是三个不同的对象。但是，它们都具有相同的属性（圆心坐标、半径、颜色）和相同的操作（画、改变大小、移动等）。因此，它们是同一类事物，可以用"Circle 类"来定义。

（3）封装（Encapsulation）

封装就是把对象的属性和方法组合成一个独立的系统单位，并尽可能地隐蔽对象的内部细节。封装使一个对象分成两个部分：接口部分和实现部分。对于用户来说，接口部分是可见的，而实现部分是不可见的。

封装提供了两种保护：首先封装可以保护对象，防止用户直接存取对象的内部细节；其次封装也保护了客户端，防止实现部分的改变影响到客户端的改变。

（4）继承（Inheritance）

利用继承，子类可以继承父类的属性或方法。在一些文献中，子类和父类也称作特殊类和一般类，或子类和超类，或派生类和基类等。继承增加了软件重用的机会，可以降低软件开发和维护的费用。

利用继承可以开发更贴近现实的模型，使模型更加简洁。继承还可以保证类之间的一致性，父类可以为所有子类定制规则，子类必须遵守这些规则。许多面向对象的程序设计语言提供了这种实现机制，如 C++中的虚函数、Java 中的接口等。

继承具有传递性，如果类 C 继承类 B，类 B 继承类 A，则类 C 继承类 A。因此，一个类实际上继承了它上层的全部基类的特性。

（5）多态（Polymorphism）

多态从字面上讲就是具有多种形态。在面向对象技术中，多态指的是使一个实体在不同上下文条件下具有不同意义或用法的能力。例如，可以声明一个 Graph 类型对象的变量，但在运行时，可以把 Circle 类型或 Rectangle 类型的对象赋给该变量。也就是说，该变量所引用的对象在运行时会有不同的形态。如果调用 draw()方法，则根据运行时该变量是引用 Circle 还是 Rectangle 来决定调用 Circle 的 draw()方法还是 Rectangle 的 draw()方法。多态是保证系统具有较好适应性的一个重要手段。

（6）消息（Message）

消息就是向对象发出的服务请求，它包含了提供服务的对象标识、服务（方法）标识、输入信息和回答信息等。

面向对象方法的一个原则就是通过消息进行对象之间的通信。消息不等同于函数调用，消息可以包括同步消息和异步消息，如果消息是异步的，则一个对象发送消息后，就继续自己的活动，不等待消息接收者返回控制，而函数调用往往是同步的，消息的发送者要等待接收者返回。使用消息这个术语更接近人们的日常思维，其含义更具有一般性。

1.5　Visual Basic 面向对象设计方法

Visual Basic 是一种面向对象的软件开发工具，其程序设计思想是面向对象的，提供了一种所见即所得的可视化程序设计方法，把很多复杂的设计方法简化了，变得易学易用。

Visual Basic 的主要开发方法是使用各种现有控件。控件本身就是一个类，它是封装的。用户可以使用控件但无法看到控件的源代码，也不能修改控件的定义。把控件添加到窗体上就是创建了类的实例，如窗体上的 Text1、Text2、Text3 等编辑框都是 TextBox 类的实例，它们拥有相同的属性和方法集合。

Visual Basic 6.0 不支持直接继承，但可以使用实现继承。实现继承是指在一个类里实现了另一个类的实例，从而可以调用另一个类的方法和属性。Visual Basic 6.0 也不支持多态，这使得 Visual Basic 6.0 不能用于开发复杂的系统级软件，如操作系统和数据库等。但 Visual Basic 对设计方法的简化使得软件开发更加迅速、工作量更小，更易于掌握。对于不涉及计算机硬件或逻辑不太复杂的应用程序，例如各种信息管理系统、网络应用程序和多媒体处理程序等，Visual Basic 是非常理想的开发工具。

Visual Basic 提供的面向对象开发工具主要是三种 ActiveX 类工程——ActiveX DLL、ActiveX EXE 和 ActiveX 控件。

在 Visual Basic 中，对象的所有属性、方法和事件统称为对象的成员。

1．属性（Property）

属性就是一个对象的特性，不同的对象有不同的属性。例如，人有身高、体重、年龄等属性。Visual Basic 中的每个类都有自己的属性集合，如 TextBox 类具有 Name、Text、Top、Left 等属性，Label 类具有 Name、Caption、Height、Width 等属性。

在 Visual Basic 中，设置属性的方法有两种：

① 选定控件后，在"属性"窗口中进行设置。

② 在代码中设置，格式如下：

<对象名称>.<属性名称> = <属性值>

例如：`Text1.Text = "您好，欢迎使用本系统！"`

其中 Text1 是控件名，Text 是属性名，"您好，欢迎使用本系统！" 是属性值。

需要注意的是，所有控件都具有 Name 属性，即控件名。每个属性的取值范围是不同的，如 Visible 属性的值只能是逻辑型（Boolean）数据，即 True（真）或 False（假）。通过"对象浏览器"可以查看各种属性的取值类型。

2．方法（Method）

方法是对象的行为，也就是对象的"动作"。通过调用方法，可以让对象完成某项任务。方法的调用格式为：

<对象名称>.方法名称 [<参数表>]

例如：

```
Label1.Move 100, 100      '将标签 Label1 移动到（100，100）位置处。
Form1.Print "hello!"      '在窗体 Form1 上显示字符串"Hello!"
```

在调用方法时，可以省略对象名。这种情况下，Visual Basic 所调用的方法为当前对象的方法，一般把当前窗体作为当前对象。上例也可写为

```
Print "hello!"
```

3．事件（Event）

Visual Basic 采用事件驱动的编程机制。程序员只需编写响应用户动作的程序，而不必考虑按

精确次序执行的每个步骤。

事件是由 Visual Basic 预先设置好的、能够被对象识别的动作，例如 Load（加载）、Click（单击）、DblClick（双击）、MouseMove（移动鼠标）、KeyDown（按下键盘）等。不同的对象能够识别的事件也不同。事件既可以由用户触发，如 Click 事件；也可以由系统触发，如 Load 事件。当事件被触发时，对象就会对该事件做出响应。

响应某个事件过程后所执行的操作是通过一段程序代码来实现的，一般格式如下：

```
Private Sub 对象名称_事件名称()
    …
    事件响应程序代码
    …
End Sub
```

"对象名称"是指该对象的 Name 属性，"事件名称"是由 Visual Basic 预先定义好的赋予该对象的事件。

1.6　Visual Basic 程序设计的基本步骤

本节通过一个简单的应用程序示例来介绍使用 Visual Basic 进行程序设计的方法，理解事件驱动的编程机制。

【例 1-1】设计一个程序，包括一个窗体，窗体上有一个文本框和两个命令按钮，程序设计界面如图 1-14 所示。单击"显示"按钮在文本框中显示"VB 程序设计基础"，单击"结束"按钮则退出应用程序，运行界面如图 1-15 所示。

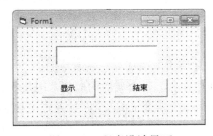
图 1-14　程序设计界面

图 1-15　程序运行界面

1．新建工程

使用 Visual Basic 开发应用程序的时候，每个应用程序的源程序是一个工程。所以首先要新建工程，选择"文件"菜单中的"新建工程"命令，在出现的"新建工程"对话框中选择"标准 EXE"，然后单击"确定"按钮。

2．界面设计

建立用户界面就是在窗体上画出各个对象控件。单击工具箱中的图标，在窗体适当的位置画一个文本框和两个命令按钮，名称依次为 Text1、Command1 和 Command2。

3．设置属性

按照表 1-1 在属性窗口中设置控件的属性，将 Text1 的 Text 属性清空。

表 1-1　对象属性设置

控件名（Name）	Caption	Text
Form1	MyProgram	
Text1		""
Command1	显示	
Command2	结束	

4．编写代码

通常来说，程序设计可以分为界面设计和编写代码两部分。程序靠执行代码来完成特定的功能。打开"代码窗口"，单击"对象"下拉列表框右边的箭头，选择 Command1 对象，系统会自动给出 Command1_Click() 事件过程代码框架，用户即可在其间输入代码完成特定的功能。用同样的方法输入 Command2 对象的代码，程序代码如下：

```
Private Sub Command1_Click()
    Text1.Text = "VB 程序设计基础"
End Sub

Private Sub Command2_Click()
    End
End Sub
```

5．运行程序

单击工具栏上的"启动"（ ▶ ）按钮，或选择"运行"菜单中的"启动"命令即可运行工程。单击"显示"按钮，程序运行界面如图 1-15 所示。单击"结束"按钮结束程序的运行。工具栏上的 ⅱ 和 ■ 按钮分别用于暂停或结束程序。程序代码只有在暂停或编辑状态下才能修改。

6．保存工程

在设计程序时应及时保存，否则一旦计算机出现故障就会造成无法挽回的损失。在 Visual Basic 中单击工具栏上的 ■ 按钮，或者选择"文件"菜单中的"保存工程"命令即可。如果是新建工程，第一次保存时，Visual Basic 将显示"文件另存为"对话框。Visual Basic 工程中包含多个文件，需分别保存。

Visual Basic 窗体文件的扩展名为.frm，工程文件的扩展名为.vbp。在本例中将窗体文件保存为 frmexp1-1.frm。工程文件保存为 prjexp1-1.vbp。因为 Visual Basic 创建的源文件较多，所以应该先创建新文件夹，然后将所有文件存放于同一个文件夹中。

7．编译工程

使用 Visual Basic 创建的工程文件（.vbp 文件）只能在 Visual Basic 开发环境下运行。只有将工程文件编译成可执行文件，即扩展名为.exe 的文件才能在 Windows 环境下独立运行。

在 Visual Basic 集成开发环境下，选择"文件"菜单中的"生成 prjexp1-1.exe"命令即可完成编译，生成的 prjexp1-1.exe 文件能直接在 Windows 环境下运行。

1.7　工　程　管　理

Visual Basic 中的工程已非常先进，甚至可以包含不同类型的子工程。

当用户建立一个应用程序时，Visual Basic 系统已根据应用应用程序的功能建立了一系列的文件，这些文件的相关信息被保存在"工程"文件中。

但从设计者的角度来讲，一个标准的 Visual Basic 工程通常仅需要包含三类项目：全局项、窗体和模块。本节要讨论的是 Visual Basic 中如何管理各种文件。

1.7.1 工程的组成

在使用 Visual Basic 开发应用程序的时候，每个应用程序的源程序就是一个工程。工程里可以包含多种文件。程序中的每个窗体都是一个独立的窗体文件，我们可以在其他应用程序中重用以前创建的窗体，在修改某个窗体的时候也不会影响工程的其他部分。

Visual Basic 工程分为几种类型，每种类型都有自己的特点和用途。其中最常用的工程类型是标准 EXE 工程。这种类型的工程可以编译成扩展名为.exe 的可执行文件。其他常用的工程类型还有 ActiveX EXE 工程、ActiveX DLL 工程、ActiveX 控件工程、Visual Basic 企业版控件等。

Visual Basic 工程中可以包含以下几种文件。

1. 工程组文件（.vbg）

一个工程组（Group Project）可以包含几个 Visual Basic 工程。

2. 工程文件（.vbp）

工程文件（Project File）中列出了组成工程的所有文件和组件的清单，以及对编程环境的设置，如字体、工具箱中的工具、属性窗口的位置等信息。每次保存时，Visual Basic 将自动更新工程文件。

3. 窗体模块文件（.frm）

窗体模块（Form Module）文件中保存着窗体和所有控件的属性设置，以及所有窗体级的声明，包括变量声明、函数声明、自定义数据类型声明等。

4. 窗体数据文件（.frx）

Visual Basic 为每个窗体创建一个二进制数据文件，用于存储和窗体相关的二进制数据，如图标、背景图片等。窗体数据文件是自动创建的，而且不能直接编辑。

5. 标准模块文件（.bas）

标准模块（Standard Module）文件中包含全局变量、自定义类型、公有过程的声明和定义，可供工程中的所有文件使用。

6. 类模块文件（.cls）

类模块（Class Module）与窗体模块相似，只是没有可视界面，用于创建自定义类（Class）。

7. 用户控件文件（.ctl）

用户控件（User Control）模块与窗体模块相似，用于设计自定义 ActiveX 控件。

8. ActiveX 控件文件（.ocx）

ActiveX 控件可以被添加进"工具箱"，并在窗体上使用。通过选择"工程"菜单中的"部件"命令可以添加新的 ActiveX 控件。

9．其他文件

Visual Basic 工程中可能还会用到一些其他类型的文件，如 ActiveX 设计器文件（.dsr）、属性页文件（.pag）、ActiveX 文档文件（.dob）、资源文件（.res）等，这些文件各有用途，可以通过"工程"菜单中的"添加×××"命令添加。

1.7.2　工程的建立、打开与保存

1．新建工程

启动 Visual Basic 的时候从"新建工程"对话框中选择工程类型并新建工程。Visual Basic 启动之后，选择"文件"菜单中的"新建工程"命令，也会出现"新建工程"对话框。如果已经打开了一个工程，Visual Basic 会提示我们是否保存文件。

2．打开现有工程

可以通过"Windows 资源管理器"或"计算机"找到以前保存的 VB 工程文件（扩展名为.vbp），双击即可打开。也可以先启动 Visual Basic，然后选择"文件"菜单中的"打开工程"命令，或者单击工具栏上的 按钮。

3．保存工程

单击工具栏上的 按钮或选择"文件"菜单中的"保存工程"命令即可。

对于已经保存过的工程，如果选择"保存工程"则直接将更新内容保存到现有工程中，而不会弹出对话框。如果选择"工程另存为"，则会出现"文件另存为"对话框，从中可以重新选择保存路径和文件名，而且所做的修改也不会影响原来工程。

4．设置工程属性

默认情况下，编译后的可执行文件的图标与 Visual Basic 窗体模块文件（.frm 文件）相同。用户通常都希望自己开发的应用程序能有一个醒目的、与众不同的图标，这就需要修改工程的属性。

选择"工程"菜单中的"×××属性"命令可以打开"工程属性"对话框，其中×××是工程的名字。在"工程属性"对话框中选择"生成"选项卡，从中可以设置版本号、产品名、公司名等信息，还可以从"图标"下拉列表框中选择应用程序的图标。

1.7.3　工程内文件的添加、保存与删除

1．添加文件

很多应用程序是由多个窗体组成的，如"登录"窗体和主窗体就是两个不同的窗体。可以选择"工程"菜单中的"添加窗体"命令，或者单击工具栏中的"添加窗体"按钮。还可以在"工程资源管理器"中右击，并从快捷菜单中选择"添加"菜单项中的"添加窗体"命令。

向工程中添加其他类型的文件，如标准模块等，方法与添加窗体相同，只需选择相应菜单项即可。最简单的方法是单击工具栏上 按钮右侧的下三角箭头，并选择相应的类型。

2．保存文件

在 VB 中，选择"文件"菜单中的"保存×××"命令或"×××另存为"命令可以将工程

中的单个文件保存。或者在"工程资源管理器"中右击，从快捷菜单中选择"保存×××"或"×××另存为"命令，其中×××为当前模块的模块名。

3．删除文件

在"工程资源管理器"中右击，从快捷菜单中选择"移除×××"命令即可将某个文件从工程中移除，其中×××为当前模块的模块名。被移除的文件如果已经被保存，则文件不会被删除，只是不再属于当前工程。若被移除的文件尚未保存，则 Visual Basic 会提示是否保存文件。

1.7.4　调试

Visual Basic 为用户提供了一套功能强大的调试功能，调试的标准方法是在程序代码中的特定行上设置断点，当程序执行到设有断点的代码行时，将中断程序的执行，进入调试状态，这时可以对已运行的代码和变量进行访问，检测变量的当前值，并且可以一行一行地运行代码，观察程序的运行过程。

通常，调试的关键就是在程序运行时，查看代码中变量的变化情况，有时不必使用 Visual Basic 自带的调试器也可以方便地调试程序：只要在程序中添加一个信息框，用它们显示想要查看的变量的当前值。这对于简单的故障是一种方便快捷的方式。

1．设置调试断点

断点设置是 Visual Basic 调试的基础。当在程序中设置断点并运行该程序时，程序会一直执行到断点处被中断，使 Visual Basic 进入调试状态。可以在某行代码窗口左侧边框内单击设置断点；也可以在代码中将文本插入符移到特定行，在"调试"菜单中选择"切换断点"命令或按【F9】键，即可在代码中设置断点。

例如计算两数和，程序如下：

```
Private Sub Form_Click()
    a = 2
    b = 3
    Print a + b
End Sub
```

为"a = 2"语句一行设置断点，如图 1-16 所示。当程序运行到设有断点的位置时，执行过程将被中断，如图 1-17 所示。在图中可以看到 Visual Basic 代码的断点处以高亮度显示，位于代码窗口左侧边框内的箭头指向了当前代码行。可以通过单步运行来执行断点后面的代码。

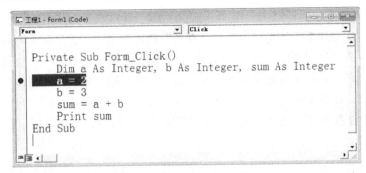

图 1-16　在代码中设置断点

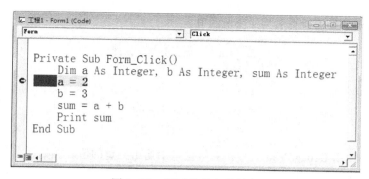

图 1-17　调试状态中的断点

2．调试时的单步执行

当程序停在设有断点的位置时，可使用"调试"菜单中的菜单项来移动断点的位置：

逐语句——单步执行代码，如果遇到过程调用就进入相应的过程中。

逐过程——可以单步跳过一次过程调用。

跳出——跳出当前过程。

在图 1-17 中，程序被停在断点处，可以使用单步执行来继续运行其他的代码行。

3．检查变量和表达式

调试程序时，应该在单步执行过程中，检查程序代码中不同变量值的变化情况。可以通过"快速监视"窗口来观察变量的变化情况。

当程序停在断点处时，为了检查代码窗口中变量或表达式的值，可以用鼠标选中一个想要查看的变量或表达式，然后选择"调试"菜单中的"快速监视"命令，或者按【Shift+F9】组合键将打开"快速监视"窗口。

4．添加"监视窗口"

可以在程序调试期间添加一个监视窗口，当单步执行程序时，可以使用该窗口显示在代码窗口中被选中的变量或表达式的当前值。

使用鼠标选中一个想要查看的变量或表达式，并单击"调试"菜单中的"添加监视"命令，就会打开一个"添加监视"对话框，把想要查看的变量或表达式输入到"表达式"框中，然后单击"确定"按钮。这时，Visual Basic 将在调试期间添加一个监视窗口，在程序运行时，如图 1-18 所示，可以看到变量 a 的当前值。可以往"监视窗口"添加多个变量来观察程序中各个变量的当前值，这对于调试程序是非常有用的。

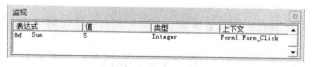

图 1-18　监视窗口

5．在调试时使用"立即"窗口

在调试程序时，可以使用"立即"窗口来立即查看表达式或变量的当前值，可以在"立即"窗口中输入表达式来进行求值，在输入的表达式前添加一个问号"?"，然后按【Enter】键。如

图 1-19 所示，给出了如何检查名为 a 变量的值。

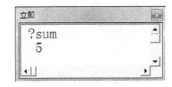

图 1-19　"立即"窗口

还可在代码中使用 Debug.Print 命令在立即窗口中输出变量的值。例如：

```
Debug.Print a
```

该语句将在立即窗口输出变量 a 的值。

6．清除所有的调试断点

如果在程序中设置了大量断点，可以使用"调试"菜单中的"清除所有断点"命令来清除所有断点。该菜单项的快捷键为【Ctrl+Shift+F9】。

1.8　Visual Basic 示例

本节通过两个简单的实例介绍 Visual Basic 工程的创建方法，初步理解面向对象和事件驱动的基本思想。

【例 1-2】设计一个程序，界面由一个命令按钮和一个文本框组成，设计界面如图 1-20 所示。当用户单击"新年好"按钮时，在文本框中显示"恭贺新春！年年有余！"。

图 1-20　设计界面

① 使用 Visual Basic 开发应用程序的时候，每个应用程序的源程序是一个工程。所以首先要新建工程，选择"文件"菜单中的"新建工程"命令，在出现的"新建工程"对话框中选择"标准 EXE"，然后单击"确定"按钮。

② 添加文本框控件，添加命令按钮控件。

③ 设置控件属性。按照表 1-2 设置窗体、文本框和命令按钮的属性，把文本框 Text1 的 Text 属性清空。

表 1-2　对象属性设置

控件名（Name）	Caption	Text
Form1	示例	
Command1	新年好	
Text1		""

④ 编写代码。在工程窗口单击"查看代码"按钮，在对象列表框中选择命令按钮 Command1，出现事件过程的框架，在其中输入相应的代码即可。程序代码如下：

```
Private Sub Command1_Click()
    Text1.Text = "恭贺新春! 年年有余! "
End Sub
```

⑤ 保存工程为 prjexp1-2.vbp，保存窗体为 frmexp1-2.frm，并运行程序，单击"运行"按钮。运行界面如图 1-21 所示。

图 1-21　运行界面

【例 1-3】设计一个程序，窗体上有三个文本框、两个标签和一个命令按钮，在文本框 1 和文本框 2 中输入两个数，单击"计算"按钮，将两个数相乘，结果放在文本框 3 中。设计界面如图 1-22 所示。

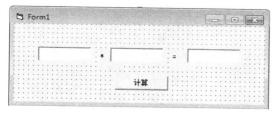

图 1-22　设计界面

① 新建工程。

② 添加 3 个文本框控件，两个标签和 1 个命令按钮控件。

③ 设置控件属性。按照表 1-3 设置文本框、标签和命令按钮的属性，把文本框 Text1、Text2 和 Text3 的 Text 属性清空。

表 1-3　对象属性设置

控件名（Name）	Caption	Text
Text1		""
Text2		""
Text3		""
Label1	*	
Label2	=	
Command1	计算	

④ 编写代码。在工程窗口单击"查看代码"按钮，在对象列表框中选择命令按钮 Command1，出现事件过程的框架，在其中输入相应的代码即可。程序代码如下：

```
Private Sub Command1_Click()
    Text3.Text = Text1.Text * Text2.Text
End Sub
```

⑤ 保存工程为 prjexp1-3.vbp，保存窗体为 frmexp1-3.frm，并运行程序，单击"运行"按钮。运行界面如图 1-23 所示。

习 题 1

1. 如何启动和退出 Visual Basic 6.0?
2. Visual Basic 6.0 的主要功能和最突出的特点是什么?
3. Visual Basic 6.0 集成开发环境由哪些部分组成?
4. 简述"工程资源管理器"的主要功能。
5. 说明"属性窗口"的功能。
6. "窗体设计器"的功能是什么?
7. 简述程序设计的基本步骤。

第 2 章
Visual Basic 简单程序设计

Visual Basic 提供的可视化设计平台，为用户程序设计提供了便利的条件。本章将详细介绍窗体及常用控件中标签、文本框、命令按钮和计时器的使用方法，这些都是简单程序设计的基础。

2.1 窗 体

窗体是控件界面的基本构造模块，是所有控件的容器。窗体是一种对象，由属性定义其外观，由事件定义与用户的交互。通过设置窗体的属性并编写响应事件的代码，能够编写出满足用户要求的各种程序界面，完成各种不同的任务。窗体的结构与 Windows 下的窗口非常类似，如图 2-1 所示。

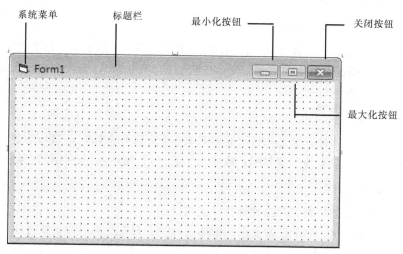

图 2-1　窗体的结构

2.1.1 窗体的常用属性

1. Name 属性

用于设置代码中标识窗体对象的名称。该属性在属性窗口设置，窗体的 Name 属性的默认值为 Form1。

2. Caption 属性

用于设置窗体的标题，在窗体的标题栏显示，其默认值为窗体的名称.

3. Appearance 属性

用于设置窗体外观。取值为 0-Flat 表示外观为平面；取值为 1-3D 表示外观为三维。

4. Picture 属性

用于设置窗体的背景图案。单击属性窗口中 Picture 属性栏右端的 ... 按钮，在弹出的"加载图片"对话框中选择一个图形文件，系统即可将该图形作为窗体的背景图案。

Picture 属性可以显示多种文件格式的图形文件，例如：.ICO、.BMP、.WMF、.JPG 等。

5. BackColor 属性

用于设置窗体的背景颜色。

背景颜色和背景图案可以同时设置，但窗体上只有未被背景图案遮住的地方显示背景颜色。

6. ForeColor 属性

用于设置窗体上显示的文本或图形的颜色。例如，由 Print()方法输出的文本都按照用 ForeColor 属性设置的颜色输出。

7. Font 属性

用于设置窗体上显示的文本的各种特性，包括字体、字形、大小和效果等内容。该属性在属性窗口设置，单击属性窗口中 Font 属性栏右端的 ... 按钮，即可在弹出的"字体"对话框中进行设置。

8. MaxButton 和 MinButton 属性

用于设置窗体的标题栏是否具有最大化和最小化按钮，其值为逻辑值。取值为 True 时，表示有此按钮；若其中一个按钮取值均为 False，则该按钮变灰，不可操作；若两个按钮取值均为 False，则窗体的标题栏不显示按钮。

9. ControlBox 属性

用于设置位运行时窗体标题栏是否显示控制菜单框（又称系统菜单），其值为逻辑值。取值为 True 时，窗体标题栏左边显示控制菜单框；取值为 False 时，窗体标题栏无控制菜单框。

10. WindowState 属性

用于设置窗体运行时的状态，有三种形式可供选择：

① 取值为 0-Normal 时，表示正常显示：窗体运行时，窗口的大小和设计时的尺寸相同。

② 取值为 1-Minimized 时，表示最小化显示：窗体运行时，在任务栏上以一个图标的形式出现，其效果相当于单击最小化按钮。

③ 取值为 2-Maximized 时，表示最大化显示：窗体运行时，窗口布满整个桌面，其效果相当于单击最大化按钮。

11. Icon 属性

用于设置窗体标题栏的图标，当窗体最小化时，在任务栏上显示。该属性在属性窗口设置，单击属性窗口中 Icon 属性栏右端的 ... 按钮，即可弹出"加载图标"对话框，从中选择相应的图标文件即可。

12．Visible 属性

用于设置窗体运行时是否可见，其值为逻辑值。当属性值为 True 时，窗体出现，当属性值为 False 时，将隐藏窗体。该属性也适用于其他很多控件。

13．Enabled 属性

用于设置窗体是否响应用户的操作，其值为逻辑值。当取值为 True 时，响应用户操作；取值为 False 时，窗体及窗体上所有控件均不响应用户操作。

14．Height、Width 属性

用于指定窗体的高度和宽度。该属性不仅可以在属性窗口设置，也可以在设计或运行状态下用鼠标拖动的方法来改变。其单位为缇（Twip），1 缇＝（1/1 440）英寸。

15．Left、top 属性

用于设置窗体运行时，其左边和顶边相对于屏幕的左边缘和顶端的距离，属性值的默认单位为缇。

2.1.2　窗体的常用事件

1．Click 事件

当用户单击窗体时，触发窗体的 Click 事件，Visual Basic 激活 Form_Click 事件过程。

2．DblClick 事件

当用户双击窗体时，触发窗体的 DblClick 事件，Visual Basic 激活 Form_DblClick 事件过程。

3．Load 事件

当用户启动程序时，系统装载窗体触发该 Load 事件，通常将变量的初始化值和控件的默认值等放在 Form_Load 事件过程中。

【例 2-1】新建一个工程，设置界面如图 2-2 所示，程序运行后，窗体标题显示为"窗体演示"，单击窗体，窗体背景色变为红色，双击窗体，窗体背景色变为蓝色。程序运行界面如图 2-2 和图 2-3 所示。

Load()事件过程代码为：
```
Private Sub Form_Load()
    Form1.Caption = "窗体演示"
End Sub
```
Click()事件过程代码为：
```
Private Sub Form_Click()
    Form1.BackColor = vbRed
End Sub
```
DblClick()事件过程代码为：
```
Private Sub Form_DblClick()
    Form1.BackColor = vbBlue
End Sub
```

图 2-2　窗体设计界面

图 2-3　窗体运行界面

其中 vbRed、vbBlue 分别表示红色值和蓝色值。

2.1.3　窗体的常用方法

用户可以使用 Print()方法在窗体上输出信息，例如单击窗体在窗体上输出问候语"Hello!"。窗体常用方法还有 Cls、Move 和 Show 等。

【例 2-2】新建一个工程，设置界面如图 2-2 所示，程序运行后，窗体标题显示为"窗体演示"，单击窗体，在窗体上显示"早安，中国!"字样。程序运行界面如图 2-4 和图 2-5 所示。

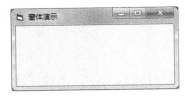

图 2-4　窗体运行界面 1

图 2-5　窗体运行界面 2

Load()事件过程代码为：

```
Private Sub Form_Load()
    Form1.Caption = "窗体演示"
End Sub
```

Click()事件过程代码为：

```
Private Sub Form_Click()
    Print "  早安，中国! "
End Sub
```

2.2　常　用　控　件

窗体和控件都是 Visual Basic 中的对象，它们共同构成用户界面。因为有了控件，才使得 Visual Basic 不但功能强大，而且易于使用。控件以图标的形式放在"工具箱"中，每种控件都有与之对应的图标。

1．标准控件（内部控件）

Visual Basic 6.0 的控件分为以下 3 类：

① 标准控件（也称内部控件），例如文本框、命令按钮、图片框等。启动 Visual Basic 后，内部控件就出现在工具箱中。

② ActiveX 控件，是扩展名为 .ocx 的独立文件，其中包括各种版本 Visual Basic 提供的控件和仅在专业版和企业版中提供的控件，另外还包括第三方提供的 ActiveX 控件。

③ 可插入对象，因为这些对象能添加到工具箱中，所以可把它们当作控件使用。其中一些

对象支持 OLE，使用这类控件可在 VB 应用程序中控制另一个应用程序（例如 Microsoft Word）的对象。

表 2-1 列出了标准工具箱中各控件的名称和作用。

表 2-1　Visual Basic 6.0 的标准控件

控　件	名　　称	作　用
▶	Pointer（指针）	不是一个控件，只有在选择 Pointer 后，才能改变窗体中控件的位置和大小
🖼	PictureBox（图片框）	用于显示图像，可以装入位图（Bitmap）、图标（Icon），以及 .wmf、.jpg、.gif 等各种图形格式的文件，或作为其他控件的容器
A	Label（标签）	可以显示（输出）文本信息，但不能输入文本
[ab]	TextBox（文本框）	既可输入也可输出文本，并且可以对文本进行编辑
xy	Frame（框架）	组合相关的对象，将控件集中在一起
▭	CommandButton（命令按钮）	用于向 Visual Basic 应用程序发出指令，当单击此按钮时，可执行指定的操作
☑	CheckBox（复选框）	又称检查框，用于多重选择
⦿	OptionButton（单选按钮）	用于表示开关状态
▤	ComboBox（组合框）	为用户提供对列表的选择，并允许用户在附加框内输入表项。它把 TextBox（文本框）和 ListBox（列表框）组合在一起，既可选择内容，又可进行编辑
▤	ListBox（列表框）	用于显示可供用户选择的列表
◀ ▶	HScrollBar（水平滚动条）	用于表示在一定范围内的数值选择。常放在列表框或文本框中用来浏览信息，或用来设置数值输入
▲▼	VScrollBar（垂直滚动条）	用于表示在一定范围内的数值选择
⏱	Timer（计时器）	在设定的时刻触发某一事件
🔲	Shape（形状）	在窗体中绘制矩形、圆等几何图形
╲	Line（直线）	在窗体中画直线
🖼	Image（图像框）	显示一个位图式图像，可作为背景或装饰的图像元素
🗃	Data（数据）	用于访问数据库
▦	OLE Container（OLE 容器）	用于对象的链接与嵌入

2．添加控件

可以通过两种方法在窗体上画一个控件：

① 双击工具箱中的工具图标，窗体上就会出现一个标准大小的控件。

② 单击工具图标，用鼠标在窗体上拖动，可以添加一个自定义大小的控件。

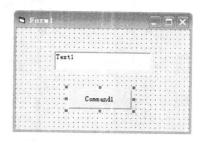

图 2-6　调整控件位置及尺寸

在窗体上添加控件后，需要对它们的位置和大小进行调整，使界面更加美观、实用。调整控件的方法与在 Microsoft Word 中调整图片的方法类似：用鼠标选定控件后，控件的四周会出现 8 个方向柄，拖动任一方向柄即可改变控件大小。直接拖动控件则可改变在窗体上的位置，如图 2-6 所示。

3. 控件的命名

每个窗体和控件都有一个名称，这个名称就是窗体或控件的 Name 属性值。窗体和控件都有默认值，如 Forml、Commandl、Textl 等。为了能见名知义，提高程序的可读性，最好用有一定意义的名称作为对象的 Name 属性值。

修改控件名的方法与修改窗体名相同：选定控件，然后在"属性"窗口中修改"名称"项即可。为此，Microsoft 建议（不是规定）用 3 个小写字母作为对象的 Name 属性的前缀，并尽量体现出控件的功能和作用。例如 frmStartUp，lblOptions。表 2-2 列出了常用控件类型的缩写。虽然控件名中可以包含中文，但推荐使用英文字母作为控件的名称，这样便于管理和维护。

表 2-2　常用控件类型缩写

控 件 类 型	中 文 名 称	缩　　写
Label	标签	lbl
CommandButton	命令按钮	cmd
TextBox	编辑框	txt
Image	图像框	img
PictureBox	图片框	pic
CheckBox	复选框	chk
OptionButton	单选按钮	opt
ComboBox	下拉列表框	cmb
ListBox	列表框	lst
Timer	定时器	tmr

4. 控件的位置和大小

用鼠标拖动的方法并不能很精确地改变控件的位置和大小，尤其是要求一组控件大小相同、位置分布均匀的时候。这时可以通过"位置"类属性来设置控件。"位置"类属性中的 Left 和 Top 决定控件左上角相对于窗体工作区（不包括窗体边框和标题栏）左上角的坐标值；Height 和 Width 属性决定控件的长度和宽度，如图 2-7 所示。这四个属性的长度单位默认为缇（Twip）。

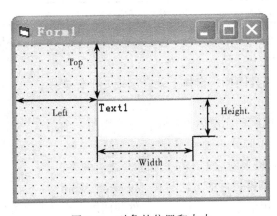

图 2-7　对象的位置和大小

2.3　标　　签

Label 控件即标签控件，主要用于在窗体上显示各种静态文字，如标题、说明等。

2.3.1　标签的常用属性

标签控件除了所有对象都必有的 Name 属性外，还具有下列常用属性：

1．Caption 属性

用于设置标签框上要显示的文本内容。这是标签控件最常用的属性，即默认属性。对象的默认属性编程时可以省略。

例如，代码中 Label1.Caption = "标签实例"语句可以用 Label1 = "标签实例"语句替代。

2．Alignment 属性

用于设置标签框上显示文本的对齐方式，其值有 3 个：

0-Left Justify 表示文本左对齐，为系统默认值。

1-Right Justify 表示文本右对齐。

2-Center 表示文本居中。

3．Appearance 属性

用于设置程序运行时标签是否以 3D 效果显示，其值有 2 个：

0-Flat 表示平面效果。

1-3D 表示 3D 效果显示，为系统默认值。

4．BorderStyle 属性

用于设置标签框是否带有边框。

取值为 0 表示没有边框。

取值为 1 表示有一单线边框，此时，如果 Appearance 属性选择为 0-Flat（平面），边框呈单直线形状；如果 Appearance 属性选择为 1-3D（三维），边框则为凹陷形状。系统默认值为 0。

5．BackStyle 属性

用于设置标签框的背景模式。当取值为 0 时，表示透明显示，此时标签不覆盖所在容器的背景内容；若取值为 1，则表示不透明显示，此时标签将覆盖原背景内容。默认值为 1。

6．Enabled 属性

用于设置标签框是否对用户的操作，其值为逻辑值。当取值为 True 时，响应用户操作；取值为 False 时，程序启动后标签框中的文本变灰，并且不能响应用户操作。默认值为 True。

7．ForeColor 属性

用于设置标签框上显示的文本的颜色。

8．BackColor 属性

用于设置标签框的背景色。

9．FontName 属性

用于设置标签框上显示文本的字体。

10．FontSize 属性

用于设置标签框上显示文本的字号大小。

11．Height、Width 属性

用于指定标签框的高度和宽度。该属性不仅可以在属性窗口设置，也可以在代码中设置。其单位为缇（Twip），1 缇=（1/1440）英寸。

12．Left、top 属性

用于设置标签框的左边和顶边相对于窗体的左边缘和顶端的距离。该属性不仅可以在属性窗口设置，也可以在代码中设置。属性值的默认单位为缇（Twip）。

13．Visible 属性

用于设置窗体运行时控件是否可见，其值为逻辑值。当属性值为 True 时，控件出现，当属性值为 False 时，将隐藏控件。

14．Autosize 属性

用于设置标签框的大小是否按显示内容自动调整。取值为 True 时，标签框的大小将随显示文本的大小而变化。当取值为 False 时，标签框的大小固定。系统默认值为 False。

2.3.2 标签的常用事件

1．Click 事件

当用户单击标签上时，触发标签的 Click 事件，Visual Basic 激活其 Click 事件过程。

当用户双击标签上时，触发标签的 DblClick 事件，Visual Basic 激活其 DblClick 事件过程。

2．标签的常用方法

Move 方法是标签等控件的常用方法。格式为：

```
[<对象名>]. Move Left [,Top], [Width], [Height]
```

其中，Left、Top 表示控件移动位置的坐标；Width、Height 表示移动后控件的大小。Left 是必选项，其他参数为可选项。

3．标签框应用实例

【例 2-3】在窗体 Form1 上有一个标签 Label1，要求编写程序，使得标签被单击时，其高度和宽度都原地（扩大后的标签中心位置不变）放大 1 倍，文字也放大 1 倍。程序运行界面如图 2-8 和图 2-9 所示。

方法一程序代码为：

```
Private Sub Label1_Click()
    Label1.Left = Label1.Left - Label1.Width / 2
    Label1.Top = Label1.Top - Label1.Height / 2
    Label1.Height = Label1.Height * 2
    Label1.Width = Label1.Width * 2
```

```
        Label1.FontSize = Label1.FontSize * 2
End Sub
```

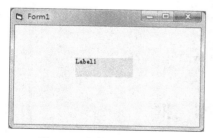

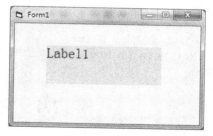

图 2-8　窗体运行界面（1）　　　　　图 2-9　窗体运行界面（2）

方法二程序代码为：

```
Private Sub Label1_Click()
    Label1.Width = Label1.Width * 2
    Label1.Height = Label1.Height * 2
    Label1.Left = Label1.Left - Label1.Width / 4
    Label1.Top = Label1.Top - Label1.Height / 4
    Label1.FontSize = Label1.FontSize * 2
End Sub
```

【例 2-4】在 Form1 窗体上距顶端和左端各 100 Twips（缇）的位置上放置一个名为 LblMov 的标签，并将其 Caption 属性设置为"标签"，要求程序运行后，单击窗体，窗体移至屏幕（4000, 2000）处；每单击一次标签或敲任意键时，标签就向窗体右下角方向移动 200 缇。程序运行界面如图 2-10 和图 2-11 所示。

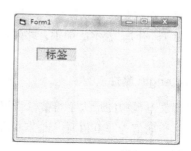

图 2-10　窗体运行界面（1）　　　　　图 2-11　窗体运行界面（2）

（1）设计界面

选择"文件"菜单中的"新建工程"命令新建一个工程，进入窗体设计器，添加标签框控件。

（2）设置控件属性（见表 2-3）。

表 2-3　控件属性列表

控件名（Name）	Caption	Alignment	BorderStyle	Left	Top
LblMov	标签	2-Center	1-Fixed Single	100	100

（3）添加程序代码

```
Private Sub Form_Click()
    Move 4000, 2000
End Sub
```

```
Private Sub Form_KeyPress(KeyAscii As Integer)
    LblMov.Move LblMov.Left + 200, LblMov.Top + 200
End Sub

Private Sub LblMov_Click()
    LblMov.Move LblMov.Left + 200, LblMov.Top + 200
End Sub
```

2.4 文 本 框

TextBox 控件即文本框控件，主要用于向程序输入文本，如姓名、账号、密码等。

2.4.1 文本框的常用属性

前面介绍的一些标签控件属性也适用于文本框，这些属性包括：Name、FontName、FontSize、ForeColor、BackColor、Height、Left、Top、Width 等。所不同的是文本框没有 Caption 属性，有 Text 属性，编辑框中的文本就是靠 Text 属性返回和设置的。

1. Text 属性

用于设置和返回文本框中显示的内容，这是文本框控件最常用的属性，即默认属性，编程时可以省略。

2. Locked 属性

用于指定文本框是否可以被编辑。当取值为 False 时，表示未加锁，可以编辑文本框中的文本；当取值为 True 时，表示已加锁，此时，可以滚动和选择控件中的文本，但不能进行编辑。默认值为 False。

3. MaxLength 属性

用来设置文本框中的最大字符数。当取值为 0 时，在文本框中输入的字符数不能超过 32×2^{10}（多行文本）；当取值为非 0 值时，此非 0 值即为可输入的最大字符数。默认值为 0。

4. MultiLine 属性

用于设置文本框是单行显示还是多行显示文本。当取值为 False 时，表示不管文本框的高度数值的大小，只能在文本框中输入单行文字；当取值为 True 时，则可以输入多行文字。

5. PassWordChar 属性

用于设置文本框是否用于输入口令。当取值为空时，表示创建一个普通的文本框，将用户输入的内容按照原样显示到文本框中；若把该属性值取值为一个字符（例如"*"），则用户输入的文本用被设置的字符表示，但系统接收的仍为用户输入的文本内容。该属性的默认值为空。

6. ScrollBars 属性

用于设置文本框是否具有滚动条。

取值为 0 时，没有滚动条。

取值为 1 时，只有水平滚动条。

取值为 2 时，只有垂直滚动条。

取值为 3 时，既有水平滚动条又有垂直滚动条。

需要注意的是，只有当 MultiLine 属性设置为 True 时，文本框才能有滚动条；否则，即使 ScrollBars 设置为非 0 值，也没有滚动条。

7. SelLength 属性

用于在当前文本框中设置选择的字符数。当在文本框中选择文本时，该属性值会随着选择字符的多少而改变，如果 SelLength 属性值为 0，表示未选中任何字符。

8. SelStart 属性

用于定义当前选择的文本起始位置。0 表示选择的开始位置在第一个字符之前，1 表示从第二个字符之前开始选择，依此类推。

9. SelText 属性

返回或设置当前所选的文本字符串。如果没有选择文本，则该属性为一个空字符串。

例如：运行下列程序，结果如图 2-12 和图 2-13 所示。

```
Private Sub Form_Click()
    Text1.SelStart = 1
    Text1.SelLength = 3
    Print Text1.SelText
End Sub
```

图 2-12 窗体运行界面

图 2-13 窗体运行界面

如果将代码 Text1.SelStart = 1 改为 Text1.SelStart = 0，结果如图 2-14 所示。

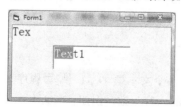

图 2-14 窗体运行界面

2.4.2 文本框的常用事件

文本框除了支持 Click，DblClick 等鼠标事件外，还支持以下事件。

1. Change 事件

当用户向文本框中输入新的文本或者用户从程序中改变 Text 属性时触发该事件，同时激活这一事件的处理程序。例如，用户在文本框中每输入一个字符，就会触发一次 Change 事件。

2．KeyPress 事件

在按下并释放一个会产生 ASCII 码的键时触发。KeyPress 事件可以识别键盘上包括【Enter】键、【Tab】键和【BackSpace】键在内的所有能用 ASCII 码表示的键（方向键等除外）。KeyDown 和 KeyUp 事件能够检测其他功能键、编辑键和定位键。

3．GotFocus 事件

当文本框获得焦点（焦点是接收用户鼠标或键盘输入的能力，即输入光标）时，将触发 GotFocus 事件，同时激活这一事件的处理程序。

程序运行中用鼠标单击文本框，或用 Tab 键、SetFocus 方法将焦点设置到文本框时，触发该事件。

4．LostFocus 事件

当文本框失去焦点时，触发 LostFocus 事件。

程序运行中单击其他文本框，或用【Tab】键、SetFocus()方法将焦点设置到其他对象时，触发该事件。

2.4.3 文本框的常用方法

当窗体上有多个控件时，可以使用 SetFocus 方法将焦点移至指定的控件。语法为：

```
<对象名>.SetFocus
```

例如，若要将焦点放到文本框 Text2 中，可以使用以下语句实现：

```
Text2.SetFocus
```

控制焦点在控件间移动，可以预先设置【Tab】键顺序。【Tab】键顺序就是在按【Tab】键时，焦点在控件间移动的顺序。

默认情况下，【Tab】键顺序与建立这些控件的顺序相同。通过在属性窗口或程序代码中设置控件的 TabIndex 属性，可以改变它的 Tab 键顺序。语法为：

```
<对象名> .TabIndex =Index
```

其中：Index 为指定控件的顺序号。取值从 0 开始，最大值总是比【Tab】键顺序中控件的数目少 1。

2.4.4 文本框应用实例

【例 2-5】在窗体 Form1 上有一个文本框 Text1，编写程序，使得用户在文本框中输入文本时，窗体的标题与文本框中用户输入的内容一致。例如：在文本框中输入"我的中国梦"，程序运行界面如图 2-15 和图 2-16 所示。

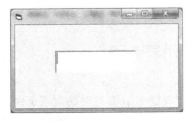

图 2-15　窗体运行界面

图 2-16　窗体运行界面

（1）设计程序界面

选择"文件"菜单中的"新建工程"命令新建一个工程，进入窗体设计器，并根据题目要求设计界面。

（2）设置控件属性

控件的属性如表 2-4 所示。将 Form1 的 Caption 和 Text1 的 Text 属性清空。

表 2-4　控件属性列表

控件名（Name）	Caption	Text
Text1		""
Form1	""	

（3）添加程序代码

```
Private Sub Text1_Change()
    form1.Caption = Text1.Text
End Sub
```

2.5　命　令　按　钮

命令按钮即 CommandButton 控件，主要用于接收用户的指令，如确定、取消、返回等。

2.5.1　命令按钮的常用属性

CommandButton 控件也有 Name、BackColor、Enabled、Visible 等属性，它们的功能与 Label 控件相同。

1. Caption 属性

用于设定命令按钮的标题。在该属性中用户可以设定热键字母，设置方法是在这一字母前加上&符号，当程序运行时，只要按【Alt + 相应字母】键即可激活它的 Click 事件。

例如，将命令按钮的 Caption 属性设置为"显示(&X)"，其效果为"显示(X)"。

2. Cancel 属性

用于设置按钮是否等同于按"Esc"键的功能，即当用户按"Esc"键时，是否激活它的 Click 事件过程。

当取值为 True 时，表示响应"Esc"键。

当取值为 False 时，则不响应"Esc"键。

Cancel 属性的默认值为 False。

需要注意的是，在窗体中最多只能有一个按钮的此属性被设置为 True。

3. Default 属性

用于设置按钮是否为默认按钮。即当程序运行时，用户按【Enter】键是否激活该按钮的 Click 事件过程。

如果取值为 True，表示该按钮为默认按钮。

如果取值为 False，则不是默认按钮。

Default 属性的默认值为 False。此外应注意在一个窗体上只能设置一个命令按钮为默认按钮。

4．Picture 属性

用于设定命令按钮上所显示的图形。可以在设计阶段单击属性窗口中的 **…** 按钮，然后选择一个相应的图形文件；也可以在代码中设置该属性。需要注意的是，只有当命令按钮的 Style 属性设置为 1－Graphical 时，才能在命令按钮上显示图形。

5．Style 属性

用于设置命令按钮的外观类别。

当取值为 0－Standard 时，是标准风格的命令按钮，它既不支持背景颜色（BackColor），也不支持图片属性（Picture）。

当取值为 1－Graphical 时，是"图形显示"风格，它既能设置 BackColor，也能设置 Picture 属性。

所以要让命令按钮显示图形，只需将其 Style 属性设置为 1－Graphical 即可。

6．Value 属性

用于检查按钮是否被按下，只能在代码中设置或引用，在程序运行时只要将 Value 属性设置为 True，则触发命令按钮的 Click 事件。这是命令按钮最常用的属性，即默认属性，编程时可以省略。

2.5.2　命令按钮的常用事件

Click 事件，也就是我们用鼠标单击按钮时所触发的事件。对于命令按钮来说，Click 事件是最重要的触发方式，一般情况下主要是围绕这一事件来编程。

2.5.3　命令按钮的常用方法

可以使用 SetFocus 方法将焦点设置到指定的命令按钮上。

2.5.4　命令按钮应用实例

【例 2-6】窗体上有一个文本框和一个命令按钮。当程序运行时，若按【Esc】键或【Enter】键，则触发命令按钮的单击事件，在文本框中显示"天津财大欢迎你！"。

（1）设计程序界面

选择"文件"菜单中的"新建工程"命令新建一个工程，进入窗体设计器，并根据题目要求设计界面，如图 2-17 所示。

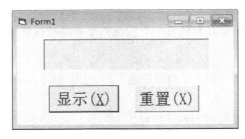

图 2-17　程序设计界面

（2）设置控件的属性（见表 2-5）

表 2-5　控件属性设置

Name	Caption	Appearance	BorderStyle	Default	Cancel
Label1	""	1	1		
Command1	显示(&X)			True	True
Command2	重置(&C)				

（3）添加程序代码

```
Private Sub Command1_Click()
    Text1.Text = "天津财大欢迎你！"
End Sub

Private Sub Command2_Click()
    Text1.Text = ""
End Sub
```

当程序运行时，若单击"显示"按钮、按【Esc】键或【Enter】键，运行界面如图 2-18 所示；若单击"重置"按钮、按【Esc】键或【Enter】键，运行界面如图 2-19 所示。

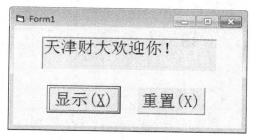

图 2-18　窗体运行界面（1）

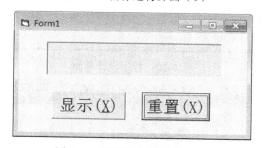

图 2-19　窗体运行界面（2）

【例 2-7】设计一个简单的系统登录程序，窗体上设有 1 个标签 Label1、1 个文本框 Text1、1 个命令按钮 Command1，由用户在文本框中输入密码，要求在密码文本框中输入的字符显示为"*"，密码为"13905858"，如果输入正确则在标签 Label1 中显示"欢迎使用本系统！"，否则退出。

（1）设计程序界面

选择"文件"菜单中的"新建工程"命令新建一个工程，进入窗体设计器，并根据题目要求设计界面，如图 2-20 所示。

（2）设置控件属性

控件的属性如表 2-6 所示，将 Text1 的 Text 属性清空。

表 2-6　控件属性列表

控件名（Name）	Caption	Text	PasswordChar
Label1	请输入密码：		
Text1		""	*
Command1	确定		

（3）添加程序代码

```
Private Sub Command1_Click()
    If Text1.Text = "13905858" Then
        Label1.Caption = "欢迎使用本系统！"
    Else
        End
    End If
End Sub
```

（4）运行程序，输入正确的密码

运行界面如图 2-21 和图 2-22 所示。

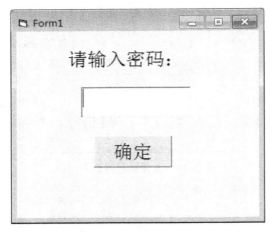

图 2-20　程序设计界面

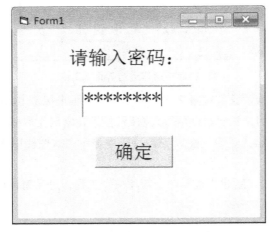

图 2-21　窗体运行界面（1）

图 2-22 窗体运行界面（2）

【例 2-8】窗体上有 1 个文本框、1 个命令按钮。程序运行时，可在文本框中输入信息，单击命令按钮将文本框锁定。程序运行界面如图 2-23 和图 2-24 所示。

（1）设计程序界面

选择"文件"菜单中的"新建工程"命令新建一个工程，进入窗体设计器，并根据题目要求设计界面。

（2）设置控件属性

控件的属性如表 2-7 所示，将 Text1 的 Text 属性清空。

表 2-7 控件属性列表

控件名（Name）	Caption	Text	MultiLine	ScrollBars
Text1		""	True	3
Command1	锁定编辑			
Command2	恢复编辑			

（3）添加程序代码

```
Private Sub Form_Load()
    Text1.TabIndex = 0
End Sub


Private Sub Command1_Click()
    Text1.Locked = True
End Sub


Private Sub Command2_Click()
    Text1.Locked = False
    Text1.SetFocus
End Sub
```

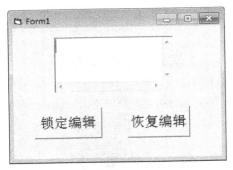

图 2-23 窗体运行界面（1）

图 2-24 窗体运行界面（2）

【例 2-9】窗体上设有 2 个标签 Label1、Label2，1 个文本框 Text1，1 个命令按钮 Command1，程序运行后，如果在文本框中输入"杨光"，单击"命令"按钮，窗体上显示"Hello 杨光！"。程序设置界面如图 2-25 所示。运行界面如图 2-26 和图 2-27 所示。

（1）设计程序界面

选择"文件"菜单中的"新建工程"命令新建一个工程，进入窗体设计器，并根据题目要求设计界面。

（2）设置控件属性

控件的属性如表 2-8 所示，将 Text1 的 Text 属性清空。

表 2-8 控件属性列表

控件名（Name）	Caption	Text
Label1	""	
Label2	输入姓名：	
Text1		""
Command1	显示	

（3）添加程序代码

```
Private Sub Command1_Click()
    Label1.Caption = "Hello " & Text1.Text & "!"
    Text1.Visible = False
    cmmand1.Visible = False
    Label2.Visible = False
End Sub
```

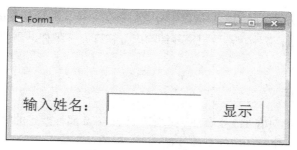

图 2-25 程序设计界面

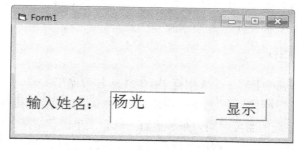

图 2-26 窗体运行界面（1）

图 2-27 窗体运行界面（2）

2.6 计 时 器

计时器控件（Timer）又称时钟控件，用于按一定的周期定时执行指定的操作。计时器控件可以利用系统内部的计时器计时，并按用户设定的时间间隔触发计时器事件（Timer），执行相应的程序代码，如显示时间、动画等。在工具箱中，计时器的图标为 🕐。

2.6.1 计时器的常用属性

1. Enabled 属性

用于设置或返回一个逻辑值。当取值为 True 时（此时 Interval 属性设置不能为 0），计时器控件响应 Timer 事件；而当取值为 False 时不能响应 Timer 事件，其默认值为 True。

2. Interval 属性

用于设置响应计时器 Timer 事件的间隔，如果用代码设置，其格式为：
[对象]. Interval=[milliseconds]

其中 milliseconds 为间隔时间，数值以千分之一秒为单位，如果将 Interval 属性设置为 1000，则每隔 1s 触发一次 Timer 事件。若希望每秒钟响应 n 次 Timer 事件，则应设置 Interval 属性值为 $1000 / n$。

2.6.2 计时器的事件

计时器控件能响应的只有 Timer 事件。每当达到 Interval 属性规定的时间间隔时，就会自动触发计时器的 Timer 事件，执行相应的事件过程。

注意：只有当计时器的 Enabled 属性值为 True 并且 Interval 属性值大于 0 时，才能触发 Timer 事件。

2.6.3 计时器应用实例

【例 2-10】在窗体 Form1 上有 1 个文本框 Text1，1 个计时器 Timer1，2 个命令按钮 Command1、Command2，标题分别为"计时"和"结束"。编写适当的事件过程，使得程序运行后单击"计时"按钮，在文本框中显示系统的当前时间，每秒更新一次；当单击"结束"按钮时，则结束程序运行。程序设计界面如图 2-28 所示。程序运行界面如图 2-29 和图 2-30 所示。

（1）设计程序界面

选择"文件"菜单中的"新建工程"命令新建一个工程，进入窗体设计器，并根据题目要求设计界面，如图 2-28 所示。

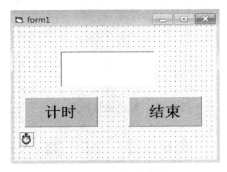

图 2-28   程序设计界面

（2）设置控件属性

控件的属性如表 2-9 所示，将 Text1 的 Text 属性清空。

表 2-9   控件属性列表

控件名（Name）	Caption	Text	Enabled	Interval
Text1		""	False	1000
Command1	计时			
Command2	结束			
Timer1				

（3）添加程序代码
```
Private Sub Command1_Click()
```

```
        Timer1.Enabled = True
End Sub
Private Sub Timer1_Timer()
    Text1.Text = Time
End Sub
Private Sub Command2_Click()
    End
End Sub
```

注意：计时器控件在程序运行时并不能显示在窗体上，它的作用只是按设定的时间间隔定时触发 Timer 事件。

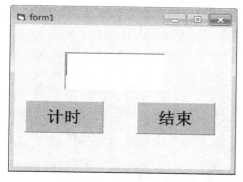

图 2-29　窗体运行界面

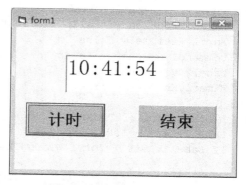

图 2-30　窗体运行界面

2.7　综合应用实例

【例 2-11】窗体上设有 2 个标签 Label1、Label2，1 个文本框 Text1，1 个命令按钮 Command1 和 1 个计时器 Timer1。程序运行后，如果在文本框中输入"白云"，单击命令按钮，窗体上显示 "Hello 白云！"，并且每秒向右移动 500 缇，直到窗体右边界，程序结束。程序设计界面如图 2-31 所示。运行界面如图 2-32 至图 2-34 所示。

（1）设计程序界面

选择"文件"菜单中的"新建工程"命令新建一个工程，进入窗体设计器，并根据题目要求设计界面，如图 2-31 所示。

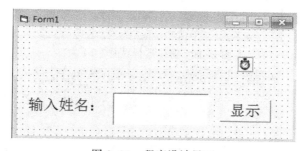

图 2-31　程序设计界面

（2）设置控件属性

控件的属性如表 2-10 所示，将 Text1 的 Text 属性清空。

表 2-10　控件属性列表

控件名（Name）	Caption	Text	Enabled	Interval
Label1	""			
Label2	输入姓名：			
Text1		""		
Command1	显示			
Timer1			False	1000

（3）添加程序代码

```
Private Sub Command1_Click()
    Label1.Caption = "Hello " & Text1.Text & "!"
    Text1.Visible = False
    Command1.Visible = False
    Label2.Visible = False
    Timer1.Enabled = True
End Sub
Private Sub Timer1_Timer()
    Label1.Left = Label1.Left + 500
    If Label1.Left > form1.Width Then End
End
```

图 2-32　窗体运行界面（1）

图 2-33　窗体运行界面（2）

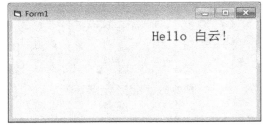

图 2-34　窗体运行界面（3）

习　题　2

1. 在 Visual Basic 中，设置属性的方法有两种，简述如何设置。

2. 简述如何在 Visual Basic 中创建一个标准 EXE 工程。

3. 决定控件位置的属性有哪些？默认长度单位是什么？

4. Visual Basic 窗体设计器的主要功能是什么？

5. 对于同一个命令按钮控件来说，Name 属性和 Caption 属性有什么区别？

6. 简述标签和文本框的主要区别。

7. 新建一个工程，将窗体设置为没有控制框。

8. 新建一个工程，将窗体设置为不含最大化按钮。

9. 在窗体 Form1 上有一个标签 Label1，要求编写程序，使得标签被单击时，其高度和宽度都原地（扩大后的标签中心位置不变）放大为原来的 3 倍，标签上文本放大为原来的 2 倍。

10. 在窗体 Form1 上有一个文本框 Text1，一个命令按钮 Command1。编写程序，使得命令按钮被单击时，将文本框中用户输入的内容显示为窗体的标题。例如：文本框中输入"大学生运动会"，单击命令按钮后，运行界面如图 2-35 和图 2-36 所示。

图 2-35　窗体运行界面（1）　　　　　　　　图 2-36　窗体运行界面（2）

11. 在窗体上设有一个标签 LblMov 和一个时钟控件 TmrMov，要求程序运行后，每隔 0.5s，标签自动向右、下方各移动 200 缇，当达到窗体的右边界或下边界时，程序结束。窗体设计界面如图 2-37 所示，运行界面如图 2-38 所示。

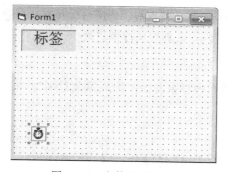
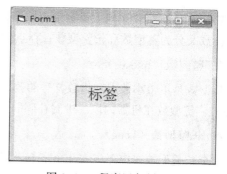

图 2-37　窗体设计界面　　　　　　　　　　图 2-38　程序运行界面

第 **3** 章 Visual Basic 程序设计语言基础

前两章介绍了简单 Visual Basic 应用程序的建立和部分基本控件的使用方法，设计较复杂的应用程序时需要用到大量的程序代码，编写代码是程序设计的一个重要环节。本章将介绍构成 Visual Basic 应用程序的基本元素及使用方法，主要包括数据类型、表达式和运算符和常用函数等内容，这些都是进行 Visual Basic 程序设计的基础。

3.1 数 据 类 型

对计算机来讲，数据不仅仅是数值，凡是能够输入计算机中、被计算机识别并加工处理的符号的集合都称为数据。数值、文字、字符、图形、图像和声音等都是数据。数据既是计算机程序处理的对象，也是运算产生的结果。数据按其构造、处理方式、用途及基本属性，可分为若干不同的类型。

和其他程序设计语言一样，Visual Basic 规定了编程可以使用的数据类型。Visual Basic 提供的基本数据包括数值型、字符型、日期型、逻辑型、变体型和对象型等多种类型。此外，Visual Basic 还允许用户利用 Visual Basic 提供的基本数据类型组合成一个新的数据类型。本节将介绍 Visual Basic 的各种基本数据类型。

3.1.1 数值型数据

Visual Basic 提供了四大类数值型数据，它们分别是整数、浮点数、货币型数和字节型数。其中，整数又分为整型数和长整型数；浮点数分为单精度浮点数和双精度浮点数。

1. 整型数（Integer）

整型数是不带小数点和指数符号的数。一个整型数在内存中占 2 个字节，取值范围为 -32 768～+32 767。整型数在机器内以二进制补码形式表示。

2. 长整型数（Long）

一个长整型数在内存中占 4 个字节，其取值范围为 -2 147 483 648～+2 147 483 647。

3. 单精度浮点数（Single）

带有小数点或写成指数形式的数即为浮点数（也称实型数）。它由符号、指数和尾数三部分组成，单精度浮点数的指数用 "E" 或 "e" 来表示。

例如，数 33 与数 33.0 是不同的，前者是整型数（占 2 个字节），后者是浮点数（占 4 个字节）。

一个单精度数在内存中占 4 字节，其中符号占 1 位，指数占 8 位，其余 23 位表示尾数，有效数字精确到 7 位，用 "E" 或 "e" 来表示 10 的幂。

例如：-2.5、36.25、+79.8、.0725、-13E3、32.5E-2、.025E-11。

4．双精度浮点数（Double）

一个双精度数在内存中占 8 个字节，有效数字精确到 16 位，用 "D" 或 "d" 来表示指数。

例如：145D2、123.25D-4。

5．货币型数（Currency）

货币型数据是专门用来表示货币数量的数据类型。该类型数据以 8 个字节存储，精确到小数点后 4 位，小数点后 4 位以后的数字被舍去。取值范围如下：

$$-922\ 337\ 203\ 685\ 477.580\ 8 \sim 922\ 337\ 203\ 685\ 447.580\ 7$$

货币型数据与浮点型数据都是带小数点的数，但货币型数据的小数点是固定的，而浮点数据中的小数点是"浮动"的。

6．字节型数（Byte）

字节型数据在内存中占 1 个字节，无符号，取值范围为 0～255。

3.1.2 字符型数据（String）

字符型数据由标准的 ASCII 字符和扩展 ASCII 字符组成，它是用双引号括起来的一串字符。一个西文字符占 1 个字节，一个汉字或全角字符占 2 个字节。Visual Basic 中字符串分两种：定长字符串和变长字符串。

例如："255"、"Visual Basic"、"控件对象"、""（空字符串）.

如果将"255"的双引号删除，那么它就不再是字符型数据而是数值型数据了。若双引号中没有任何字符（""），称为空字符串，其长度为 0。

1．定长字符串

定长字符串是指在程序执行过程中长度始终保持不变的字符串，其最大长度不超过 65 535 个字符。在定义变量时，定长字符串的长度用类型名加上一个星号 "*" 和常数表示，格式为

```
String*m
```

例如：语句

```
Dim Var1 As String*8
```

把变量 Var1 定义为长度为 8 个字符的定长字符串，这样定义后，如果赋给该变量的字符串少于 8 个字符，不足部分用空格补足；若超过 8 个字符，则超出部分被截掉。

2．变长字符串

变长字符串是指长度不固定的字符串，随着对字符串变量赋予新的值，其长度可增可减。一个字符串如果没有定义为定长的，都属于变长字符串。

3.1.3 日期型数据

日期型数据表示由年、月、日组成的日期信息或由时、分、秒组成的时间信息。日期型数据

占 8 个字节内存。

日期型数据的书写格式为 mm/dd/yyyy 或 mm-dd-yyyy，或者是其他可以辨认的文本日期。取值范围为 1/l/100～12/31/9999，即 100 年 1 月 1 日至 9999 年 12 月 31 日。而时间为 0:00:00～23:59:59。日期数据必须用 "#" 号括起来。例如：#3/12/2014#、#May 4,2016#。

3.1.4　逻辑型数据

逻辑型数据也称为布尔型数据，在内存中占 2 字节。

逻辑型数据取值只有两种：True（真）和 False（假）。

3.1.5　变体型数据

变体型数据是一种可变的数据类型，它可以表示多种类型的数据，包括数值、字符串、日期/时间等。

3.1.6　对象型数据

对象型数据用来表示图形、OLE 对象或其他对象，用 4 字节存储。

表 3-1 列出了 Visual Basic 的基本数据类型。

表 3-1　Visual Basic 的基本数据类型

类 型 名 称	数 据 类 型	存储空间（B）
整型数	Integer	2
长整型数	Long	4
单精度数	Single	4
双精度数	Double	8
货币型数	Currency	8
字节型数	Byte	1
定长字符串	String*m	m 个字符长度
变长字符串	String	字符串长度
日期型	Date	8
逻辑型	Boolean	2（True 或 False）
对象型	Object	4
变体型	Variant	根据需要分配

3.2　常量与变量

Visual Basic 的数据有常量和变量之分，在程序运行过程中值不发生变化的数据称为常量，而变量是指在程序运行过程中其值可以根据需要改变的数据。

3.2.1　常量

所谓常量是指在程序中事先设置、运行过程中数值保持不变的数据。Visual Basic 中常量分直接常量和符号常量两种形式。

1．直接常量

直接常量包括字符串常量、数值常量（整数、长整数、定点数、浮点数、货币）、逻辑常量和日期常量。

（1）字符串常量

字符串常量就是用双引号括起来的一串字符。这些字符可以是除双引号和回车、换行符以外的任何 ASCII 字符。例如："中国"、"$"、"665.2"等。

（2）数值常量

数值常量有四种表示形式：整型数、长整型数、货币型数、浮点数。

① 整型数

十进制整型数可以带有正号或负号，由数字 0～9 组成。

八进制整数：由 0～7 组成，前面冠以＆或＆O（字母 O），如＆O2345。

十六进制整数：由 0～9、a～f（或 A～F）组成，前面冠以＆H（或＆h），取值（绝对值）范围为＆H0～＆HFFFF，如＆H46、＆H27ef 等。

② 长整型数

长整型整数的表示方法是在数的最后加上长整型类型符号"＆"。如：654＆、＆O3454＆、＆H25C＆

③ 货币型

货币型是定点实数或整数，表示形式是在数字后加"@"符号，如 234@。

④ 浮点数

浮点数分为单精度（指数符号 E）和双精度（指数符号 D）浮点数两种。浮点数由尾数、指数符号和指数三部分组成，其中尾数可以是带小数点的数，如 25.5、36.425#、1.25E+2、3.75D+4。

（3）逻辑（布尔）常量

逻辑常量只有 True 和 False 两个值。将逻辑常量转换成整形数时 True 为–1，False 为 0；而数值型数据转换成逻辑常量时非零为 True，零为 False。

（4）日期常量

日期型常量的表示方法是用两个"#"号把表示日期和时间的值括起来，如#2／23／2014#。

如果需要特别指明一个常量的类型，可以在常数后面加上类型说明符，如表 3-2 所示。

表 3-2　数据类型符

类　型　符	数　据　类　型	类　型　符	数　据　类　型
%	整型	#	双精度浮点数
&	长整型	@	货币型
!	单精度浮点数	$	字符串型

例如：25%表示该常量为整型数据，22.8! 表示该常量为单精度型数据。

2．符号常量

符号常量是指用事先定义的符号（即常量名）代表具体的常量，通常用来代替数值或字符串。符号常量又分两种：系统常量和用户自定义常量。

（1）系统常量

系统常量是 Visual Basic 提供的预定义常量，可以在程序中直接使用。选择"视图"→"对象浏览器"命令，在打开的"对象浏览器"窗口中可以查看到大量的预定义常量。预定义常量又称内部常量，可与应用程序的对象、方法和属性一起使用。内部常量以 vb 打头，如 vbOK，vbYesNOCancel 等。

（2）用户自定义常量

虽然 Visual Basic 内部定义了许多系统常量，但在程序中某个常量可能会多次被使用，例如数学运算中的圆周率 π（3.141592653…），如果用符号 PI 来替代，则不仅书写方便，而且增加了程序的可读性。因此 Visual Basic 允许用户创建自己的符号常量，称之为用户定义符号常量。

用户定义符号常量使用 Const 语句来给常量分配名字、值和类型。声明（定义）常量的语法为：
Const <常量名> [As<数据类型>]=<表达式>
其中：

① 常量名的命名规则与 3.2.2 节中变量名的命令规则一样。

② <表达式>由数值常量、字符串常量及运算符组成，可以包含已定义过的符号常量，但不能有函数调用。

例如：Const PI#=3.141592653
　　　Const Min=13 Max=986,
　　　Const A! =58.4

3.2.2 变量

变量是指在程序运行过程中，取值可以改变的数据。在 Visual Basic 中进行数据处理时，通常使用变量来存储临时数据。每个变量都有一个名称和相应的数据类型。通过名称来引用变量，而数据类型则决定了其存储方式及在内存中所占存储单元的大小。变量名实际上代表一个内存地址，Visual Basic 编译时，由系统为每个变量分配一个内存地址，变量的值就存放在该地址的存储单元中。在程序中，从变量中取值或给变量赋值，其过程就是通过变量名找到相应的内存地址，然后从存储单元中取出数据或将数据写入存储单元。

Visual Basic 有两大类型变量：属性变量和内存（声明）变量。

属性变量是用户在设计界面时 Visual Basic 自动产生的，它为每个对象创建一组变量，即属性变量，并为每个变量设置其默认值。属性变量可以在"属性窗口"中查看。下面介绍内存（声明）变量。

1. 变量的命名规则

变量的标识符称为变量名。变量的命名规则如下：

① 变量名必须以字母或汉字开头，由字母、数字、下画线等字符组成，最后一个字符可以是类型说明符。

② 变量名中间不能有空格和小数点，变量名的长度不能超过 255 个字符。

③ 变量名不能用 Visual Basic 中的保留字，也不能用末尾带有类型说明符的保留字，但可以把保留字嵌入变量名中。如 Print 和 Print$是不合法的，而 Print_Num 则是合法的。

④ 变量名不区分大小写，即 ABC、AbC、aBC 都被看成是同一个变量名。

2．定义变量

在 Visual Basic 中使用一个变量时，一般是先定义（声明）后使用。定义变量的目的就是为变量命名，同时由系统通过其类型为它分配存储单元。变量也可以不加任何定义而直接使用。变量的定义分显式定义和隐式定义两种。

（1）显式定义

所谓显式定义，是指每个变量在使用前先定义。显式定义语句的格式为：

Dim <变量名 1> [As<类型>]　[，<变量名 2> [As<类型>]
Dim <变量名 1> [<类型符>]　[，<变量名 2><类型符>]

说明：

① <类型>可以是 Integer、long、Single、Double、String 等。

② <类型符>可以是表 3-2 中所列的%、!、# 等符号。

③ 用 As String 可以定义定长或变长字符串，定义定长字符串长度的方法是在 String 后面加上"数值"，其中数值是字符串的长度值。

④ 一个 Dim 语句可以定义多个变量，但每个变量都要用 As 字句定义其类型，否则该变量被看做是变体（Variant）变量。

⑤ 用 Dim 语句定义变量后，系统随即对变量进行初始化。若变量为数值型、货币型，其值为零；若变量为逻辑型，其值为 False；若变量为变体型，其值为空，视为 False。

例如：Dim Var1 As Integer, Var 2 As Single　等价于

Dim Var1%, Var 2!　　　　　　　'定义 Var 1 为整型变量、Var 2 为单精度类型变量

Dim Var 3 As String　　　　　　'定义 Var 3 为变长字符串

Dim Var 4 As String *10　　　　'定义 Var 4 长度为 10 的定长字符串

Dim Var 5, Var 6 As Single　　 '定义 Var 5 为变体类型、Var 6 为单精度型变量

Dim Var 7, Var 8　　　　　　　 '定义 Var 7、Var 8 为变体变量

Dim　Tes% , Name$　　　　　　 '定义 Tes 为整型、Name 为变长字符串

除了用 Dim 语句定义变量外，还可以用 Static、Private、Public 等关键字定义变量，但它们所定义的变量的作用域是不同的，详情请参见"4.5.2 变量的作用域"。

（2）隐式定义

Visual Basic 允许用户编程时可以不加任何定义而直接使用变量，系统运行时再临时为变量分配存储空间，通常称这种方式为隐式定义。使用隐式定义虽然省事，但却容易在发生错误时令系统产生误解，所以变量在使用前最好显式定义。

3．强制显式定义变量

Visual Basic 中提供了强制用户显式定义变量的方式，具体操作为：选择"工具"菜单的"选项"命令，打开"选项"对话框，然后选择"编辑器"选项卡下的"要求变量声明"复选框，再单击"确定"按钮即可。

设置完毕后，每当创建新模块时，Visual Basic 将把 Option Explicit（选择显示）语句自动加到代码窗口的通用声明部分。当然，也可以由用户直接在声明部分输入这条语句。这样，如果程序中含有隐式定义变量，运行时系统将显示一个出错信息框，提示"变量未定义"。

如果希望验证数据处理结果，可以在"代码窗口"编写相应的事件过程进行验证。例如，编写事件过程如下：

```
Private Sub Form_Click()
    Dim m1 As Integer, m2 As Single
    m1 = 25.5
    m2 = 68.75
    Print " m1="; m1
    Print " m2="; m2
End Sub
```

程序执行结果如图 3-1 所示。

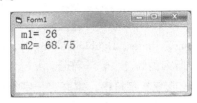

图 3-1　程序执行结果（1）

注意：如果将上面事件过程中语句 m1 = 25.5 改写为 m1 = 24.5，程序执行结果如图 3-2 所示；如果将上面事件过程中语句 m1 = 24.5 改写为 m1 = 24.51，程序执行结果如图 3-3 所示。

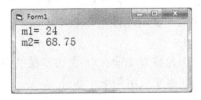
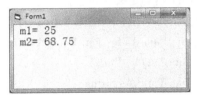

图 3-2　程序执行结果（2）　　　　图 3-3　程序执行结果（3）

由于变量 m1 定义为整形变量，当赋值数据不是整数时，系统则将操作数进行舍入处理，但舍入处理并非是通常意义的四舍五入。如果操作数的整数部分为奇数，当小数部分大于等于 0.5 时，进行进位处理；如果操作数的整数部分为偶数，只有当小数部分大于 0.5 时才进行进位处理。

除此之外，还有另一种较直接的方法，就是选择"视图"菜单中的"立即窗口"命令（或按【Ctrl+G】组合键），在"立即窗口"中输入"Print"或"？"以及表达式，命令行解释程序会对输入的命令进行解释，并立即响应，将结果显示在下一行，其结果如图 3-4 所示。

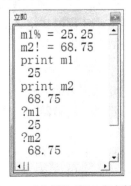

图 3-4　"立即"窗口响应结果

3.3　表达式和运算符

　　表达式是数据之间运算关系的表达形式，由常量、变量、函数等数据和运算符组成。参与运算的数据称为操作数，由操作数和运算符组成的表达式描述了要进行操作的具体内容和顺序。单个变量或常量也可以看作表达式的特例。

　　Visual Basic 中的运算符可分成算术运算符、关系运算符、逻辑运算符和字符串运算符四大类。

3.3.1　算术运算符和算术表达式

　　算术运算符是常用的运算符，它们可以对数值型数据进行常规运算，结果为数值。Visual Basic 中提供了 8 个算术运算符，表 3-3 按优先级从高到低的顺序列出这些运算符。

表 3-3　常用算术运算符

优　先　级	运　　算	运　算　符	表达式例子
1	幂	^	M^N
2	取负	-	-N
3	乘法、浮点除法	*、/	M*N、M/N
4	整数除法	\	M\N
5	取模（余数）	Mod	M Mod N
6	加法、减法	+、-	M+N、M-N

1．幂运算

　　幂运算用来计算乘方和方根。

　　例如：3^3　　　　　3 的三次方，结果为 27

　　　　　8^2　　　　　8 的二次方，结果为 64

　　　　　49^0.5　　　49 的算术平方根，结果为 7

　　　　　100^-2　　　100 的 -2 次方，结果为 0.0001

2．整数除法与浮点除法

　　整数除法的操作数一般为整型值，结果为整型值。如果操作数带有小数，系统先将操作数进行舍入处理，将其变为整型数或长整型数，然后再进行整除运算，运算结果被截断为整型数或长整型数，不进行舍入处理。

　　特别要注意的是，运算前的舍入处理并非是通常意义的四舍五入。如果操作数的整数部分为奇数，当小数部分大于等于 0.5 时，进行进位处理；如果操作数的整数部分为偶数，只有当小数部分大于 0.5 时才进行进位处理。

　　例如：

　　33/3　　　　　　　结果为 11

　　33\3　　　　　　　结果为 11

　　5/2　　　　　　　　结果为 2.5

　　5\2　　　　　　　　结果为 2

　　24.4\5　　　　　　结果为 4

　　24.6\5　　　　　　结果为 5

　　注意，在"立即窗口"可看到如下结果：

```
? 23.4\8 的
 2
? 23.5\8
 3
? 24.4\5
 4
? 24.5\5
 4
? 24.6\5
 5
? 24.501\5
 5
```

3. 取模运算

取模（求余数）运算用来求第 1 个操作数整除第 2 个操作数所得的余数，其结果的正负号始终与第 1 个操作数的符号相同。通常用来判断一个数是否能被另一个数整除。

例如：

9 Mod 2	结果为 1
9 Mod -2	结果为 1
-9 Mod 2	结果为 -1
-9 Mod -2	结果为 -1

当操作数不是整数时，系统先将操作数进行舍入处理，再做求余运算。

注意舍入处理并非是通常意义的四舍五入，如果操作数的整数部分为奇数，当小数部分大于等于 0.5 时，进行进位处理；如果操作数的整数部分为偶数，只有当小数部分大于 0.5 时才进行进位处理。

例如，在"立即窗口"可看到如下结果：

```
? 7.5 mod 2
 0
? 7 mod 2.5
 1
? 7.5 mod 2.5
 0
? 8 mod 2.4
 0
? 8 mod 2.5
 0
? 8 mod 2.51
 2
```

从"立即窗口"显示的结果可以看出，Visual Basic 在进行取模运算时，如果操作数的整数部分为奇数，当小数部分大于等于 0.5 时，进行进位处理；如果操作数的整数部分为偶数，只有当小数部分大于 0.5 时才进行进位处理。

4. 算术表达式

算术表达式由算术运算符，数值型常量、变量、函数和括号组成，其运算结果为一数值。

（1）表达式的书写原则

① 表达式中的所有操作数和运算符都必须在同一水平线上，不能出现 X_1、X^2、$2XY$、$\dfrac{1}{2}$ 等数

学中常用的表达形式，应分别写成 X1、X^2、2*X*Y、1/2 等形式。

② 括号必须成对出现，均使用圆括号。例如，数学中的表达式 4{2*x*[(7−5) × 6]+9}应写成 4*(2*x*((7−5) × 6)+9)。

（2）算术运算符的优先级

当算术表达式中出现多个算术运算符时，按表 3-3 中运算符的优先级决定其运算顺序，幂运算的优先级最高，加、减运算的优先级最低。

例如，表达式 30/5+8*8\ 4/4 的值是 70。

（3）算术运算中数据类型的转换

在算术运算中，如果操作数具有不同的数据精度，Visual Basic 规定运算结果的数据类型采用精度高的数据类型。

Integer < long < Single < Double < Currency

但 long 型数据与 Single 型数据进行运算、除法和幂运算的结果都是 Double 型数据。可以用 VarType()函数检验表达式结果的数据类型。VarType()函数的数据类型如表 3-4 所示。

表 3-4 VarType()函数数据类型

VarType()函数返回值	数 据 类 型	VarType()函数返回值	数 据 类 型
0	空	5	双精度
1	无效	6	货币型
2	整型	7	日期型
3	长整型	8	字符型
4	单精度		

例如：
```
Private Sub Form_Click()
    v1% = 1
    v2& = 2009
    v3! = 11.5
    u1 = v1 + v2
    u2 = v1 + v3
    u3 = v2 + v3
    Print "u1="; u1, "VarType="; VarType(u1)
    Print "u2="; u2, "VarType="; VarType(u2)
    Print "u3="; u3, "VarType="; VarType(u3)
End Sub
```
程序运行界面如图 3-5 所示。

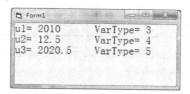

图 3-5 程序运行界面

3.3.2 字符串运算符

字符串运算符有两个 "&" 和 "+"，用来连接两个或更多个字符串。其格式：
<字符串 1>&<字符串 2> [&<字符串 3>]...

运算符"+"既可以做算术加法运算也可以做字符串连接,有时运算符"+"在运算中会忽略操作数的类型,强行将两个操作数的值进行连接,因此,用"&"比"+"更安全。

使用运算符"&"时,操作数与运算符"&"之间应加一个空格,以区别于长整型的类型说明符。否则,系统会先把它作为类型说明符处理。

```
例如:  a1%=25              a1 整型数
        a2$=85              a2 字符串
        Print a1+a2         显示 a1+a2 的值
        110                 结果为 110
```

如果用"Print a1 & a2"替代上面的"Print a1+a2",则结果为 2585。

注意:下面程序的结果为 3344。

```
Private Sub Command1_Click()
    a3$ = 33
    a4$ = 44
    Print a3 + a4
End Sub
```

3.3.3 关系运算符和关系表达式

关系运算符也称比较运算符,用来对两个相同类型的表达式进行比较,其结果是一个逻辑值,若关系成立,结果为 True(真),否则为 False(假)。进行比较的数据可以是数值型、字符型或日期型,逻辑型一般只用"="和"<>"等。Visual Basic 中通常以–1 表示真,以 0 表示假。

Visual Basic 提供了 8 个关系运算符,参见表 3–5。

表 3-5 常用关系运算符

运 算 符	含 义	实 例	结 果
=	等于	3+8=15	False
>	大于	"bcde">"abde"	True
<	小于	"abcd"<"ABCD"	False
>=	大于等于	"fg">="abc"	True
<=	小于等于	"2009"<="2008"	False
<>或><	不等于	"New"<>"new"	True
Like	字符串匹配	"New" like "*ew"	True
Is	比较对象		

用关系运算符连接两个算术表达式所组成的式子叫关系表达式。关系表达式的格式为:

<表达式 1><关系运算符><表达式 2>

关系运算规则:

① 两个操作数均为数值型时,按其值大小进行比较。

② 两个操作数均为字符型时,按字符的 ASCII 码值由左到右逐一进行比较,若第一个字符相同,则比较第二个,依此类推,直到出现不同的字符,其 ASCII 码值大的字符串大。

③ 日期型数据将日期看成"yyyymmdd"的 8 位整数,按数值大小比较。

④ 数值型与可转换为数值型的数据比较，按数值比较。如 25>"256"，结果为 False。

⑤ 汉字字符按区位顺序比较。

3.3.4　逻辑运算符和逻辑表达式

逻辑运算又称布尔运算，用逻辑运算符连接两个或多个关系表达式，构成逻辑表达式。其运算结果为逻辑型数据，即 True（真）或 False（假）。逻辑表达式可以由关系表达式、逻辑运算符、逻辑常量、逻辑变量和函数组成。

表 3-6 按运算优先级从高到低列出了逻辑运算符及其运算。

表 3-6　逻辑运算符

优 先 级	逻辑运算符	运　算	实　　例	结　果
1	Not	非	Not 3>9	True
2	And	与	1>4 And 3<9	False
3	Or	或	1>4 Or 3<9	True
4	Xor	异或	1<4 Xor 3<9	False
5	Eqv	等价	1>4 Eqv 3>9	True
6	Imp	蕴涵	1>4 Imp 3<9	True

（1）非（Not）运算

进行取反运算。

例如：a=3：b=8

```
Not(a>b)        结果为 True
Not -1          结果为 0
Not 0           结果为-1
```

（2）与（And)运算

两个表达式均为 True，结果才为 True，否则为 False。

例如：a=3：b=8

```
(a<b)And (7>3)     结果为 True
```

（3）或（Or）运算

两个表达式只要有一个为 True，结果为 True，只有当两个都为 False，结果才是 False。

例如：a=3：b=8

```
(a<b)Or (4>7)      结果为 True
```

（4）异或（Xor）运算

两个表达式同时为 True 或同时为 False，结果为 False，否则为 True。

例如：(2<8)Xor (3>8)   结果为 True

（5）等价（Eqv）运算

两个表达式同时为 True 或同时为 False，结果为 True，否则为 False。

例如：(2<8)Eqv (3>8)   结果为 False

（6）蕴涵（Imp）运算

当第 1 个表达式为 True，第 2 个表达式为 False 时，结果为 False，否则为 True。

例如：(2<8)Imp(3>8)　　　　　　结果为 False

3.3.5　日期运算符

日期型数据只有加（＋）和减（－）两个运算符。两个日期型数据相减，结果是一个整型数据，即两个日期相差的天数；日期型数据加上（或减去）一个整型数据，结果仍为一日期型数据，它表示加上一个整型数代表的天数后的日期（或减去整型数代表的天数后的日期）。

例如：#12/10/2014# - #12/25/2014#　　　结果为 -15
　　　#10/30/2014# +8　　　　　　　　结果为 2014-11-7
　　　#10/20/2014# - 8　　　　　　　结果为 2014-10-12

注意：两个日期型数据相加无意义。

3.3.6　运算符的优先级

当一个表达式中出现多个运算符时，Visual Basic 系统按其运算优先级进行运算，优先级高的先算，优先级低的后算，运算符的优先级相同时，由左向右进行运算。各运算符的优先级为：

① 数值运算符；
② 字符串运算符；
③ 关系运算符；
④ 逻辑运算符。

如果表达式中有函数和括号，则先做函数和括号内的表达式。

3.4　Visual Basic 的常用函数

函数一般用来实现数据处理过程中的特定运算与操作，它是 Visual Basic 的一个重要组成部分。Visual Basic 的函数有两类：内部函数和用户自定义函数。本节介绍 Visual Basic 中常用的内部函数。

内部函数也称标准函数，使用方法非常简单，用户只需按照系统提供的函数名，直接调用即可。调用格式为：

函数名(<自变量>)

在程序设计语言中，括号中的自变量也称为参数。对函数的各个参数都有其规定的数据类型，使用时必须与规定相符。在学习时，要注意每一个函数的参数个数、类型、参数的含义及函数值的类型。

函数通常都有一个返回值，按返回值的数据类型可以将 Visual Basic 中的函数分为：数学函数、字符串函数、转换函数、日期时间函数和随机函数等。Visual Basic 中提供了大量的内部函数，有些是通用的，有些则与某些操作有关，下面介绍常用的内部函数。

3.4.1　算术函数

表 3-7 给出了常用算术函数的格式及基本功能。

表 3-7　常用算术函数

函 数 格 式	功　能
Sin(X)	返回 X 的正弦值
Cos(X)	返回 X 的余弦值
Abs(X)	返回 X 的绝对值
Sgn(X)	返回 X 的符号 X<0 返回 -1，X=0 返回 0，X>0 返回 1
Sqr(X)	返回 X 的算术平方根(X >=0)
Exp(X)	返回 e 的 X 次方
Rnd(X)	产生[0,1]之间的随机数

1. 随机函数

随机函数 Rnd(x)，产生一个[0，1)之间的 Single 型的随机数。格式为：

Rnd [(expN)]

其中参数与返回值的关系如表 3-8 所示。

表 3-8　Rnd 函数

参数 expN	Rnd 的返回值
>0	用前一次调用 Rnd 函数的返回值作为本次返回值的种子
<0	每次都使用 expN 作为种子，得到相同的值
=0	返回最近一次调用 Rnd 函数生成的数值
省略	与大于 0 的情况相同

通常省略 expN，直接用 Rnd。产生指定区间的随机数的方法为：

[0，x]区间的随机浮点数：Rnd * x。

[m，n]区间的随机浮点数：m + Rnd * (n − m)。

[i，j]区间的随机整数：Int(i + Rnd *(j − i + 1))。

如果需要产生[0, 10)之间的随机整数，可用：Int(Rnd*10)。

如果需要产生两位随机整数，可用：Int(10 + Rnd * 90)或 10 +Int(Rnd * 90)。

其中，函数 Int(X) 的功能是返回不大于自然数 X 的最大整数。

2. 随机数语句

当一个应用程序不断地重复使用随机函数 Rnd，Visual Basic 可能会提供相同的种子，即同一序列的随机数可能会反复出现，用随机数语句可以消除这种情况。随机数语句的格式为：

Randomize [expN]

功能：根据一套算法产生随机数。

其中 expN 是一个整型数，用来做随机数发生器的"种子数"，通常省略 expN，直接用 Randomize，此时 Visual Basic 以系统时钟的当前值作为"种子"参数。

【例 3-1】在窗体 Form1 上有文本框 Text1、Text2 和命令按钮 Command1、Command2，要求单击命令按钮时，在 2 个文本框中分别显示[0,1]之间的随机数和[10, 99] 之间的随机整数。启动程序后，运行界面如图 3-6 所示（单击 1 次 Command1，单击 4 次 Command2），第 2 次启动程序后（单击 1 次 Command1，单击 4 次 Command2），运行界面如图 3-7 所示。

```
Private Sub Command1_Click()
    Text1.Text = Rnd()
End Sub

Private Sub Command2_Click()
    Text2.Text = Text2.Text & 10 + Int(Rnd * 90) & " "
End Sub
```

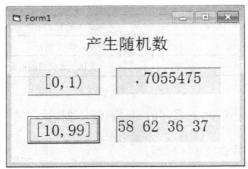

图 3-6　程序运行界面（1）

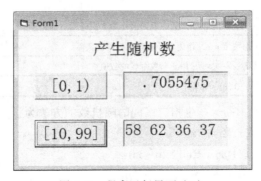

图 3-7　程序运行界面（2）

从图 3-6 和图 3-7 可以看出，两次运行程序所产生的随机数是相同的，事实上，再继续运行结果依然相同。

如果将程序改写如下：

```
Private Sub Form_Load()
    Randomize
End Sub
Private Sub Command1_Click()
    Text1.Text = Rnd()
End Sub
Private Sub Command2_Click()
    Text2.Text = Text2.Text & 10 + Int(Rnd * 90) & " "
End Sub
```

启动程序后，运行界面如图 3-8 所示（单击 1 次 Command1，单击 4 次 Command2），第 2 次启动程序后，运行界面如图 3-9 所示。

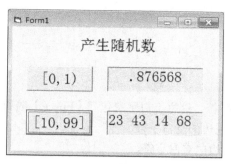

图 3-8　程序运行界面（1）

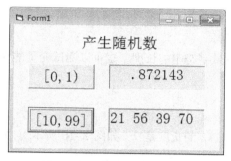

图 3-9　程序运行界面（2）

　　从图 3-8 和图 3-9 可以看出，程序中添加了随机数语句 Randomize 后，两次运行程序所产生的随机数是不同的。因此，通常编写程序时，先使用随机数语句 Randomize，再使用随机函数 Rnd。

3.4.2　字符串函数

　　Visual Basic 提供了大量的字符串操作函数，表 3-9 列出了其中的常用函数，要验证这些函数的功能，可在事件过程中进行，也可以在立即窗口中完成。

表 3-9　常用字符串函数

函 数 格 式	功　　能
Ltrim(字符串)	删除"字符串"左边的空白字符
Rtrim(字符串)	删除"字符串"右边的空白字符
Trim(字符串)	删除"字符串"左右两边的空白字符
Len(字符串|变量名)	返回字符串的长度
Left(字符串，n)	返回"字符串"的前 n 个字符
Mid(字符串，m，n)	从第 m 个字符开始，向后截取 n 个字符
Right(字符串，n)	返回"字符串"的最后 n 个字符
String(n, |ASCII 码)	返回由"字符串"中首字符或"ASCII 码"组成的 n 个相同的字符串
Ucase(字符串)	把"字符串"中的小写字母转换为大写字母
Lcase(字符串)	把"字符串"中的大写字母转换为小写字母
Space(n)	返回由 n 个空格组成的字符串
InStr([m,]c1,c2[,n])	在 c1 中从第 m 个字符开始找 c2，省略 m 时从头开始找，返回第一次找到 c2 的开始位置，找不到为 0

1. 删除空白字符函数

格式 1：Ltrim(字符串)

格式 2：Rtrim(字符串)

格式 3：Trim(字符串)

功能：删除相应的空白字符。这里空白字符包括【Space】键和【Tab】键等。其中：

格式 1 删除 "字符串" 左边的空白字符。

格式 2 删除 "字符串" 右边的空白字符。

格式 3 删除 "字符串" 左右两边的空白字符。

2. 字符串长度测试函数

格式：Len(字符串|变量名)

功能：用 Len 函数可以测试字符串的长度，也可以测试变量的存储空间，它的自变量可以是字符串，也可以是变量名。

例如：s1="字符串"

　　　s2=" 函数 "

在立即窗口中可以看到 s1+s2 的长度是 7（如图 3-10 所示）。如果使用了删除空白字符函数 Trim()，结果为 5。

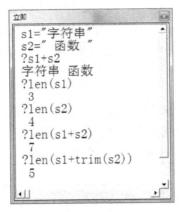

图 3-10　Len()函数举例

注：4.0 以上 Visual Basic 版本采用了一种新的字符处理方式，一个英文字符或一个汉字都看做是一个字符。

3. 字符串截取函数

格式 1：Left(字符串,n)

功能：返回 "字符串" 的前 n 个字符。这里的 "字符串" 可以是字符串常量、字符串变量、函数或字符串连接表达式。

格式 2：Mid(字符串,m, n)

功能：从第 m 个字符开始，对字符串向后截取 n 个字符。m 和 n 都是算术表达式。如果第三个参数默认，则从第二个参数指定的位置向后截取到字符串的末尾。

格式 3：Right (字符串,n)

功能：返回"字符串"的最后 n 个字符。"字符串"和 n 的含义同前。

例如：a="Visual Basic"，结果如图 3-11 和图 3-12 所示。

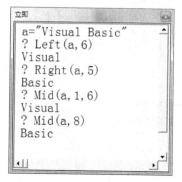

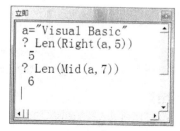

图 3-11　字符串截取函数举例（1）　　　图 3-12　字符串截取函数举例（2）

注意：函数 Len(Right(a,5)) 的值为 5，而函数 Len(Mid(a,7)) 的值为 6。

4．返回指定字符串函数

格式：`String(n,字符串|ASCII 码)`

功能：返回由 n 个指定字符组成的字符串。如果第二个参数为字符串，将返回由该字符串第一个字符组成的 n 个字符的字符串；如果第二个参数是 ASCII 码，则返回由该 ASCII 码对应的 n 个字符。

例如：
```
a=String(2,68)
b=String(2,"*")
c=String(2,"BCD")
Print a;b;c
```
其结果如图 3-13 所示。

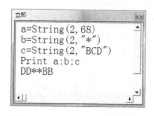

图 3-13　String()函数举例

5．大小写字母转换函数

格式 1：`Ucase(字符串)`

格式 2：`Lcase(字符串)`

功能：Ucase 函数把"字符串"中的小写字母转换为大写字母，而 Lcase()函数把"字符串"中的大写字母转换为小写字母。

例如：
```
m="G"
n= Lcase(m)
Print n
g
```

其结果如图 3-14 所示。

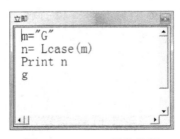

图 3-14   Lcase()函数举例

6. 空格函数

格式：Space(n)

功能：返回由 n 个空格组成的字符串。

例如：m="AAB"+Space(1)+"CDD"

```
Print m
AAB CDD
Print Len(m)
7
```

其结果如图 3-15 所示。

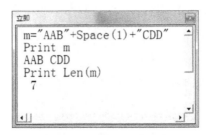

图 3-15   Space()函数举例

7. 字符串匹配函数

格式：InStr([m,]c1,c2[,n])

功能：在 c1 中从第 m 个字符开始找 c2，省略 m 时从头开始找，返回第一次找到 c2 的开始位置，找不到为 0。

参数 n 是可选项。当 n=0 时，表示区分字母的大小写；当 n=1 时，表示不区分字母的大小写；n 的默认值是 0。

例如：? InStr(2,"abc","a",0)

```
0
? InStr(1,"abc","a",1)
1
? InStr(2,"abcabc","a",0)
4
```

其结果如图 3-16 所示。

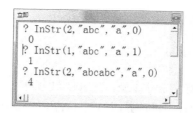

图 3-16　InStr()函数举例

3.4.3　数据类型转换函数

表 3-10 列出了常用的数据类型转换函数。

表 3-10　常用数据类型转换函数

函 数 格 式	功　能	实　例	结　果
Asc(String)	返回字符串中第一个字符的 ASCII 码	Asc("a")	97
Chr(X)	将 ASCII 码转换成字符	Chr(65)	A
Int(X)	返回不大于自然数 X 的最大整数	Int(-34.5)	-35
Cint(X)	将 X 取整，小数部分舍入处理	Cint(-34.51)	-35
Fix(X)	将 X 取整	Fix(-34.5)	-34
Str(X)	将 X 的值换成字符串	Str("-23.5")	-23.5
Val(String)	将字符串换成数值	Val("45EF")	45

```
例如：len(str(88))          '结果为 3，保留 1 位符号位
      len(str(-157.5))      '结果为 6，小数点占 1 位
      val("666")            '结果为 666
      val("123fg456")       '结果为 123
      val("-123fg456")      '结果为-123
      val("bbc")            '结果为 0
```

3.4.4　日期和时间函数

表 3-11 列出了常用的日期和时间函数。

表 3-11　常用日期和时间函数

函 数 格 式	功　能
Date()	返回计算机系统当前日期（年-月-日）
Day(Now)	返回当前月中的日（1～31）
WeekDay(Now)	返回当前星期（1～7）
Month(Now)	返回当前月份（1～12）
Year(Now)	返回当前年份（YYYY）
Hour(Now)	返回当前小时
Minute(Now)	返回当前分钟
Second(Now)	返回当前秒
Now()	返回系统日期和时间
Time()	返回系统时间

例如：date()   '结果为 2016-5-1
      year(now())   '结果为 2016
      now()   '结果为 2016-5-1 11:23:46
      time()   '结果为 11:23:56

【例 3-2】在窗体 Form1 上有文本框 Text1、Text2 和 Text3，要求单击窗体时，在 3 个文本框中分别显示当前系统的年、月和日。设计界面如图 3-17 所示，运行界面如图 3-18 所示。

```
Private Sub Command1_Click()
    Text1.Text = Year(Now)
    Text2.Text = Month(Now)
    Text3.Text = Day(Now)
End Sub
```

图 3-17　设计界面

图 3-18　运行界面

3.4.5　测试函数

表 3-12 列出了测试函数。

表 3-12　测试函数

函 数 格 式	功　　　能	返回值的类型
IIf(E,z1,z2)	若表达式 E 为 True，返回表达式 z1 的值，否则返回表达式 z2 的值	由 z1、z2 的值决定
IsNull(E)	测试表达式是否不包含任何有效数据(Null)	Boolean
IsNumeric(E)	测试表达式的值是否为数值型	Boolean
IsArray(V)	测试变量是否为数组	Boolean
VarType(E)	返回表达式的值类型对应的整数	Integer

3.4.6　格式函数 Format

格式函数 Format 可以将要输出数据以某种特定的格式输出，其返回值是字符串。Format 函数的的格式为：

Format(表达式[，格式字符串])

功能：按格式字符串指定的格式将表达式以字符串形式返回。

说明：

① 表达式可以是数值、日期或字符串类型数据。

② 格式字符串由 Visual Basic 规定的格式控制符组成，用于控制输出的格式。省略时，其效果与 Str 函数类似，但 Format()函数对整数不保留正号。

③ 格式字符串包括数值格式、日期格式和字符串格式三类。

1. 数值格式化

数值格式化是将数值表达式的值按表 3-13 中格式字符串指定的格式输出。

表 3-13 常用数值格式符

格 式 字 符	作 用	实 例	结 果
0	按指定的位数显示数字，不足处可前后补零	format(23,"000.0")	023.0
#	数字前后不补零	format(123,"##.#")	123.
%	数字乘以 100 同时在右边加上百分号	format(0.5,"0%")	50%
$	在数字前加$	format(23.45,"$00.00")	$23.45
+	在数字前加+	format(23.45,"+00.00")	+23.45
−	在数字前加−	format(23.45,"−00.00")	−23.45
.	加小数点	format(2345,"000.00")	2345.00
,	加千分符	format(2345.2,"#,000.00")	2,345.20
E+	用指数表示	format(23.45,"0.00E+##")	2.35E+1
E−	用指数表示	format(0.2345,"00.0E−##")	23.5E−2

例如：Print Format(33445, "#######")   '结果为 33445
　　　Print Format(345, "##")   '结果为 345
例如：Print Format(12345, "0000000")   '结果为 0012345
　　　Print Format(1234.5,"####0.00")   '结果为 1234.50

2. 日期时间格式化（见表 3-14）

表 3-14 常用日期时间格式符

格 式 字 符	作 用	实 例	结 果
mm−dd−yy	按月/日/年格式输出	Format(date(),"mm−dd−yy")	03−17−09
mm−dd−yyyy	按月/日/年全称格式输出	Format(date(),"mm−dd−yyyy")	03−17−2009
hh:mm:ss AM/PM	12 小时时钟，上午 AM，下午 PM	Format(Now, "hh:mm:ss AM/PM")	12:02:30 PM
hh:mm:ss a/p	12 小时时钟，上午 a，下午 p	Format(Now, "hh:mm:ss a/p")	12:00:54 p
hh:mm:ss	24 小时时钟	Format(Now, "hh:mm:ss ")	12:07:10

例如：? Format(now,"mm−dd−yyyy hh:mm:ss AM/PM")
　　　05−01−2014 08:26:58 AM

3. 字符串格式化（见表 3-15）

表 3-15 常用字符串格式符

格 式 字 符	作 用	实 例	结 果
<	将字符串中的字母转换成小写输出	format("HELLO","<")	hello
>	将字符串中的字母转换成大写输出	format("hello",">")	HELLO
@	实际字符位数小于格式字符位数，字符串前加空格	format("str","@@@@@")	□□str
&	实际字符位数小于格式字符位数，字符串前不加空格	format("str","&&&&&")	str

例如：? len(format("aa","@@@@"))
4

3.5　单选按钮和复选框

单选按钮（OptionButton）通常用于建立一组选项供用户选择，但只能选择其中之一。在外观上，单选按钮是一个小圆圈，若单击它，中间就会出现一个小圆点，表示该项被选中，若再单击其他单选按钮，则先选的按钮将还原成未选中状态，后击的按钮被选中。单选按钮在工具箱中的图标为 。

复选框（CheckBox）又称检查框，也是用于建立一组选项供用户选择，但它们相互独立。在一组复选框中，既可以单选，也可以多选。单击复选框，就会出现"√"标记，表示选中，再单击一次"√"标记消失，表示未选中，复选框在工具箱中的图标为 。

3.5.1　单选按钮的常用属性和事件

1．Caption 属性

用于设定出现在单选按钮旁边的标题文本。

2．Alignment 属性

用于设定单选按钮标题的排列方式。0–Left Justify（默认值）表示图标居左，标题在单选按钮的右侧显示；1–Right Justify 表示图标居右，标题在单选按钮的左侧显示。

3．Value 属性

这是单选按钮最重要的属性（默认属性），其值为逻辑值，用来表示单选按钮是否被选中。取值为 True 时，表示被选中；取值为 False 时，表示未被选中。

4．Enabled 属性

该属性用来表示单选按钮是否禁用。若取值为 True，表示可以响应事件；若取值为 False，则此控件变为灰色，表示禁用。

5．Click 事件

单选按钮的主要事件是 Click 事件。

3.5.2　单选按钮应用实例

【例 3-3】设计程序，窗体上有 1 个标签、6 个单选按钮和 1 个命令按钮。当用户选择单选按扭时，标签上的文字显示为相应的字体。运行界面如图 3-19 至图 3-22 所示。

（1）设计程序界面及设置控件属性

根据题目要求设置控件属性如表 3-16 所示。

表 3-16　控件属性设置

控件名（Name）	标题（Caption）	Value	BorderStyle
Label1	请选择字体		1
Option1	楷体	True	
Option2	宋体	False	

续表

控件名（Name）	标题（Caption）	Value	BorderStyle
Option3	黑体	False	
Option4	隶书	False	
Option5	方正舒体	False	
Option6	华文彩云	False	
Command1	结束		

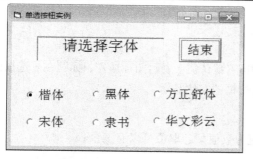

图 3-19　窗体运行界面（1）

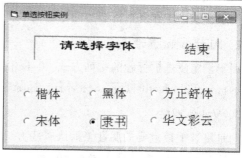

图 3-20　窗体运行界面（2）

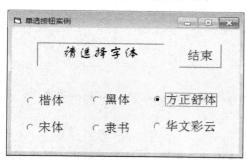

图 3-21　窗体运行界面（3）

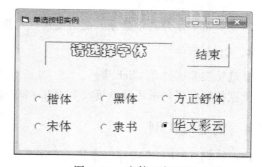

图 3-22　窗体运行界面（4）

（2）程序代码

```
Option Explicit
Private Sub Option1_Click()
    Label1.Font = "楷体_GB2312"
End Sub
Private Sub Option2_Click()
    Label1.Font = "宋体"
End Sub
Private Sub Option3_Click()
    Label1.Font = "黑体"
End Sub
Private Sub Option4_Click()
    Label1.Font = "隶书"
End Sub
Private Sub Option5_Click()
    Label1.Font = "方正舒体"
End Sub
```

```
Private Sub Option6_Click()
    Label1.Font = "华文彩云"
End Sub
Private Sub Command1_Click()
    End
End Sub
```

3.5.3 复选框的常用属性和事件

1．Caption 属性

用于设定出现在复选框旁边的标题文本。

2．Alignment 属性

用于设定复选框标题的排列方式。0–Left Justify（默认值）表示图标居左，标题在复选框的右侧显示；1–Right Justify 表示图标居右，标题在复选框的左侧显示。

3．Value 属性

这是复选框最重要的属性（默认属性），其值为数值型。取值可以有三个：

0–UnChecked（默认值）表示未选定。

1– Checked 表示选定。

2–Grayed 表示复选框禁用，此时复选框为灰色。

4．Click 事件

复选框主要事件是 Click 事件。

单选按钮和复选框还可以接收 DblClick、KeyPress、MouseDown、MouseMove 等事件。

3.5.4 复选框实例

【例 3-4】设计一个程序，窗体上有 1 个标签、3 个单选按扭、3 个复选框和 1 个命令按钮。当用户单击单选按扭和复选框时，标签上的文字将动态显示为相应的字体、字形和效果。

（1）设计程序界面及设置控件属性

根据题目要求设计界面如图 3-23 所示，设置控件属性如表 3-17 所示，运行界面如图 3-24 和图 3-25 所示。

表 3-17　控件属性设置

控件名（Name）	标题（Caption）	Value	BorderStyle
Label1	请选择字体、字形和效果		1
Option1	楷体	False	
Option2	宋体	False	
Option3	黑体	False	
Check1	粗体	False	
Check2	斜体	False	
Check3	下画线	False	
Command1	结束		

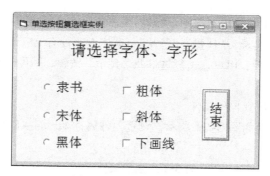

图 3-23　窗体设计界面

（2）程序代码

```
Option Explicit
Private Sub Form_Load()
    Option1.Value = True
End Sub
Private Sub Check1_Click()
    Label1.FontBold = Check1.Value
End Sub
Private Sub Check2_Click()
Label1.FontItalic = Check2.Value
End Sub
Private Sub Check3_Click()
    Label1.FontUnderline = Check3.Value
End Sub
Private Sub Option1_Click()
    Label1.Font = "隶书"
End Sub
Private Sub Option2_Click()
    Label1.Font = "宋体"
End Sub
Private Sub Option3_Click()
    Label1.Font = "黑体"
End Sub
Private Sub Command1_Click()
    End
End Sub
```

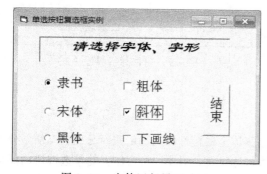

图 3-24　窗体运行界面（1）

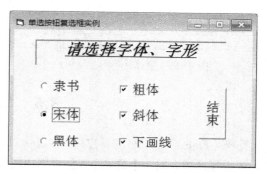

图 3-25　窗体运行界面（2）

【例 3-5】设计一个程序,窗体上有 1 个标签、3 个复选框,复选框名称分别为 Check1、Check2 和 Check3,标题依次为"游泳""体操""滑冰";窗体上还设有 2 个命令按钮,标题为"显示"和"结束"。要求程序运行后,用户点击复选框及"显示"按钮,则可以根据用户的选择显示相应的信息。

(1)设计程序界面及设置控件属性

根据题目要求设计界面如图 3-23 所示,设置控件属性如表 3-18 所示,运行界面如图 3-26 和图 3-27 所示。

表 3-18　控件属性设置

控件名（Name）	标题（Caption）	Value	BorderStyle
Label1			1
Check1	游泳	False	
Check2	体操	False	
Check3	滑冰	False	
Command1	显示		
Command2	结束		

(2)程序代码

```
Private Sub Command1_Click()
    Dim c1, c2, c3
    If Check1.Value = 1 Then c1 = Check1.Caption + " "
    If Check2.Value = 1 Then c2 = Check2.Caption + " "
    If Check3.Value = 1 Then c3 = Check3.Caption
    Text1.Text = "我喜欢:" & c1 & c2 & c3
End Sub
Private Sub Command2_Click()
    End
End Sub
```

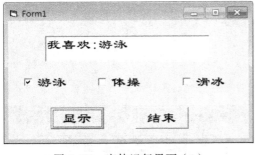

图 3-26　窗体运行界面（1）

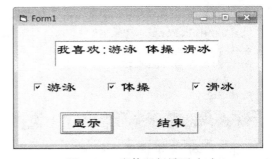

图 3-27　窗体运行界面（2）

3.6　框　　架

框架（Frame）是一种容器控件,主要作用是将窗体上的控件按其功能进行分组,以便划分出不同的操作区域。同一个窗体上不同框架内的控件相对独立。例如,将窗体上的单选按钮用框架分为两组。这样,每一组中都可以有一个按钮同时被选择。在工具箱中,框架的图标为 。

使用框架的正确方法是，先在窗体上画出框架，再在框架内画出**其他**控件。这样，框架和其中的控件成为一个整体，可同时移动。如果先将控件画在窗体的**其他**部位，然后再拖入到框架内，这样，当移动框架时，控件就不会一同移动。

3.6.1 框架的常用属性和事件

1．Caption 属性

用于设定框架的标题文本。可以在框架的标题中设热键，其设置和使用方法与命令按钮相同。

2．Enabled 属性

用于设定框架及框架内的控件是否可用。与其他控件的 Enabled 属性有所不同的是，如果框架的 Enabled 属性取值为 False，窗体启动后，框架及其标题变灰，框架内的所有控件都不能进行操作。

3．Visible 属性

用于设定框架及框架内的控件是否可见。当框架的 Visible 属性取值为 False 时，窗体启动后，框架及框架内的所有控件都被隐藏。

框架可以响应 Click、DblClick 等事件，但一般情况下很少使用，其主要作用就是对窗体上的控件进行分组。

3.6.2 框架的应用实例

【例 3-6】用框架将窗体上的单选按钮分为 2 组。单选按钮名称分别为 Option1、Option 2、Option3、Option4、Option5 和 Option6、标题依次为"经济""管理""法律""篮球""跳绳"和"游泳"。窗体上还设有一个命令按钮，名称为 Command1，标题为"显示"。要求程序运行后，单击"显示"命令按钮，则可以根据用户的选择显示相应的信息。

（1）设计程序界面及设置控件属性

根据题目要求设计界面，设置控件属性如表 3-19 所示。程序运行后，结果如图 3-28 至图 3-30 所示。

表 3-19 控件属性设置

控件名（Name）	标题（Caption）
Label1	""
Frame1	专业
Frame2	比赛
Option1	经济
Option2	管理
Option3	法律
Option4	篮球
Option5	跳绳
Option6	游泳
Command1	显示

（2）程序代码

```
Option Explicit
Private Sub Command1_Click()
    Dim s1, s2, s3, s4
    If Option1.Value = True Then s1 = Option1.Caption
    If Option2.Value = True Then s1 = Option2.Caption
    If Option3.Value = True Then s1 = Option3.Caption
    If Option4.Value = True Then s2 = Option4.Caption
    If Option5.Value = True Then s2 = Option5.Caption
    If Option6.Value = True Then s2 = Option6.Caption
    s3 = "我是" + s1 + "系学生" + ","
    s4 = "我参加" + s2 + "比赛" + "。"
    Label1.Caption = s3 + s4
End Sub
```

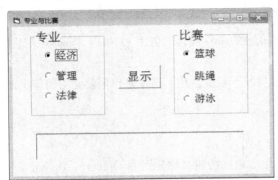

图 3-28　窗体运行初始界面

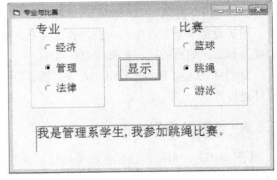

图 3-29　窗体运行界面

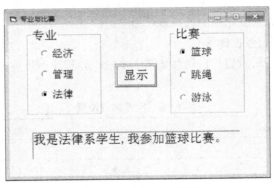

图 3-30　窗体运行界面

习　题　3

1. 下列数据哪些是变量？哪些是常量？是什么类型的常量？

（1）23..5　　（2）"23.5"　　（3）"2/01/15"　　（4）#2/01/15#　　（5）"123.5%"

（6）88　　　（7）num　　　（8）"True "　　（9）#12/21/2015#　（10）abc

2. 下列符号中，那些符号可作为 Visual Basic 的变量名？

（1）max　　　（2）a1-5　　（3）6var　　（4）asd2008　（5）False

（6）True&F　　（7）m#n　　　（8）hot.doc　（9）Ok?　　（10）asd#

3. 写出下列表达式的值：

（1）9*9\9/9 mod 5

（2）"This"&"is"="this is"

（3）Fix(43.5)+Int(-43.1)

（4）（"55">"8"）And（7<77）

（5）55.5 mod 5+66.5 mod 6

（6）44<88 Or "23.5">"23.4" And True > False

（7）#05/20/15#-#04/20/15#+True

（8）lcase(Mid("abcdefgh",2,6))

（9）len(str(88.6)) -len(str(-88.6))

（10）Right("3002",1)+Mid("3002",3,1)+ Mid("3002",2,1)+Left("3002",1)

4. 设 a1="77"，a2=33，a3="22"，a4=76.25，a5="-26.25a2"，a6="面向对象程序设计"，写出下列表达式的值：

（1）a1+a2

（2）a1+a3

（3）val(a5)+a4

（4）mid(a6,1,4)

（5）mid(a6,5)

（6）left(a6,2)+right(a6,2)

（7）len(str(2016))+len("5.23")

（8）34 Mod 4+36.56 Mod 5.23 -len("5.23")

（9）Year（#05/01/14#）-9

（10）2010+Month（#09/01/05#）

5. 根据下列条件写出相应的 Visual Basic 表达式。

（1）数学表达式$(x^2+y^2)^2+|z|$。

（2）表示关系表达式 $0 \leq x \leq 999$。

（3）设变量 a 的值是一个四位数的正整数，将 a 的个位与千位对换、十位与百位对换。

（4）随机产生[100,200]区间内的一个正整数。

（5）随机产生"A"～"M"范围内的一个大写字母。

6. Visual Basic 中的标准数据类型有哪几种？

7. Visual Basic 中常量和变量的主要区别是什么？

8. 定义内存变量时其类型有几种表示方法？

9. Visual Basic 中的运算符有哪几种？当多种运算符同时出现时，其运算规则是什么？

10. 数值型数据中哪种类型数据所需的内存字节数最小？那种类型数据所需的内存字节数最大？

11. 窗体上有 1 个文本框 Text1，2 个复选框 Check1 和 Check2，选中 Check1 则将 Text1 中的

文字加粗，否则变为非粗体；选中 Check2 则将 Text2 中的文字变为斜体，否则不是斜体。运行界面如图 3-31 和图 3-32 所示。

图 3-31　窗体运行界面（1）　　　　　　　图 3-32　窗体运行界面（2）

12. 在窗体上有一个标签 Label1，程序运行后，标签的背景色为蓝色，前景色为红色，以后每隔 1s 自动将标签的背景色和前景色互换。运行界面如图 3-33 和图 3-34 所示。

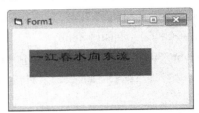

图 3-33　窗体运行界面（1）　　　　　　　图 3-34　窗体运行界面（2）

第 **4** 章 控制结构

  Visual Basic 应用程序主要是由过程组成的，编写程序时通常使用结构化程序设计的方法。结构化程序设计包括顺序结构、选择结构和循环结构三种基本结构。

  顺序结构是按程序中语句的书写顺序依次执行，它是程序中最基本、最常用的结构形式，反映了程序执行的基本过程；选择结构又称分支结构，可以根据给定的条件，在两条或多条程序路径中选择一个分支执行；而循环结构是在满足给定条件的情况下，循环执行一组语句。

4.1 顺序结构

  顺序结构是按程序中语句出现的先后顺序执行的结构。下面介绍几种顺序结构经常用到的语句、方法和数据输入输出函数。

4.1.1 赋值语句

  赋值语句是 Visual Basic 中使用最频繁的语句之一，常用于为内存变量或对象的属性赋值。其格式为：

〈变量名〉=〈表达式〉

〈对象属性〉=〈表达式〉

功能：将表达式的结果赋给变量或某个对象的属性。

说明：

① 〈变量名〉为内存变量名或对象的属性名。

② 赋值语句中 "=" 是赋值号，与数学中的等号意义不同。

③ 先计算表达式的值，然后将结果赋给等号 "=" 左边的变量。

  例如，语句 "a=a+50" 的功能是将变量 a 单元中的值读出，加上 50 后，再写回 a 变量所表示的存储单元中。

  执行语句 "Label1.Caption = "当前日期为：" & Date()" 的结果是在标签 Label1 上显示："当前日期为：2014-5-11"。

④ 如果等号 "=" 左边为 Variant 变量，则表达式可以是任意类型。

⑤ 〈表达式〉可以是任何数据类型，但等号 "=" 两边的数据类型必须一致或相容。

  如果等号 "=" 两边的数据类型不一致，以等号 "=" 左边的数据类型为准。相容类型的〈表达式〉结果，先转换为等号 "=" 左边的数据类型后，再赋给左边的变量或某个对象的属性。

```
例如：  a%=83.85
        ? a
        84                  '显示结果为：84（舍入处理）
        b%="83.85"
        ? b
        84                  '显示结果为：84。先将"83.85"转换为 83.85，再赋值
        c%="time"           '出错，提示：实时错误'13'，"类型不匹配"
        d$=35.25
        ? d
        35.25               '结果为："35.25"。先将 35.25 转换为"35.25"，再赋值
```

逻辑值赋给数值型变量时，True 转换成–1，False 转换成 0

```
例如：d1%=True
      ?d1
      -1                  'd1 的显示结果为-1
      d2%=False
      ?d2
      0                   'd2 的显示结果为 0
      ?len(d2)
      2                   'd2 中包含一位符号位
```

数值型数据赋给逻辑型变量时，非"0"数据转换成 True，0 转换成 False。

```
例如：Dim a As Boolean, b As Boolean
      a = -5
      b = 0
      Print a, b
```

程序执行后，a 的值为 True，b 的值为 False。

注意： 当语句中出现 2 个 "=" 时，只有第一个 "=" 代表赋值，后面的 "=" 为关系运算符。

```
例如：Dim x As Integer, y As Integer
      x = y = 100
      Print x
```

程序运行后，x 的值为 0。

执行过程是：先将关系表达式 y = 100 计算出来，结果为 False（系统将变量 y 初始化为 0），再转换成整型数赋给变量 x。

4.1.2　使用 Print()方法输出数据

使用 Print()方法，可以在窗体(Form)、立即窗口(Debug)、图片框(PictureBox)、打印机(Printer)等对象中输出文本或表达式的值。

1．Print()方法

Print()方法的格式为：

`[<对象名称>. ] Print<表达式表>[, | ;]`

功能：在窗体、图片框、立即窗口或打印机等对象中输出信息。

说明：

① 如果"对象名称"省略，则在当前窗体上输出。

② "表达式表"可以是算术表达式、字符串表达式、关系表达式或布尔表达式。若"表达式

表"省略，则输出一个空行。

③ 当需要在同一行输出多个表达式的值时，如用逗号（,）将表达式隔开，则按标准输出格式（以 14 个字符位置为单位，把一行分成多个区段）在各区段分别显示表达式的值；若用分号（;）作分隔符，则按紧凑格式输出数据。

例如，在窗体 Form1 上输出字符串：

```
Form1.Print "窗体设计"
```

如果 Form1 是当前窗体，可直接用：

```
Print "窗体设计"
```

例如，在图片框 Picture1 上输出字符串：

```
Picture1.Print "图像设计"
```

例如，在立即窗口输出字符串：

```
Debug.Print "检查变量"
```

例如，在打印机上输出字符串：

```
Printer.Print "打印结果"
```

2. Tab()函数

Tab()函数可以与 Print()方法配合使用。其格式为：

Tab[(n)]

功能：把光标移到由参数 n 指定的位置，从这个位置开始输出数据。

说明：

① 参数 n 为算术表达式，其值为一整数，是下一个输出位置的列号。通常最左边的列号为 1，如果当前光标位置已超过 n，则自动下移一行。

② 要输出的内容放在 Tab()函数的后面，用分号与其隔开。例如：

Print Tab (10); "中国欢迎您"

③ Tab 函数中的参数可以省略，此时，Tab 的作用与 Print()方法中的逗号相同。

3. Spc()函数

Spc()函数也可以与 Print()方法配合使用。其格式为：

Spc(n)

功能：在 Print 输出中，光标由当前位置跳过 n 个空格。

说明：

① 参数 n 为算术表达式，其值为一整数。

② 要输出的内容放在 Spc()函数的后面，用分号与其隔开。例如：

Print Tab(10); "学号"; Spc(2); "姓名"; Spc(2); "班级"

③ Spc()函数与 Tab()函数的作用看起来类似，但需要注意的是，Tab()函数从对象的左端开始计算，而 Spc()函数只表示两个输出项之间的间隔。

【例 4-1】使用 Print()方法直接在窗体上输出数据实例。运行结果如图 4-1 所示。

```
Private Sub Form_Click()
    Form1.FontSize = 16
    Print
    Form1.Font = "楷体_GB2312"
    Print Tab(15); "字体演示:"; "楷体_GB2312"
    Print
```

```
        Form1.Font = "宋体"
        Print Tab(16); "字体演示:"; "宋体"
        Form1.Font = "黑体"
        Print
        Print Tab(4); "字体演示:", "黑体"
End Sub
```

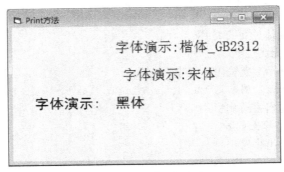

图 4-1　程序设计界面

为了更好地掌握其中细节的使用方法，在程序中添加列的参照值"123456789ABCDE"，运行结果如图 4-2 所示。

```
Private Sub Form_Click()
    Form1.FontSize = 16
    Print
    Print "123456789ABCDE"
    Form1.Font = "楷体_GB2312"
    Print Tab(15); "字体演示:"; "楷体_GB2312"
    Print "123456789ABCDE"
    Form1.Font = "宋体"
    Print Tab(16); "字体演示:"; "宋体"
    Form1.Font = "黑体"
    Print "123456789ABCDE"
    Print Tab(4); "字体演示:", "黑体"
End Sub
```

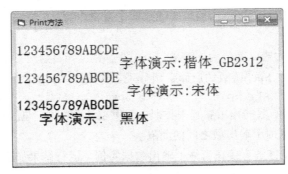

图 4-2　程序设计界面

通常，每执行一次 Print()方法，都会自动换行。如果希望下一个 Print()输出的内容紧随其后，可在末尾加上一个分号；如果是逗号，则在同一行上跳到下一个显示区段显示下一个 Print()所输出的内容。

4.1.3　输入函数 InputBox()

为了输入数据，增加人机交互界面，Visual Basic 提供了 InputBox()函数。当调用 InputBox()函数时，系统会弹出一个对话框，等待用户输入数据。其格式为：

```
InputBox (Prompt[,Title][,Default][,Xpos,Ypos])
```

功能：弹出一个对话框（见图 4-3），等待用户输入数据，当用户按【Enter】键或单击"确定"按钮时，函数将输入的内容以字符串返回。

例如：用 InputBox()函数输入学生学号的语句为：

```
n = InputBox("请输入学号:", "输入学号", "20160001")
```

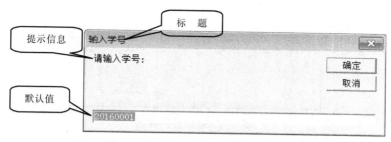

图 4-3　InputBox 函数对话框

函数中参数含义如下：

① Prompt：这是一个必选项，可以是字符串或字符串变量，用于表示出现在对话框中的提示信息，最长 1 024 个字符，如上例中的"请输入学生人数:"。在对话框中显示 Prompt 时系统会自动换行，如果想按自己的要求换行，可在适当的位置插入回车换行操作：Chr$(13)＋Chr$(10)。

② Title：可选项，字符串或字符串变量，用于表示对话框内的标题信息，如上例中的"输入框"，若省略此项，则用工程名作为对话框的标题。

③ Default：可选项，字符串或字符串变量，用于设置输入框的文本中的默认文本。如果此项省略，则对话框的输入区是空白的，否则，在对话框的输入区会显示该参数的内容，并作为输入的默认值。如果用户不想用这个默认字符串作为输入值，可在输入区直接输入新的数据。

④ Xpos,Ypos：可选项，是两个整数值，用于设置输入框与屏幕左边和上边的距离（单位为缇）。若默认，则对话框显示在屏幕中心线向下约 1/3 处。这两个参数必须同时给出，或者全部省略。

【例 4-2】设计一个窗体，其中有一个命令按钮，如图 4-4 所示。编写单击命令按钮响应事件如下：

```
Private Sub Command1_Click()
Dim s1 As String * 8, s2 As String
   Dim s3 As Integer, s4 As String
   s1 = InputBox("请输入学号:", "输入学号", "20160001")
   s2 = InputBox("请输入姓名:", "输入姓名")
   s3 = Val(InputBox("请输入计算机成绩:", "输入成绩"))
   s4 = Val(InputBox("请输入高等数学成绩:", "输入成绩"))
   Print
   Print Tab(4); "学号"; Spc(5); "姓名"; Spc(3); "计算机"; Spc(2); "高等数学"
```

```
      Print Tab(2); s1; Tab(12); s2; Tab(21); s3; Tab(30); s4
End Sub
```

操作步骤如下：

① 选择"运行"→"启动"命令，单击"请输入数据"按钮，弹出图 4-5（a）所示的对话框，在输入区中输入学号，按【Enter】键或单击"确定"按钮。

② 分别在后面弹出 3 个对话框中输入"王红军""90""88"，单击"确定"按钮，窗体上将会显示相关的信息，如图 4-5（a）至图 4-5（c）所示。

图 4-4　程序设计界面

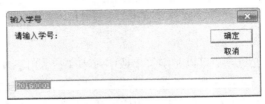

（a）程序运行界面（1）

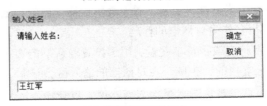

（b）程序运行界面（2）

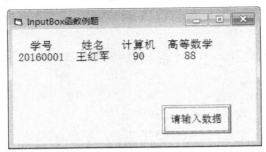

（c）程序运行界面（3）

图 4-5　程序运行界面

说明：

① 执行 InputBox()函数后，弹出一个对话框，提示用户输入数据，光标位于输入区中。编写

代码时，除第一项外，其余参数均可省略，但如果省略的是中间项，其对应的"，"不能省略。

例如，若将语句 s1 = InputBox("请输入学号:", , "20160001")中的逗号少写一个，变成：s1 = InputBox("请输入学号:",, "20160001")，则认为标题是"20160001"，对话框的输入区是空白的。

② 在输入区中输入数据后，必须按【Enter】键或单击"确定"按钮，表示确认，这时返回输入区中输入的数据；如果单击"取消"按钮或按【Esc】键，则当前输入的数据无效，返回一个空字符串。执行完上述操作后，对话框将消失。

③ InputBox()函数通常返回一个字符串，如果需要用它输入数值并进行运算，应当在运算前用 Val()函数进行类型转换。例 4-2 中，虽然 s3 已定义为整型变量，系统会将输入框中输入的数值字符转换成数值数据后，再赋给变量 s3，但是如果输入的字符包含非数值字符，而语句中又没有使用 Val ()函数，该语句将会出错。

④ 输入的数据作为函数的返回值必须赋给一变量，否则无法保留。

⑤ 每执行一次 InputBox 函数，只能输入一个值，如果需要输入多个值，可以多次调用 InputBox 函数，也可以与循环语句或数组（参见 4.3、6.1 节）配合使用。

4.1.4 输出函数 MsgBox()与 MsgBox()语句

1．MsgBox()函数

与 Windows 风格相似，Visual Basic 提供了一个可以显示提示信息对话框的 MsgBox()函数。此函数可以用对话框的形式向用户输出信息，并根据用户的选择做出响应。其格式为：

```
MsgBox (Prompt[, Buttons][, Title][, HelpFile, Context])
```

功能：根据参数建立一个对话框，显示提示信息，同时将用户在对话框中的选择结果传输给程序。

函数中参数 Title 的含义与 InputBox()函数中同名参数类似，下面介绍另外两个参数。

① Prompt：必选项，可以是字符串或字符串变量，最长 1 024 个字符。它用于显示在对话框中的提示信息，通知用户应该做什么选择。在对话框中显示 Prompt 时系统会自动换行，如果想按自己的要求换行，可在适当的位置插入回车换行操作：Chr$(13)＋Chr$(10)。

② Buttons：可选项，可以是整数值或表 4-1 中系统定义的符号常量。它用于指定对话框中按钮的数目及形式、图标的样式，以及默认按钮和强制返回。该参数的值由表 4-1 中四类数值各选一个相加产生。若此项省略，则对话框内只显示一个"确定"按钮（默认值为 0）。

表中 Button 的值为 0～5 时，用于设置对话框内命令按钮的类型和数量。按钮有 7 种：确认、取消、终止、重试、忽略、是、否。每个数值各代表一种组合。

表中 Button 的值为 16～64 时，用于设置对话框所显示的图标。共有 4 种，依次代表：暂停（x）、问号（?）、警告（!）、忽略（i）。

表中 Button 的值为 0，256，512，768 时，用于指定默认活动按钮。活动按钮上有虚线框，按【Enter】键或单击均可执行该按钮的操作。

表中 Button 的值为 0 和 4096 时，分别用于应用程序和系统强制返回。

使用时，分别从上述四类数值中各选一个，相加后便得到 Button 的值，可以根据需要选择不同的组合。不过，多数情况下只使用前三类的数值。

例如：33=1+32+0 显示"确定"和"取消"按钮，问号图标，默认按钮为"确定"。

16=0+16+0 显示"确定"按钮，暂停图标，默认按钮为"确定"。

MsgBox 函数的返回值是一个整数，此数与用户选择的按钮有关。它对应于表 4-2 中给定的 7 种命令按钮，分别用 1～7 表示。

在应用程序中，通常利用 MsgBox() 函数的返回值，来决定随后的具体操作。

表 4-1　参数 Buttons 的取值

类　　型	符 号 常 量	数　　值	功　　能
命令按钮	vbOKOnly	0	只显示"确定"按钮
	vbOKCancel	1	显示"确定"及"取消"按钮
	vbAbortRetryIgnore	2	显示"终止""重试"及"忽略"按钮
	vbYesNoCancel	3	显示"是""否"及"取消"按钮
	vbYesNo	4	显示"是"及"否"按钮
	vbRetryCancel	5	显示"重试"及"取消"按钮
图标	vbCritical	16	显示 Critical Message 图标
	vbQuestion	32	显示 Query Message 图标
	vbExclamation	48	显示 Warning Message 图标
	vbInformation	64	显示 Information Message 图标
默认按钮	vbdefaultButtonl	0	第一个按钮是默认值
	vbdefaultButton2	256	第二个按钮是默认值
	vbdefaultButton3	512	第三个按钮是默认值
	vbdefaultButton4	768	第四个按钮是默认值
等待模式	vbApplicationModel	0	应用程序强制返回；应用程序一直被挂起，直到用户对消息框做出响应才继续工作
	vbSystemModel	4096	系统强制返回；全部应用程序都被挂起，直到用户对消息做出响应才继续工作

表 4-2　MsgBox() 函数返回值

返 回 值	操　　作	符 号 常 量
1	选择"确定"按钮	vbOK
2	选择"取消"按钮	vbCancel
3	选择"终止"按钮	vbAbort
4	选择"重试"按钮	vbRetry
5	选择"忽略"按钮	vbIgnore
6	选择"是"按钮	vbYes
7	选择"否"按钮	vbNo

【例 4-3】编写程序，使用 MsgBox 函数显示对话框。运行结果如图 4-6 所示。

```
Private Sub Form_Click()
    Dim a1, a2, a3, a4, a5
    a1 = MsgBox("按钮和图标设置演示(0 + 0)! ", 0, "MsgBox 函数示例")
    a2 = MsgBox("按钮和图标设置演示(1 + 16)! ", 1 + 16, "MsgBox 函数示例")
    a3 = MsgBox("按钮和图标设置演示(2 + 32)! ", 2 + 32, "MsgBox 函数示例")
    a4 = MsgBox("按钮和图标设置演示(3 + 48)! ", 3 + 48, "MsgBox 函数示例")
```

```
    a5 = MsgBox("按钮和图标设置演示(4 + 64)！", 4 + 64, "MsgBox 函数示例")
    Print a1; a2; a3; a4, a5
End Sub
```

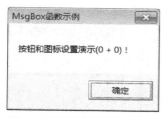

（a）程序运行界面（1）

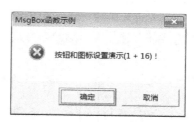

（b）程序运行界面（2）

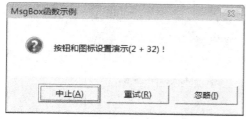

（c）程序运行界面（3）

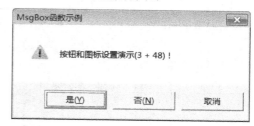

（d）程序运行界面（4）

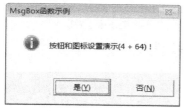

（e）程序运行界面（5）

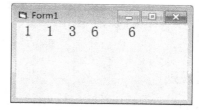

（f）程序运行界面（6）

图 4-6 程序运行界面

程序运行后，单击窗体，弹出图 4-6 所示的信息框，如果都选择第一个按钮，函数的返回值分别是 1、1、3、6、6，如图 4-6（f）所示。

2．MsgBox 语句

MSgBox 语句与 MsgBox()函数的作用相似，各参数的含义亦与 MsgBox()函数相同。其格式为：
```
MsgBox<Prompt>[, Buttons][, Title][, HelpFile, Context]
```
功能：建立一个对话框，显示提示信息，同时接收用户在对话框中的选择。

执行 MsgBox 语句后，会弹出一个对话框，用户必须按下回车键或单击对话框中的某个按钮，才能继续进行后面的操作。与 MsgBox 函数不同的是，MsgBox 语句没有返回值，通常用来显示较简单的信息。

【例 4-4】编写程序，使用 MsgBox 语句显示对话框。运行结果如图 4-7 所示。
```
Private Sub Form_Click()
    Dim m1 As String, m2 As String
    m1 = "MsgBox 语句演示！"
    m2 = "信息框示例"
    MsgBox m1, 0, m2
    MsgBox m1, 16, m2
```

```
        MsgBox m1, 32, m2
        MsgBox m1, 48, m2
        MsgBox m1, 64, m2
End Sub
```

（a）程序运行界面（1）　　　　（b）程序运行界面（2）　　　　（c）程序运行界面（3）

（d）程序运行界面　　　　　　（e）程序运行界面

图 4-7　程序运行界面

4.1.5　编程规则

1．注释语句

注释语句是非执行语句，通常用来给程序或语句作注释，其目的是为了提高程序的可读性。格式为：

```
Rem 〈注释内容〉
' 〈注释内容〉
```

其中"注释内容"可以是任何注释文本。Rem 关键字与注释内容之间要加一个空格。注释语句可单独占一行，也可以放在其他语句的后面。如果在其他语句行后使用 Rem 关键字，则必须使用冒号（:）与语句隔开；若用单引号替代 Rem 关键字，则不必使用冒号。

例如：Rem 计算矩形的面积

```
Dim a As Single, b As Single, c As Single      'a,b,c 都是 Single 型
a = Val(InputBox("请输入矩形的长: ", "输入框", 0))
b = Val(InputBox("请输入矩形的宽: ", "输入框",0))
c=a*b                                    : Rem 计算矩形的面积
MsgBox "矩形的面积为: " & Str(c)
```

2．续行符

在程序中如果一条语句过长，阅读起来就会很不方便，Visual Basic 允许使用续行符"　_"（一个空格加一个下画线）将一条长语句写成多行。

例如：Dim a As Single, b As Single, c As Single, _
　　　　d As Single, e As Single, f As Single

3．一行写多条语句

如果希望将多条较短的语句写在同一行，语句间用冒号"："分隔即可。

例如：a = 25：b = 50：c = 8

4．暂停语句

暂停语句用来暂停程序的执行。格式为：

Stop

Stop 语句的作用相当于"运行"菜单中的"中断"命令。当执行到 Stop 语句时，系统自动打开立即窗口。

Stop 语句一般用来在解释程序中设置断点，以便对程序进行检查和调试。如果在可执行文件（.exe）中含有 Stop 语句，将关闭所有文件退出运行。因此，当程序调试完毕，在生成可执行文件之前，应删去程序中的所有 Stop 语句。

5．结束语句 End

End 语句通常用来结束一个程序的执行。其格式为：

End

End 语句提供了一种强迫中止程序的方法。End 语句可放在程序中的任何位置，执行到此处的 End 语句将中断代码的执行。程序中也可以没有 End 语句，这并不影响程序的运行。但如果程序中没有 End 语句，或者虽有 End 语句但没有执行含有 End 语句的事件过程，程序就不能正常结束，必须执行"运行"菜单中的"结束"命令或单击工具栏中的"结束"按钮。

4.2 选 择 结 构

选择结构能根据指定表达式的当前值在两条或多条程序路径中选择一条执行，它为处理多种复杂情况提供了便利条件。Visual Basic 中选择结构语句包含：

① If 语句。

② Select Case 语句两种。

4.2.1 If 语句

If 语句又称条件语句，包括分单分支结构、双分支结构和多分支结构等三种结构，用户可根据需要进行选择使用。

1．单分支 If 语句

单分支结构 If 语句格式为：

```
If <表达式> Then
    <语句序列>
End If
```

功能：如果表达式的值为 True（真），执行语句序列，否则执行 End If 后面的语句。

也可写成单行 If 语句，格式为：

```
If <表达式> Then <语句序列>
```

在上面的格式中，"表达式"可以是一个关系表达式、逻辑表达式或算术表达式。其工作流程如图 4-8 所示。

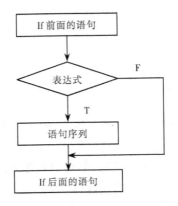

图 4-8   单分支语句工作流程图

例如：If a+b> 5 Then
        a = a + b
        End If
写成单行 If 语句为：If   a+b > 5 Then a = a + b

2．双分支 If 语句

双分支结构 If 语句格式为：
If <表达式> Then
<语句序列 1>
Else
<语句序列 2>
End If
功能：如果表达式的值为 True（真），执行语句序列 1，否则执行语句序列 2。
也可写成单行 If 语句，格式为：
If <表达式> Then <语句序列 1> Else <语句序列 1>
语句序列 1 和语句序列 2 可以是一个或多个 Visual Basic 语句。当含有多个语句时，各语句之间用冒号隔开，而且语句序列 1 和语句序列 2 还可以是条件语句。其工作流程如图 4-9 所示。

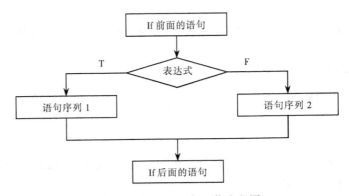

图 4-9   双分支语句工作流程图

例如：If a<b Then Print "OK!"
        If a<b Then Print "OK!" Else Print "Cancel!"

【例 4-5】窗体设有一个文本框 Text1，用来输入任意一个实数 x，Label2 则用来显示 y 的值。运行界面如图 4-10（a）和 4-10（b）所示。

程序代码为：

```
Private Sub Command1_Click()
    Dim x As Single, y As Single
    x = Val(Text1.Text)
    If x > 10 Then y = x - 5 Else y = x + 5
    Label2.Caption = Str(y)
End Sub
```

程序代码也可以写为：

```
Private Sub Form_Click()
    Dim x As Single, y As Single
    x = Val(Text1.Text)
    If x > 10 Then
        y = x - 5
    Else
        y = x + 5
    End If
    Label2.Caption = Str(y)
End Sub
```

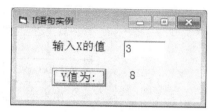

（a）程序运行界面（1）　　　　　　　　（b）程序运行界面（2）

图 4-10　程序运行界面

3. 多行 If 语句

多行结构条件语句用于比较复杂的计算或数据处理过程。多行结构条件语句实际上是单行结构条件语句的嵌套形式。多行结构条件语句由于有起始语句和终端语句，程序的结构性强，所以也称为块结构条件语句。其格式为：

```
If<表达式 1> Then
    <语句序列 1>
[ElseIf<表达式 2> Then
    <语句序列 2>]
[ElseIf<表达式 n> Then
    <语句序列 n>
    …
[Else
    <语句序列 n+1>]
End If
```

功能：从 If 语句开始，依次测试给出的条件，如果表达式 1 的值为 True，就执行相应的语句序列 1，否则如果表达式 2 的值为 True，就执行相应的语句序列 2……否则执行语句序列 n+1。

说明：

① 语句序列 1 到语句序列 n+1 可以是一个或多个 Visual Basic 语句。当含有多个语句时，

可以写在多行里，也可以写在一行里，如果写在一行里，各语句之间要用冒号隔开。

② 表达式 1 到表达式 n 通常是数值表达式、关系表达式或逻辑表达式，当"表达式"是数值表达式时，表达式的值 0 表示 False，非 0 表示 True；当"条件"是关系表达式或逻辑表达式时，0 表示 False，-1 表示 True。其工作流程如图 4-11 所示。

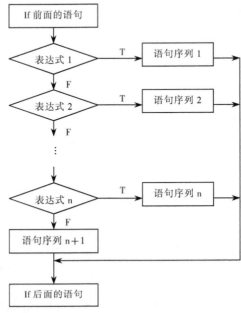

图 4-11　多行 If 语句工作流程图

【例 4-6】在窗体上有一个标签 Label1 和一个命令按钮 Command1，程序运行后，单击命令按钮弹出一个输入对话框，用户输入任意一个正整数，在标签上输出该数字的位数。设计窗口如图 4-12 所示。

程序代码为：

```vb
Private Sub Command1_Click()
    Dim Num As Long
    Num = Val(InputBox("请输入任意正整数", "多行If语句实例", 0))
    If Num < 10 Then
        Label1.Caption = "输入的是一位数字：" & Num
    ElseIf Num < 100 Then
        Label1.Caption = "输入的是两位数字：" & Num
    ElseIf Num < 1000 Then
        Label1.Caption = "输入的是三位数字：" & Num
    Else
        Label1.Caption = "输入的是四位以上数字：" & Num
    End If
End Sub
```

程序运行后，单击命令按钮，在如图 4-13（a）所示的对话框中输入 1 位数字"7"，单击"确定"按钮，窗体显示结果如图 4-13（b）所示。如果在输入对话框中分别输入"66""567"和"5678"则窗体显示结果如图 4-13（c）至图 4-13（e）所示。

图 4-12 窗体设计界面

（a）输入对话框（1）

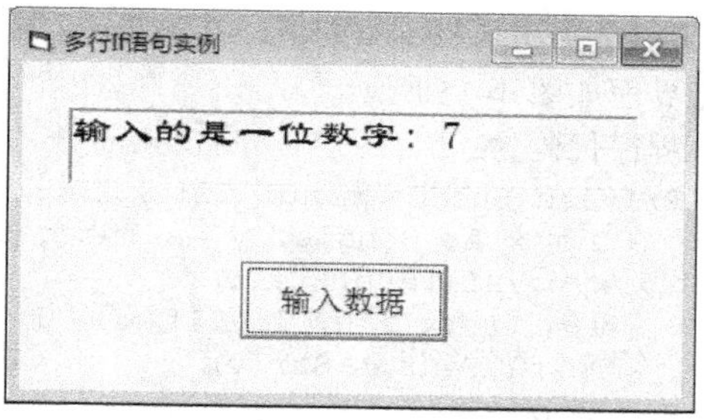

（b）窗体显示结果（2）

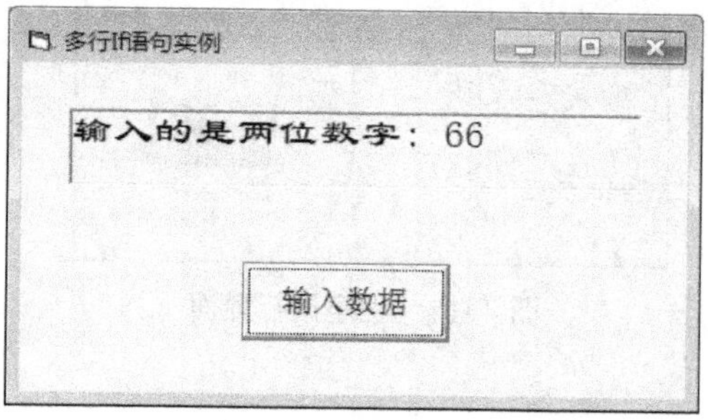

（c）窗体显示结果（3）

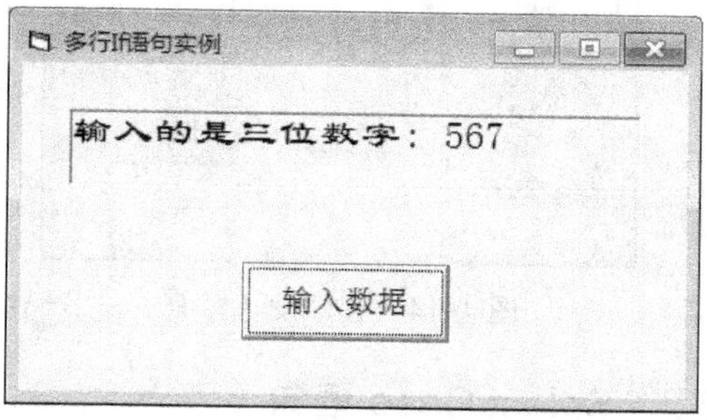

（d）窗体显示结果（4）

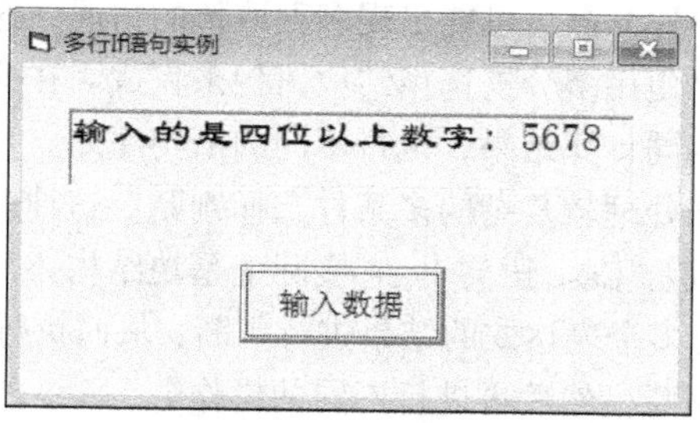

（e）窗体显示结果（5）

图 4-13 窗体显示结果

4．IIf()函数

IIf()函数可用来执行简单的条件判断操作，它和"If…Then…Else"语句有类似的功能。格式为：
```
IIf (<条件>，<True 部分>，<False 部分>)
```
其中"条件"是一个逻辑表达式。当"条件"为真时，IIf 函数返回"True 部分"，若"条件"为假，则返回"False 部分"。这里"True 部分"和"False 部分"可以是表达式、变量或其他函数。

例如，可以用下列语句将变量于 a、b 中较大的值赋给变量 f：

$$f=IIf(a<b,b,a)$$

【例 4-7】利用 IIf() 函数，计算 y 的值：

$$y = \begin{cases} 1 & \text{当} x > 0 \\ 0 & \text{当} x = 0 \\ -1 & \text{当} x < 0 \end{cases}$$

窗体上设有两个文本框 Text1、Text2 和一个命令按钮 Command1，Text1 用来输入任意一个实数，Text2 则用来显示 y 的值，其中 Text2 的 Locked 属性应设为 True。设计界面如图 4-14 所示，运行界面如图 4-15 所示。

程序代码为：

```
Private Sub Command1_Click()
    Dim x As Single, y As Integer
    x = Val(Text1.Text)
    y = IIf(x > 0, 1, IIf(x = 0, 0, -1))
    Text2.Text = Str(y)
End Sub
```

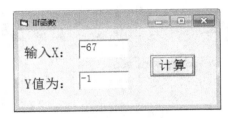

图 4-14 程序设计界面   图 4-15 程序运行界面

4.2.2 Select Case 语句

在某些情况下，对某个条件判断后可能出现多种取值的情况，这时，单行条件语句或多行结构条件语句已不太适合，需要使用多分支选择结构语句来完成。在这种结构中，只有一个用于判断的表达式，根据表达式的不同计算结果，执行不同的语句序列。

多分支选择结构语句用来处理较复杂的多条件选择判断。这种多分支选择结构语句也称为情况语句或 Select Case 语句（简称 Case 语句）。它实际上是块结构条件语句的一种变形。主要区别在于：块结构条件语句可以对多个表达式的结果进行判断，从而执行不同的操作；而 Case 语句只能对一个表达式的结果进行判断，然后再进行不同的操作。

Select Case 语句的格式为：

```
Select Case <测试表达式>
    Case<表达式结果表 1>
        <语句序列 1>
    Case<表达式结果表 2>
        <语句序列 2>
            ...
    Case<表达式结果表 n>
        <语句序列 n>
    [Case Else
```

```
    <语句序列 n + 1>]
End Select
```

功能：根据"测试表达式"的值，在一组相互独立的可选语句序列中挑选要执行的语句序列。

执行过程：先对"测试表达式"求值（测试表达式可以是数值表达式或字符串表达式），然后从"表达式结果表 1"开始，依次测试该值是否与其中某一个值相匹配，若与某一个值相匹配，则执行其后的语句序列，然后就跳出 Select Case 结构，不再判断是否还有其他相匹配的表达式结果。如果所有的表达式结果都不与测试表达式值相匹配，再看 Select Case 结构中是否有 Case Else 语句，若有此语句，执行其后的语句序列，否则不执行结构中的任何语句，直接退出 Select Case 结构，继续执行 End Select 后面的语句。

Select Case 语句中的"表达式结果表"可以有下列四种形式：

① 表达式结果：只有一个数值常量或单个字符常量。

例如：
```
Select Case x
...
Case 5
...
Case "are"
...
```

② 表达式结果 1[,表达式结果 2]……[,表达式结果 n]：在表达式结果表列有多个数值或字符串，多个取值之间用逗号隔开。如果表达式的值与其中一个数值或字符串相等，即可执行此表达式结果后相应的语句序列；否则，若表达式的值与这些取值均不相等，可以再与随后的其他表达式结果表进行比较。

例如：
```
Select Case x
Case 3, 6, 9, 12
...
Case "a", "u", "o"
...
```

③ 表达式结果 1 To 表达式结果 2：称之为 To 表达式。它提供了一个数值或字符串的取值范围，这里要求表达式结果 1 必须小于表达式结果 2 的值，字符串常量的范围必须按字母顺序写出。如果表达式的值与范围内的某个值相等，则执行此表达式结果后相应的语句序列；否则，若表达式的值与这个取值范围内的值均不相等，可以再与随后的其他表达式结果表进行比较。

例如：
```
Select Case x
Case 10 To 99
...
Case "A" To "Z"
...
```

④ Is 关系运算符数值或字符串：Is 是关键字，其后只能使用"=""＞""＜""＞=""＜="和"＜＞"等关系运算符。将测试表达式的值与关系运算符后面的数值或字符串进行比较，若结果为真，则执行此表达式结果后相应的语句序列；否则，与随后的其他表达式结果表进行比较。

例如：
```
Select Case x
Case Is >"ABC"
...
Case Is <= 999
...
```

【例 4-8】编写一个对输入字符进行转换的程序：将其中的大写字母转换成小写字母，而小写字母则转换为大写字母，空格不转换，退格键和回车键不接受，其余字符转换成"#"号。要求每输入一个字符马上就进行判断和转换。设计界面如图 4-16 所示，运行界面如图 4-17 所示。

程序代码为：

```
Option Explicit
Private Sub Text1_KeyPress(KeyAscii As Integer)
    Dim aa As String * 1
    If KeyAscii = 13 Or KeyAscii = 8 Then
        KeyAscii = 0
    Else
        aa = Chr$(KeyAscii)
        Select Case aa
            Case "A" To "Z"
                aa = LCase(aa)
            Case "a" To "z"
                aa = UCase(aa)
                Case " "
                aa = " "
            Case Else
                aa = "#"
        End Select
        Text2.Text = Text2.Text & aa
    End If
End Sub
Private Sub Command1_Click()
    Text1.Text = ""
    Text2.Text = ""
    Text1.SetFocus
End Sub
Private Sub Command2_Click()
    End
End Sub
```

其中：语句 aa = LCase(aa)可用 aa = Chr$(KeyAscii + 32)替换；aa = UCase(aa)可用 aa = Chr$(KeyAscii − 32)替换。

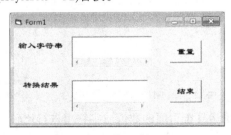

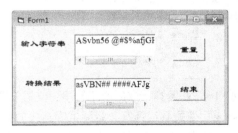

图 4-16　程序设计界面　　　　　　　图 4-17　程序运行界面

说明：

① Select Case 结构中至少包含一个 Case 子句，如果同一个值域的范围在多个 Case 子句中出现，只执行符合要求的第一个 Case 子句的语句序列。

② Case Else 子句可以省略。省略时，如果 Select Case 结构中没有一个 Case 子句的值与测试表达式相匹配，则不执行 Select Case 结构中的任何语句序列。

③ "表达式结果表"中的表达式必须与"测试表达式"的类型相同。

④ 在一个 Case 子句中，几种表达式结果表的形式可以混用，混用时只需用逗号将其隔开。

例如：`Case Is<3, 6, 9, Is>20`

　　　`…`

　　　`Case Is <"M", "S"To"Z"`

　　　`…`

4.2.3　选择结构的嵌套

在 If 语句的 Then 分支和 Else 分支可以嵌套另一个 If 语句或 Select Case 语句，同样，在 Select Case 语句的 Case 子句中也可以嵌套另一个 If 语句或 Select Case 语句，具体形式为：

（1）
```
If < 条件 1> Then
   If < 条件 2> Then
      …
   Else
      …
   End If
Else
   …
End If
```

（2）
```
If < 条件 1> Then
      Select Case < 条件 2>
   Case  …
If  < 条件 3> Then
      …
Else
…
         End If
Case  …
Else Case
…
   End Select
      …
End If
```

4.3　循　环　结　构

程序设计中，循环是指从某处开始有规律地重复执行某一程序段的现象。被重复执行的程序段称为循环体。使用循环控制结构语句编程，既可以简化程序，又能提高效率。

Visual Basic 提供了三种不同风格的循环结构，包括 For 循环(For…Next)、当循环（While…Wend）和 Do 循环。下面分别加以介绍。

4.3.1　For 循环

For 循环也称 For…Next 循环，属于计数型循环，在程序中实现固定次数的循环。其格式为：

```
For 循环变量=初值  To 终值 ［Step 步长］
      <语句序列>
      ［Exit For］
      …
Next ［循环变量］
```

功能：按指定的次数执行循环体。

其中：

　　循环变量：用作循环计数器的数值变量，又称循环控制变量。

　　初值：循环控制变量的初值，是一个常数或数值表达式。

　　终值：循环控制变量的终值，是一个常数或数值表达式。

　　步长：循环控制变量的增量，是一个常数或数值表达式。其值可以是正数（递增循环）或负数（递减循环）。例如：

```
For i = 1 To 100 Step 1
    sum = sum + i
Next
```

　　其中：i 是循环变量，1 是初值，100 是终值，1 是步长，sum 是累加器，sum = sum + i 是循环体。也可以写成：

```
For i = 100 To 1 Step -1
    sum = sum + i
Next
```

　　执行过程：

　　当步长是正值时，先将初值赋给循环变量，判断其是否小于或等于终值。若成立则执行"循环体"，并将"循环变量"增加一个步长，然后无条件返回循环的开始部分，接着循环变量判断是否小于等于终值，若是就进行下一轮的循环。否则，若循环变量大于终值，将结束循环，执行 Next 循环变量后面的语句。

　　当步长是负值时，先将初值赋给循环变量，判断其是否大于或等于终值。若成立则执行"循环体"，并将"循环变量"增加一个步长，然后无条件返回循环的开始部分，接着循环变量判断是否大于或等于终值，若是就进行下一轮的循环。否则，将结束循环，执行 Next 循环变量后面的语句。

　　循环次数由初值、终值和步长三个因素决定，计算公式为：

循环次数=Int(终值−初值)/步长+1

　　For 循环语句工作流程如图 4-18 所示。

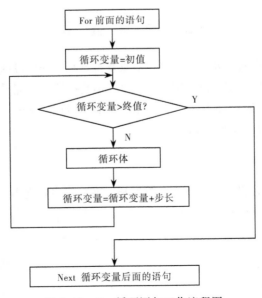

图 4-18　For 循环语句工作流程图

说明：

① 如果 For…Next 循环中步长为负值，则 For 循环语句工作流程图中的"循环变量＞终值？"应变为"循环变量＜终值？"。

② 如果 For…Next 循环中含有 Exit For 语句，当执行到这条语句时，将跳出它所在的 For 循环，执行 Next 循环变量后面的语句。Exit For 语句通常用来实现当满足某一条件时提前退出循环。③

③ 使用 Exit For 语句只能跳出一层循环，如果存在多层 For 循环嵌套，而 Exit For 语句设在内层，则只能跳出内层，继续执行外层循环。

【例 4-9】窗体上有 1 个标签 Label1 和 2 个命令按钮 Command1、Command1，编写程序计算 $1+\frac{1}{2}+\frac{1}{3}+\frac{1}{4}+\cdots+\frac{1}{n}$ 的值。设计界面如图 4-19 所示，运行界面如图 4-20（a）和图 4-20（b）所示。

程序代码为：

```
Option Explicit
Private Sub Command1_Click()
    Dim n As Integer, i As Integer, sum As Double
    n = Val(InputBox("请输入整数N", "For 循环"))
    For i = 1 To n Step 1
        sum = sum + 1 / i
    Next
    Label1.Caption = "1+1/2+…+1/" & Trim(Str(n)) & "= "  _
 & Format(sum, "#.##")
End Sub
Private Sub Command2_Click()
    End
End Sub
```

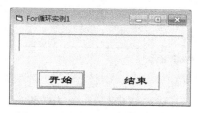

图 4-19 程序设计界面

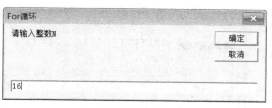

（a）程序运行界面（1）

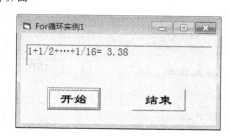

（b）程序运行界面（2）

图 4-20 程序运行界面

运行程序后，单击"开始"按钮，弹出图 4-20（a）所示的对话框，如果输入 16，则在图 4-20（b）所示的窗体上显示结果。

在程序中，变量 sum 作为累加器使用，当 i 取值大于 11 时，不再执行循环体，循环结束。以此类推，可以轻松地设计出计算 $1+3+5+\cdots+(2n+1)$、$1+2^2+3^2+4^2+5^2+\cdots+n^2$、$1!+2!+3!+\cdots+n!$ 和 $1-2+3-4+\cdots+(-1)^{n+1}n$ 等程序。

【例 4-10】在窗体上有 2 个标签框，名称分别为 Label1 和 Label2，标题分别为"输入字符"和"反序输出"；2 个文本框，名称分别为 Text1 和 Text2；2 个命令按钮，名称分别为 Command1 和 Command2，标题分别为"输出结果"和"结束"，设计界面如图 4-21 所示。程序运行后在 Text1 中输入任意字符串，单击 Command1，则将 Text1 中的字符反序取出，组成一个新字符串，并在文本框 Text2 中输出。运行界面如图 4-22（a）和图 4-22（b）所示。

程序代码为：

```
Option Explicit
Private Sub Command1_Click()
    Dim i As Integer, n As Integer
    Dim s1 As String, s2 As String
    s1 = Trim(Text1.Text)
    n = Len(Trim(Text1.Text))
    For i = n To 1 Step -1
        s2 = s2 & Mid(s1, i, 1)
    Next
    Text2.Text = s2
End Sub
Private Sub Command2_Click()
    End
End Sub
```

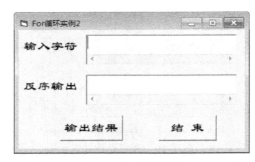

图 4-21　程序设计界面

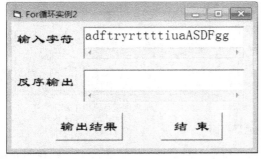

（a）程序运行界面（1）

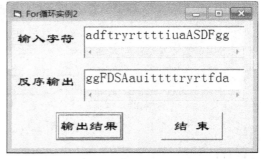

（b）程序运行界面（2）

图 4-22　程序运行界面

4.3.2　While 循环

While…Wend 语句是另一种形式的循环结构，也称当循环。与 For…Next 循环不同的是，它不是确定循环次数的循环结构，而是根据给定"条件"的成立与否决定程序的流程。其格式为：

```
While <条件表达式>
    <语句序列>
Wend
```

功能：如果"条件表达式"的值为 True 时，则执行循环中的"语句序列"，即循环体。

执行过程：首先计算"条件表达式"的值，若"条件表达式"的值为 True，则执行循环体。当遇到 Wend 语句时，控制返回到 While 语句并对"条件表达式"进行测试，如仍为 True，则继续执行循环体。否则，如果"条件表达式"的值为 False，则退出循环，执行 Wend 后面的语句。

通常"条件表达式"是一个关系表达式或逻辑表达式，表达式的值是一个逻辑值。条件表达式也可以是数值表达式，以 0 表示 False，非 0 表示 True。其工作流程如图 4-23 所示。

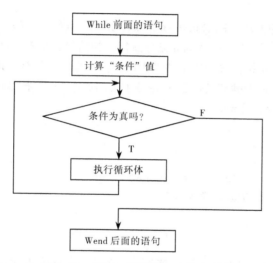

图 4-23　While 循环语句工作流程图

【例 4-11】While 循环语句应用实例。将 0～50 中能被 6 整除的数显示在窗体上。程序的执行情况如图 4-24 所示。

程序代码为：

```
Option Explicit
Private Sub Form_Click()
Dim x As Integer
    While x <= 50
        If x Mod 6 = 0 Then
            Print x;
        End If
        x = x + 1
    Wend
End Sub
```

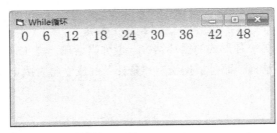

图 4-24　程序运行界面

说明：

① While 循环语句是先判断"条件表达式"的值，再决定是否执行循环体。因此在循环体内应有改变"条件表达式"值的语句，否则会造成死循环。

② 进入循环之前应为循环控制变量赋值，以使循环条件为真。

4.3.3　Do 循环

Visual Basic 的第三种循环控制语句是 Do…Loop 语句，也称 Do 循环，这种形式的循环语句比 While…Wend 语句功能更强。While…Wend 循环只能在初始位置检查条件是否成立，而 Do 循环可以有两种格式，既可以在初始位置检查条件是否成立，又可以在执行一遍循环体后的结束位置判断条件是否成立，然后再根据循环条件是 True 或 False 决定是否执行循环体。

Do 循环的格式有两种，分别是：

格式 1：
```
Do
    <语句序列>
    [ Exit Do]
Loop [While | Until<条件表达式>]
```
格式 2：
```
Do [While | Until<条件表达式>]
    <语句序列>
    [ Exit Do]
Loop
```

功能：当"条件表达式"的值为 True 或直到"表达式"的值为 True 之前，重复执行指定的"语句序列"（即循环体）。

说明：

① 条件表达式是一个逻辑表达式或关系表达式，是决定循环是否执行的条件。

② 语句序列是任何合法的 Visual Basic 语句或操作命令，由一条或多条要重复执行的语句组成。

③ 使用 Exit Do 语句只能跳出一层循环，如果存在多层 Do 循环嵌套，而 Exit Do 语句设在内层，则只能跳出内层，继续执行外层循环。

格式 1 执行过程：先执行循环体，然后进行条件判断，若使用 While 关键字，则当条件为 True 时执行循环体，直到当条件为 False 时终止循环；若使用 Until 关键字，则当条件为 False 时执行循环体，直到当条件为 True 时终止循环。

格式 2 执行过程：先判断条件，若条件满足，则执行循环体。While 与 Until 关键字的含义与格式 1 相同。

格式 1 工作流程如图 4-25 和图 4-26 所示。

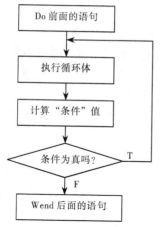

图 4-25　Do…Loop While 工作流程图　　　图 4-26　Do…Loop Until 工作流程图

【例 4-12】在窗体上有 2 个标签框；2 个文本框 Text1 和 Text2；2 个命令按钮 Command1 和 Command2。编写程序，将用户在文本框 Text1 中输入的字符串的偶位数字符取出，组成一个新字符串，并在文本框 Text2 中输出。设计界面如图 4-27 所示，运行界面如图 4-28 所示。

程序代码为：

```
Option Explicit
Private Sub Command1_Click()
    Dim p As Integer, n As Integer
    Dim s1 As String, s2 As String
    s1 = Trim(Text1.Text)
    n = Len(Trim(Text1.Text))
    p = 1
    Do While p <= n
        If p Mod 2 = 0 Then s2 = s2 & Mid(s1, p, 1)
        p = p + 1
    Loop
    Text2.Text = s2
End Sub
Private Sub Command2_Click()
    End
End Sub
```

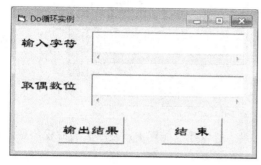

图 4-27　程序设计界面　　　　　　　　　图 4-28　程序运行界面

4.3.4 多重循环

上面介绍的循环例题只含有一层循环，称为单重循环，如果循环体内又含有完整的循环语句，则称其为多重循环。Visual Basic 有三种形式的循环语句，每种形式的循环内部可以嵌套一层同类型的循环语句，也可以嵌套一层其他类型的循环语句。嵌套一层称为二重循环；嵌套二层称为三重循环。嵌套必须是完全嵌入，不允许交叉嵌套。

【例 4-13】For 循环嵌套实例。执行下面的程序，其结果如图 4-29 所示。

程序代码为：

```
Option Explicit
Private Sub Command1_Click()
Dim k As Integer, j As Integer
    Cls
    For k = 1 To 10
        Print Tab(20 - k);
        For j = 1 To k
            Print "#";
        Next
        Print
    Next
End Sub
Private Sub Command2_Click()
Dim k As Integer, j As Integer
    Cls
    For k = 1 To 10
        Print Tab(25);
        For j = 1 To k
            Print "#";
        Next
        Print
    Next
End Sub
```

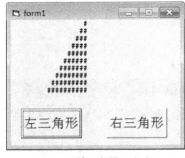

（a）程序运行界面（1）

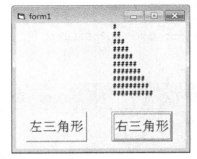

（b）程序运行界面（2）

图 4-29　程序运行界面

此例也可以用 Do 循环实现，但是代码会烦琐一些，所以建议能用 For 循环实现的程序尽量不要用 Do 循环。

【例 4-14】设计一个窗体单击事件，在窗体上显示"九九乘法表"。打印的"九九表"如图 4-30

所示。

程序代码为：

```
Private Sub Form_Click()
    Dim i As Integer, x As Integer
    Dim y As Integer, s As Integer
    Print Tab(17); "九九乘法表"
    Print String(40, "-")
    Print " *";
    For i = 1 To 9
        Print Space(2) + Str(i);
    Next i
    For x = 1 To 9
        Print
        Print Str(x);
        For y = 1 To x
            s = x * y
            If s > 9 Then
                Print Space(1) + Str(s);
            Else
                Print Space(2) + Str(s);
            End If
        Next y
    Next x
    Print
    Print String(40, "-")
End Sub
```

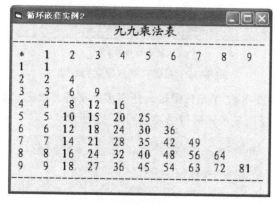

图 4-30　程序运行界面

习　题　4

1. 结构化程序设计的基本控制结构有哪几种？

2. Visual Basic 提供了几种不同风格的循环结构？

3. Visual Basic 中被重复执行的程序段称为什么？

4. 下面程序段运行后，变量 j 的值是多少？循环体的执行次数是多少？

```
Dim j As Integer
Do While j <= 10
    j = j + 1
Loop
Print j
```

5. 设计一个窗体，如图 4-31 所示。程序运行后，单击"启动"按钮，标签上的文字每隔 1s 向左循环移动一次；单击"加速"按钮，标签上的文字每隔 0.5s 向左循环移动一次；单击"停止"按钮，标签上的文字停止移动；单击"结束"按钮，程序结束。

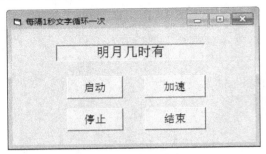

（a）程序运行界面（1）

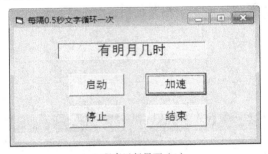

（b）程序运行界面（2）

（c）程序运行界面（3）

图 4-31　习题 4 第 5 题运行结果

6. 设计一个窗体，在文本框 Text1 中输入任意多个字符，单击"显示"按钮，则在文本框 Text2 中将 Text1 中的字符反向显示，运行结果如图 4-32 所示。

图 4-32　习题 4 第 6 题运行结果

7. 下列程序运行后，依次在弹出的输入框中输入 0、1、5、10 和 a，窗体上显示的信息分别是什么？如果在弹出输入框时直接单击"确定"或"取消"按钮，窗体上显示的信息是什么？如果将程序中的 Case Is <= 10 语句改成 Case 1 To 10，结果又将会怎样？

```
Private Sub Form_Click()
Dim a As String
    a = InputBox("请输入一个字符 ")
    Select Case a
    Case Is <= 10
        Print "Case1"
    Case Is > 10
        Print "Case2"
    Case Else
        Print "Else"
    End Select
End Sub
```

8. 编写程序，在窗体上输出菱形。要求程序运行后，弹出输入框，询问菱形的行数，若输入的行数不是奇数，则拒绝接收，直到输入的行数是奇数为止。假设输入的行数是 9，运行结果如图 4-33 所示。

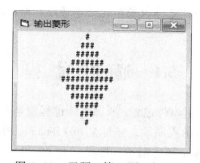

图 4-33 习题 4 第 8 题运行结果

9. 在窗体上有三个文本框控件 Text1、Text2 和 Text3；含有 6 个命令按钮的控件数组 Command1，标题分别为"加法""减法""乘法""除法""清零"和"结束"。编写一个微型计算器程序，要求程序运行后，在 Text1 和 Text2 中输入两个数字后，单击按钮，相应的结果显示在 Text3 中（保留一位小数）；如果输入的不是数字，则拒绝接收。运行结果如图 4-34 所示。

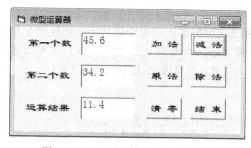

图 4-34 习题 4 第 9 题运行结果

10. 编写一个程序，通过 Rnd()函数随机产生 10 个三位整数，在窗体上输出，同时将其最大值、最小值及平均值显示在窗体上。

第 **5** 章 过 程

Visual Basic 应用程序是由过程组成的，使用过程是实现结构化程序设计思想的重要方法。在用 Visual Basic 开发应用程序时，除了使用控件设计必要的用户界面外，大部分工作都是编写过程。Visual Basic 中除了前面章节中已多次使用过的事件过程外，还包括通用过程。本章将详细介绍通用过程的使用方法。

5.1 通 用 过 程

在前面章节中，已多次使用过事件过程。所谓事件过程就是当发生某个事件（如 Click、Load、Change）时，对该事件做出响应的程序段，它是 Visual Basic 应用程序的主体。

除了事件过程外，Visual Basic 还包括 Sub 过程（子程序过程）和 Function 过程（函数过程），通常称其为"通用过程"。通用过程不与任何特定的事件相联系，它既可以写在窗体模块，也可以写在标准模块，可供事件过程或其他通用过程调用。

本节将介绍如何在 Visual Basic 应用程序中使用 Sub 过程和 Function 过程，以及过程间参数的传递。

5.1.1 Sub 过程

Visual Basic 提供了子程序调用机制。在程序设计中，如果某个功能的程序段需要多次重复使用，可把这个程序段独立出来组成一个程序，称为子程序，又称子过程。子过程通常由事件过程来调用，可以保存在窗体模块（.Frm）和标准模块（.Bas）中。

1. Sub 过程的定义

Sub 过程的结构与事件过程的结构类似。其格式为：

```
[Private] [Public] Sub<过程名> [(参数表)]
    <语句序列>
    [Exit Sub]
    <语句序列>
End Sub.
```

说明：

① Sub 过程以 Sub 开头，以 End Sub 结束，在 Sub 和 End Sub 之间是描述过程操作的语句序列，称为"过程体"或"子程序体"。

② 过程名：命名规则与变量名相同，由用户指定，一个过程只能有一个唯一的过程名。在

同一个模块中，Sub 过程名不能与 Function 过程名相同。

③ 参数表：过程被调用时传送给该过程的形式参数，可以是简单变量名或数组名，各名字之间用逗号隔开。"参数表"指定了调用时传给该过程的参数类型和个数。每个参数的书写格式为：

```
[ByVal|ByRef]变量名[()][As 数据类型]
```

这里的"变量名"是一个合法的 Visual Basic 变量名或数组名，如果是数组，则要在数组名后加上一对括号。"数据类型"指的是变量的类型，可以是 Integer、Long、Single、Double、String、Currency、Variant 或用户定义的类型。如果省略"As 数据类型"，则默认为 Variant。"变量名"前面的"ByVal"是可选的，如果加上"ByVal"，则表明该参数是"传值"（Passed by Value）参数，没有加"ByVal"（或者加 ByRef）的参数称为"传址"（Passed by Reference）参数。详情参见 5.1.3 节。

注意，不能用定长字符串变量或定长字符串数组作为形式参数。不过，可以在调用语句中用简单定长字符串变量作为"实际参数"，在调用 Sub 过程之前，Visual Basic 把它转换为变长字符串变量。

④ 过程体内可以用一个或多个 Exit Sub 语句从过程中退出，当然也可以省略不用。但每个 Sub 过程必须有一个 End Sub 语句。它标志着 Sub 过程的结束，并返回到调用该 Sub 过程语句的下一条语句继续执行。

⑤ 关键字 Private、Public 表示了一个过程可以被使用的程序范围不同，详情参见 4.5.3 节。

2．创建 Sub 过程

Sub 过程可以在标准模块中建立，也可以在窗体模块中建立。创建 Sub 过程可以使用下面两种方法。

方法一：在窗体模块中创建 Sub 过程。操作步骤如下：

① 双击窗体进入代码窗口，在"对象"框中选择"通用"，在"过程"框中选择"声明"。

② 在窗口内输入 Sub 和过程名，然后按【Enter】键，系统会自动在过程名后加一对圆括号并将 End Sub 语句写入下一行。这时，"过程"框中显示用户输入的过程名。

③ 在 Sub 和 End Sub 语句之间输入所需的命令序列。

方法二：标准模块中创建 Sub 过程。操作步骤如下：

① 选择"工程"→"添加模块"命令，弹出"添加模块"对话框。

② 在"添加模块"对话框中选择"新建"选项卡，单击"打开"按钮，打开模块代码窗口。

③ 在窗口内输入 Sub 和过程名，然后按【Enter】键，系统会自动在过程名后加一对圆括号并将 End Sub 语句写入下一行。这时，"过程"框中显示用户输入的过程名。

④ 在 Sub 和 End Sub 语句之间输入所需的命令序列即可。

⑤ 标准模块文件的扩展名是.bas。

3．Sub 过程的调用

Sub 过程的执行必须通过调用来完成。也就是说，要执行一个过程，必须调用该过程。调用 Sub 过程的方法有两种，一种是把过程的名字放在一个 Call 语句中，另一种是把过程名作为一个语句来使用。

方法一：用 Call 语句调用 Sub 过程，其格式为：

```
Call 过程名[(参数表)]
```

Call 语句把程序控制转到由"过程名"指定的一个 Sub 过程。用 Call 语句调用一个 Sub 过程时，如果 Sub 过程本身不需要参数，则"实际参数"可以省略，否则应给出相应的实际参数，并把参数放在括号中。"实际参数"是传送给 Sub 过程的变量或常数。

方法二：把过程名作为一个语句来使用，其格式为：

过程名 [参数表]

说明：

① 在 Call 语句中，参数表必须在括号内，若省略 Call 关键字，即在第二种方法中则必须省略参数表两边的括号。

② 调用 Sub 过程必须是一个独立的语句，不能在表达式中调用 Sub 过程。

【例 5-1】在窗体模块中创建 Sub1 和 Sub2 两个子过程，分别用于求 $1\sim n$ 的偶数和以及 $1+\dfrac{1}{2^2}+\dfrac{1}{3^2}+\dfrac{1}{4^2}+\cdots+\dfrac{1}{n^2}$ 的和。窗体设计界面如图 5-1 所示，程序的执行结果显示在如图 5-1（b）至图 5-1（e）所示的窗体上。

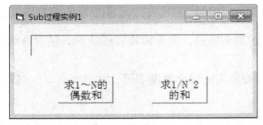
（a）程序设计界面

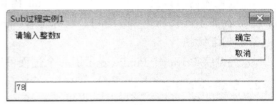
（b）程序运行界面（1）

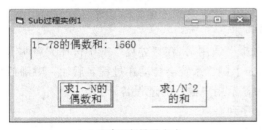
（c）程序运行界面（2）

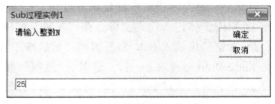
（d）程序运行界面（3）

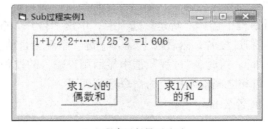
（e）程序运行界面（4）

图 5-1　程序设计及运行界面

编写 Sub 过程 Sub1 代码如下：

```
Sub sub1(n, s)
   For i = 2 To n Step 2
     s = s + i
   Next
End Sub
```

编写 Sub 过程 Sub2 代码如下：

```
Sub sub2(n As Integer, sum As Single)
    For i = 1 To n
        sum = sum + 1 / i ^ 2
    Next
End Sub
```

编写 Command1 的 Click 事件代码：

```
'求 1～n 的偶数和
Private Sub Command1_Click()
    Dim n As Integer, s As Integer
    n = Val(InputBox("请输入整数 n", "Sub 过程实例 1"))
    Call sub1(n, s)
    Label1.Caption = "1～" + Trim(Str(n)) + "的偶数和:" + Str(s)
End Sub
```

编写 Command2 的 Click 事件代码：

```
'1/n ^2 的和
Private Sub Command2_Click()
    Dim n As Integer, sum As Single
    n = Val(InputBox("请输入整数 n", "Sub 过程实例 1"))
    Call sub2(n, sum)
    Label1.Caption = "1+1/2^2+…+1/" + Trim(Str(n)) _
    + "^2 =" + Format(sum, "#.###")
End Sub
```

【例 5-2】循环调用 Sub 过程实例。编写窗体 Click 事件代码：

```
Private Sub Form_Click()
    Dim x As Integer, y As Integer
    Dim z As Integer, j As Integer
    For j = 1 To 4
        Call subpro(x, y, z)
        Print j, x, y, z
    Next j
End Sub
```

在标准模块中编写 Sub 过程 subpro 代码如下：

```
Sub subpro(a As Integer, b As Integer, c As Integer)
    a = a + 2
    b = a * 2
    c = b * 2
End Sub
```

程序的执行结果显示在如图 5-2 所示的窗体上。

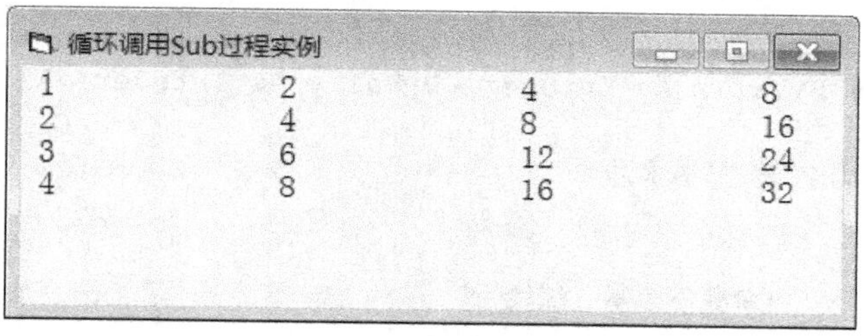

图 5-2　程序运行界面

5.1.2 Function 过程

Visual Basic 虽然提供了许多内部函数，但还不能包括用户的各种需求。为了能满足某种特殊需要，Visual Basic 允许用户按一定规则自行设计一个专用的函数，这就是函数过程（Function 过程）。

Function 过程与 Sub 过程主要区别仅在于 Function 过程必须返回一个值（通常出现在表达式中），而 Sub 过程却无此限制。

1. Function 过程的定义

Function 过程定义的格式为：

```
[Private][Public] Function 过程名 [(参数表)][As 类型]
    〈语句序列〉
    [Exit Function]
    [过程名 = 〈表达式〉]
End Function
```

说明：

① Function 过程以 Function 开始，以 End Function 结束，在两者之间是"过程体"或"函数体"。格式中的"过程名""参数表""Private""Public""Exit Function"的含义与 Sub 过程中相似。

② "As 类型"是 Function 过程返回值的数据类型，可以是 Integer、Long、Single、Double、Currency 或 String，如果此项省略，则默认为 Variant 类型。

③ 由 Function 过程返回的值放在〈表达式〉中，由"过程名=表达式"语句将它赋给"过程名"。如果"过程名=表达式"项省略，则该过程返回"0"（数值函数过程）或空字符串（字符串函数过程）。

④ 不能在事件过程中定义通用过程（包括 Sub 过程和 Function 过程）。

2. 创建 Function 过程

前边介绍的建立 Sub 过程的两种方法同样适用于建立 Function 过程，只需将两种方法中的 Sub 换成 Function 即可。

3. Function 过程的调用

Function 过程与 Visual Basic 内部函数的调用方法相同。其格式为：

```
过程名 (参数表)
```

Function 过程通常不能作为单独的语句加以调用，使用时可以表达式的一部分出现，例如，将 Function 过程的返回值赋给一个变量。

【例 5-3】编写一个事件过程，调用求两个正整数 x，y 的最大公约数的函数过程（zdgys）。

函数过程代码为：

```
Function zdgys(ByVal x As Integer, ByVal y As Integer) As Integer
    Do While y <> 0
    Num = x Mod y       '求余数
    x = y
    y = Num
    Loop                '余数不为零，继续
    zdgys = x
End Function
```

事件过程代码为：

```
Private Sub Form_Click()
    Dim a As Integer, b As Integer, h As Integer
    Cls
    a = Val(InputBox("请输入第一个数", "求最大公约数"))
    b = Val(InputBox("请输入第二个数 ", "求最大公约数"))
    h = zdgys(a, b)
    Print
    Print a; "和"; b; "的最大公约数为:"; h
End Sub
```

程序的执行过程参见图 5-3（a）、图 5-3（b），结果显示在图 5-3（c）所示的窗体上。

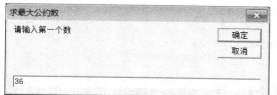

（a）程序运行界面（1）

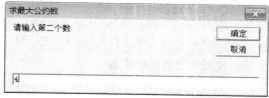

（b）程序运行界面（2）

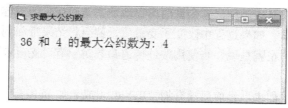

（c）程序运行界面（3）

图 5-3　程序运行界面

说明：求两个正整数 x、y 的最大公约数采用算术中的辗转相除法。即用 x 除以 y，若余数为零，则 y 为最大公约数，否则，放弃被除数，让除数作为被除数，余数作为除数辗转除下去，直到余数为零时的除数即为原来两个数的最大公约数。

5.1.3　过程间参数的传递

过程中的代码有时需要某些有关程序执行状态的数据才能完成其操作，其中包括在调用过程时传递到过程内的常量、变量、表达式或数组，通常称之为参数。

1. 形式参数与实际参数

形式参数（简称形参）是指在定义通用过程时，出现在 Sub、Function 语句中的变量名，是接收数据的变量，形式参数表中各个变量之间用逗号隔开。

需要指出的是，在形式参数表中只能使用形如 m As String 之类的变长字符串作为形参，不能使用比如 m As String*8 之类的定长字符串作为形参。定长字符串可以作为实际参数传给过程，但不能在过程中将形式参数定义为定长字符串。

实际参数（简称实参）则是在调用通用过程时传送给 Sub 或 Function 过程的常数、变量、表达式或数组。

在定义通用过程时，形式参数为实际参数预留位置，而在调用通用过程时，实际参数则按位置依次传给形式参数。（形参表）与（实参表）对应的变量名不必相同，但变量个数必须相等，相应的类型必须相同。

例如，定义过程如下：

```
Sub Test2Sub(v1 As Single, v2 As Integer, v3 As String)
    ...
End Sub
```

调用语句为：

```
Call Test2Sub(A!, B%, "Happy")
```

形参与实参的对应关系为：

```
Call Test2Sub(   m!,        n%,        "Hello")
               ↓          ↓          ↓
Sub Test2Sub (v1 As Single ,v2 As Integer,v3 As String)
```

2. 按值传递与按址传递

在 Visual Basic 中，可通过两种方式传递实际参数，即传地址和传值。

（1）按地址传递

按地址传递参数，就是让过程根据变量的内存地址去访问变量的内容，即形参与实参共用相同的单元地址。这意味着，如果过程中改变了变量值，就会将结果带回到调用它的上级程序或过程，引起实参值的改变。也就是说，当使用按址传递参数时，有可能改变传递给过程的变量（实参）的值。

在定义通用过程时，如果形参前面没有加 "ByVal"（或者加 ByRef），则该参数用传址方式传送。此时，实参必须是变量，不能是常量或表达式。

例如：
```
Sub Test1Sub (ByRef Var As Integer)
    Var = Var+90
    End Sub
```

或：
```
Sub Test1Sub (Var As Integer)
    Var = Var+90
    End Sub
```

（2）按值传递

按值传递参数时，系统把需要传递的变量复制到一个临时单元中，然后把该临时单元的地址传送给被调用的通用过程。由于通用过程没有访问变量（实参）的原始地址，因而不会改变原来变量的值。所以说，按值传递只是传递变量的副本，如果过程改变了这个值，所做的变动只影响副本并不涉及变量本身。

当要求变量按值传递时，可在定义通用过程时，形参前面使用关键字 ByVal 来实现。也就是说，在定义通用过程时，如果形参前面有关键字 ByVal，则该参数用传值方式传递，否则按址传递。

例如：
```
Sub Test2Sub (ByVal Var As Integer)
    Var = Var+90
    End Sub
```

【例 5-4】将例 5-2 中 Sub 过程 subpro 加上关键字 ByVal，再进行循环调用 Sub 过程。

编写窗体 Click 事件代码：

```
Private Sub Form_Click()
    Dim x As Integer, y As Integer
    Dim z As Integer, j As Integer
    Print x, y, z
    For j = 1 To 4
        Call subpro(x, y, z)
        Print j, x, y, z
    Next j
End Sub
```

将标准模块中 Sub 过程 subpro 代码改写为：

```
Sub subpro(ByVal a As Integer, b As Integer, c As Integer)
    a = a + 2
    b = a * 2
    c = b * 2
End Sub
```

程序的执行结果如图 5-4（a）所示。

若将标准模块中 Sub 过程 subpro 代码改写为：

```
Sub subpro(ByVal a As Integer, ByVal b As Integer, c As Integer)
    a = a + 2
    b = a * 2
    c = b * 2
End Sub
```

则程序的执行结果如图 5-4（b）所示。

若将标准模块中 Sub 过程 subpro 代码改写为：

```
Sub subpro(ByVal a As Integer, ByVal b As Integer, ByVal c As Integer)
    a = a + 2
    b = a * 2
    c = b * 2
End Sub
```

则程序的执行结果如图 5-4（c）所示。

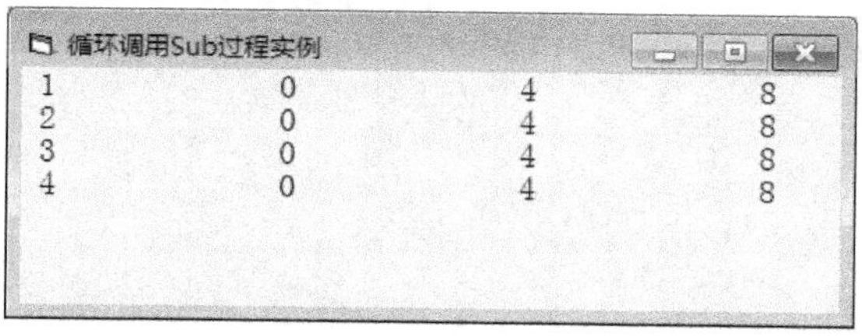

（a）程序运行界面（1）

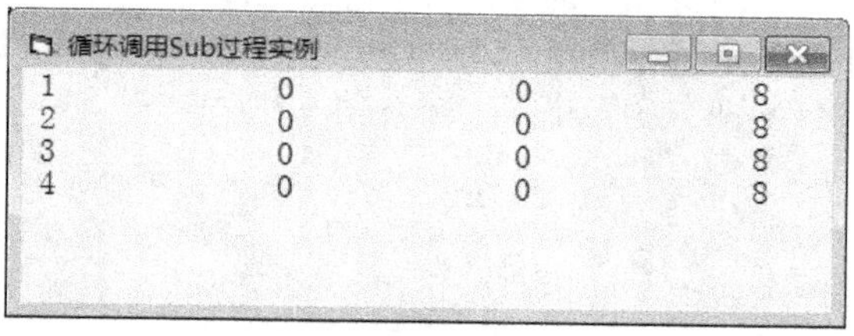

（b）程序运行界面（2）

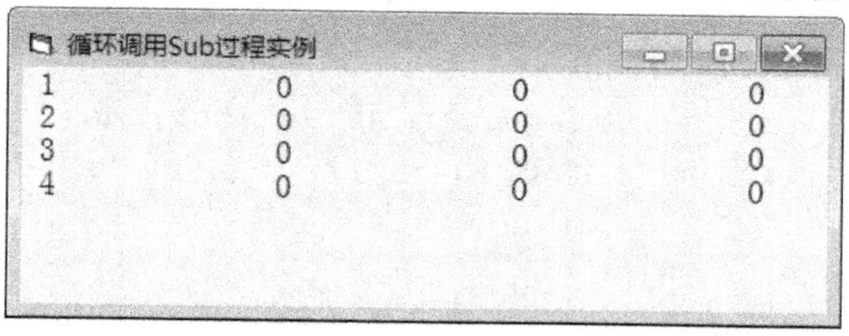

（c）程序运行界面（3）

图 5-4　程序运行界面

5.1.4 过程的嵌套调用

Visual Basic 中定义过程时不允许嵌套，即一个过程中不能包含另一个过程，但可以嵌套调用过程。所谓嵌套调用是指在 Sub 过程或 Function 过程中调用另外一个过程。这样就形成了如图 5-5 所示的调用关系。

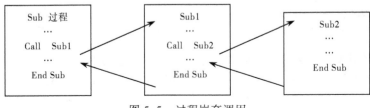

图 5-5 过程嵌套调用

【例 5-5】输入参数 n，m，求组合数 $C_n^m = \dfrac{n!}{m!(n-m)!}$ 的值。

在图 5-6（a）中分别输入 m，n 的值，单击窗体中的 "=" 按钮，即可显示其组合数的值，如果输入的 m 值大于 n，则弹出提示信息框［见图 5-6（b）］。完成此项操作，需要编写三个过程代码。

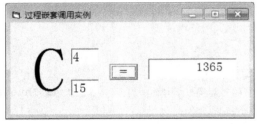

（a）程序运行界面 （b）信息框

图 5-6 程序运行界面信及弹出的信息框

（1）求 $n!$ 的 Function 过程 fact

```
Public Function fact(x As Integer) As Double
Dim p As Double, i As Integer
p = 1
For i = 1 To x
    p = p * i
Next
fact = p
End Function
```

（2）求组合数的 Function 过程 comb

```
Public Function comb(n As Integer, m As Integer) As Long
comb = fact(n) / (fact(m) * fact(n - m))
End Function
```

（3）单击事件过程

```
Private Sub Command1_Click()
Dim m As Integer, n As Integer
m = Val(Text1.Text)
n = Val(Text2.Text)
```

```
If m > n Then
    MsgBox "请保证参数的正确输入!" , , "过程嵌套调用实例"
    Exit Sub
End If
Text3.Text = Format(comb(n, m), "@@@@@@@@@@@@")
End Sub
```

5.2　变量与过程的作用域

由于定义变量时所用语句出现的位置和采用的关键字不同，使得变量的作用范围不同。变量的作用范围是指能够访问该变量的程序代码范围，称为变量作用域；过程可被访问的范围称为过程的作用域。要搞清楚变量与过程的作用域，必须先从模块的划分谈起。

5.2.1　模块的划分

Visual Basic 应用程序设计采用模块化的设计原则，通常由三类模块组成。它们分别是窗体模块、标准模块和类模块。它们形成了工程的一种模块层次结构，可以较好地组织工程。其结构如图 5-7 所示。

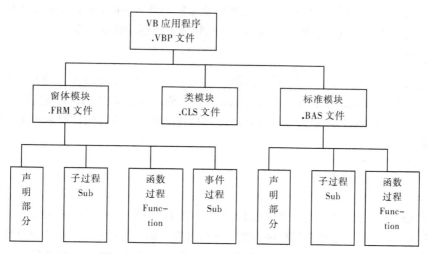

图 5-7　Visual Basic 应用程序模块层次结构

1．窗体模块

每个窗体对应一个窗体模块，窗体模块包含窗体界面及其中控件的属性设置、窗体变量的定义、事件过程、窗体内的通用过程等内容。

窗体模块保存在扩展名为.frm 的文件中。设计应用程序界面时有一个窗体，就会有一个以.frm 为扩展名的窗体模块文件，如果应用程序含有多个窗体，则会有多个相应的窗体模块文件。

2．标准模块

标准模块由程序代码组成，主要包含一些通用的过程，如 Sub 过程和 Funtion 过程，保存在扩展名为.bas 的文件中。标准模块可以通过"工程"菜单中的"添加模块"命令来建立，其中可以实现全局或模块级的变量、常数、类型、通用 Sub 过程，以及 Funtion 过程的定义。标准模块是一个独立模块，但其中的内容可以被其他过程使用。

标准模块是为合理组织程序而设计的，主要用于大型应用程序中。当工程中需要多窗体设计时，使用标准模块创建的通用程序可在多个不同的窗体中共用，这样可避免在不同窗体中重复键入功能相似的代码。在标准模块中可以存储通用过程，但不能存储事件过程。

3．类模块

在 Visual Basic 中，类模块（文件扩展名为.cls）是面向对象编程的基础，它是具有多态性的用户定义类型。程序员可在类模块中编写代码建立新对象，这些新对象可以包含自定义的属性和方法，可以在应用程序内的过程中使用。实际上，窗体本身正是这样一种类模块，在其上可安放控件，可显示窗体窗口。借助创建对象的类模块能将数据和过程组织成一个整体，从而增强代码的活力。

5.2.2　变量的作用域

变量的作用域指变量的有效范围。当一个应用程序中出现多个过程时，在它们各自的子过程中都可以定义自己的变量，用户应当清楚在程序的哪些地方可以访问这些变量。

在 Visual Basic 中，根据定义变量的位置和所使用的关键字不同，可将变量分为局部变量、模块变量和全局变量 3 类。其中模块变量包括窗体模块变量和标准模块变量。

1．局部变量

在一个过程（事件过程或通用过程）内部使用 Dim 或 Static 关键字定义的变量称为局部变量或过程级变量，其作用域是它所在的过程。局部变量一般用来存放中间结果或用作临时变量，只有该过程内部的代码才能访问或改变该变量的值，其变化并不影响其他过程中的同名局部变量。

局部变量的声明语句：

```
Dim <变量名> [AS 类型]
Static<变量名> [AS 类型]
```

说明：

① 如果在过程中没有进行定义而直接使用某个变量，该变量视为局部变量。

② 用 Static 定义的变量在应用程序的整个运行过程中都一直存在，当过程执行完毕时，该变量的值依然保留，它所占的内存单元并未释放，下一次再执行该过程时，该变量的值是上次过程结束时的值；

③ 用 Dim 定义的变量只在过程执行时存在，退出过程后，这类变量就会消失（被释放），下一次再执行该过程时，重新分配内存。

④ 局部变量属于过程变量，即使是在主程序中建立的变量,也不能在被调用的子过程中使用。使用局部变量的程序具有较好的通用性。

假设时钟控件 Timer1 的 Interval 属性设为 1000,下面程序运行 60s 后，变量 s 的值依然是 10。

```
Private Sub Timer1_Timer()
    Dim s As Integer
    s = s *35/7+ 10
    Print s
End Sub
```

同样假设时钟控件 Timer1 的 Interval 属性设为 1000，但下面程序运行 60 s 后，变量 s 的值就变成 60 了。

```
Private Sub Timer1_Timer()
    Static s As Integer
    s = s + 1
    Print s
End Sub
```

【例 5-6】局部变量使用实例。

编写主程序：

```
Private Sub Form_Activate()
    Dim i As Integer
    For i = 1 To 4
        jbblsub (i)
    Next i
End Sub
```

编写子过程为：

```
Sub jbblsub(k)
    Dim x As Integer, y As Integer
    x = x + i
    y = y + k
    Print Tab(4); "k="; k; " i="; i; "  x="; x;
" y="; y
End Sub
```

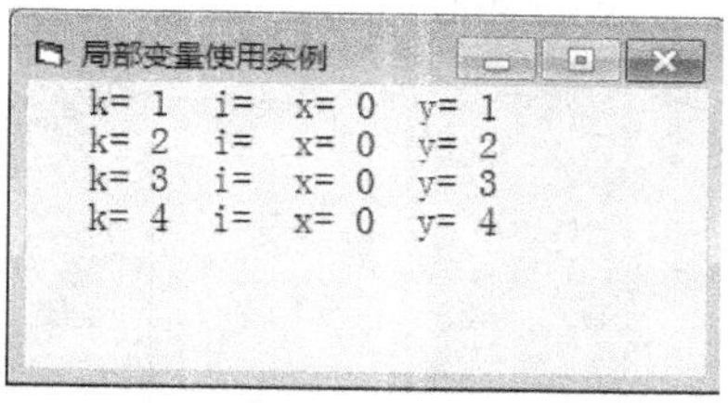

图 5-8　程序运行界面

执行结果如图 5-8 所示。

说明：

子过程 jbblsub 中定义了 2 个局部变量 x 和 y，由于是用 Dim 定义的，每次被调用都重新初始化为零，从图 5-7 可以看出，在调用子过程 jbblsub 时，子过程中的变量 i 与主程序中定义的 i 无任何关系。

如果用 Static 定义子过程 jbblsub 中的局部变量 z，子过程 jbblsub 改写如下：

```
Sub jbblsub(k)
    Static x, y
    x = x + i
    y = y + k
    Print Tab(4); "k="; k; " i="; i; "  x="; x; " y="; y
End Sub
```

程序运行界面则如图 5-9 所示。

【例 5-7】静态变量使用实例。

设计窗体如图 5-10 所示，程序运行后图中舞者从左向右旋转，到达窗体右边界时，舞者停止旋转，单击"结束"按钮程序结束。程序运行界面如图 5-10（b）和图 5-10（c）所示。

图 5-9　程序运行界面

编写 Timer1 的 Timer 事件代码：

```
Option Explicit
Private Sub Timer1_Timer()
    Static b As Boolean
    If Image1.Left < Form1.Width - Image1.Width - 200 Then
        Image1.Left = Image1.Left + 200
        If b Then
            Image1.Picture = Image3.Picture
        Else
            Image1.Picture = Image2.Picture
        End If
    b = Not b
    End If
End Sub
```

编写 Command1 的 Click 事件代码：

```
Private Sub Command1_Click()
    End
End Sub
```

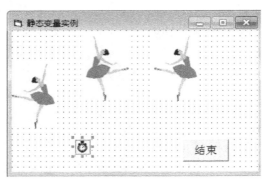

（a）窗体设计界面

（b）程序运行界面（1）

（c）程序运行界面（2）

图 5-10　程序设计及运行界面

如果将程序中的 Static Im1 As Boolean 语句换成 Dim Im1 As Boolean，舞者将平行移动。

2．模块变量

在窗体模块和标准模块的通用段中用 Private 或 Dim 关键字定义的变量称为模块变量。

在窗体模块的通用段中用 Private 或 Dim 关键字定义的变量称为窗体变量,窗体变量可用于该窗体内的所有过程。当同一个窗体内的不同过程使用同一变量时,应该将该变量定义为窗体变量。

定义窗体变量方法是:先在程序代码窗口的"对象"框中选择"通用",在"过程"框中选择"声明",然后就可以在程序代码窗口中定义窗体变量。在标准模块中定义模块变量的方法与窗体变量类似。

模块变量可以在定义它的整个模块的所有过程中使用,但不能被其他模块访问。在模块的通用段中使用 Private 或 Dim 的作用相同,但使用 Private 会提高代码的可读性。

模块变量应用实例参见例 5–8。

3．全局变量

在窗体模块和标准模块的通用段中用 Public 关键字声明变量称为全局变量。其作用域是整个应用程序,在工程中所有模块的各过程中都可以使用它。

例如: `Public m As Intger, n As Single`

需要注意的是,在不同的标准模块中不能定义同名全局变量;但在不同的窗体模块中可以定义同名全局变量。当使用其他窗体中定义的全局变量时,应注明它所在的窗体名称,格式为:

窗体名．全局变量名

把变量定义为全局变量虽然很方便,但这样会增加变量值在程序中被无意修改的机会。因此,当多人合作编写一个工程中的不同模块时,如果使用全局变量一定要事先协商,处理好模块之间的接口问题。

5.2.3　过程的作用域

1．模块级过程

模块级过程是指在定义过程时,在 Sub 或 Function 前加关键字 Private,该过程只能被在本模块中的过程调用,即其作用域为本模块。

2．全局级过程

全局级(通用)过程是在定义过程时,在 Sub 或 Function 前加关键字 Public(可以默认)。全局级过程可被整个应用程序所有模块中定义的过程调用,即其作用域为整个应用程序(工程)。

5.3　图片框和图像框

图片框(PictureBox)和图像框(Image)是 Visual Basic 中用来显示图形信息的两种基本控件,可以显示 .bmp、.ico、.wmf、.jpg、.gif 等类型的文件。其中图片框既可以显示图形,也可以作为其他控件的容器,还可以绘图方法输出或显示 Print 方法输出的文本。在工具箱中,图片框和图像框的图标分别是 ▣ 和 ▣ 。

图片框和图像框中的很多属性与上述控件的属性是相同的,下面介绍图片框和图像框的一些特有属性、常用事件和方法。

1．Picture 属性

该属性用于向图片框和图像框中加载图像。既可以在设计时通过属性窗口设置,也可以在程序运行时调用 LoadPicture 函数进行设置。

2．LoadPicture()函数

该函数的功能是在程序运行时将图形载入到图片框或图像框控件中。其语法为：

`<对象名>.Picture = LoadPicture([PicturePath])`

其中：PicturePath 代表被载入图形文件的路径及文件名，可用 App.Path 代表当前路径；若省略 PicturePath，则清除图片框或图像框中的图像。

例如：
```
Image1.Picture = LoadPicture("c:\ Pic\p1.gif")
Image1.Picture = LoadPicture(App.Path + "\ p1.gif")
Image1.Picture = LoadPicture()
```

3．AutoSize 属性

用于确定图片框的尺寸是否与所加载图形的大小相适应，取值为 True 或 False，默认值为 False。

当取值为 True 时，图片框将根据原始图形的大小自动调整控件尺寸。

当取值为 False 时，若图形比图片框小，保持图形原始尺寸；若图形比图片框大，图形自动被压缩。

4．Stretch 属性

用于确定图像框的尺寸是否与所加载图形的大小相适应，取值为 True 或 False，默认值为 False。

当取值为 True 时，将调整图形适应图形框的大小。

当取值为 False 时，将自动调整图像框尺寸以适应加载图形的大小。

5．常用事件及方法

图片框和图像框可以触发 Click 和 DblClick 等事件。

图片框可以使用 Cls()和 Print()方法，其中 Cls()用于清除在图片框中输出的信息，Print()用于在图片框上输出文本。

图片框与图像框都可以用来显示图形，但它们之间还是有区别的，主要表现为：

（1）图片框是"容器"控件，可以包含其他控件，而图像框却不能。

（2）图片框可以通过 Print()方法输出文本，图像框无此功能。

（3）图像框比图片框占用内存少，并且显示速度快。

【例 5-8】在窗体中添加 1 个图像框、1 个命令按钮和 1 个时钟，在当前文件夹下有 2 幅图片 120.gif 和 220.gif。要求程序运行后，自动将图片装入图像框中，且每间隔 0.5s，图片自动交换显示一次。程序运行结果如图 5-11（a）和图 5-11（d）所示。

编写代码如下：
```
Option Explicit
Dim S1 As String, S2 As String, S3 As String
Private Sub Form_Load()
    S1 = App.Path + "\120.gif"
    S2 = App.Path + "\220.gif"
```

```
    Timer1.Interval = 500
End Sub
Private Sub Timer1_Timer()
    S3 = S2
    S2 = S1
    S1 = S3
    Image1.Picture = LoadPicture(S1)
End Sub
Private Sub Command1_Click()
    End
End Sub
```

（a）程序运行界面（1）

（b）程序运行界面（2）

图 5-11　程序运行界面

【例 5-9】在窗体中添加 4 个图像框、3 个命令按钮和 1 个时钟，在当前文件夹下有 3 幅图片 t1.wmf、t2.wmf、t3.wmf。要求程序运行后，自动将三幅图片分别装入其中的 3 个图像框中，如果产 单击"移动"按钮，每间隔 1s，图片自动向右依次移动；如果单击"停止"按钮，图片不再移动。 设计界面如图 5-12 所示，设置控件属性如表 5-1 所示。程序运行结果如图 5-13（a）至 5-13（d） 所示。

表 5-1　控件属性设置

控件名（Name）	Caption	Interval	Stretch	Visible	Enabled
Image1			True		
Image2			True		
Image3			True		
Image4				False	
Command1	移动				
Command2	停止				
Command3	结束				
Timer1		1000			False

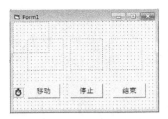

图 5-12　窗体设计界面

编写代码如下：

```
Option Explicit
Private Sub Form_Load()
    Image1.Picture = LoadPicture(App.Path + "\t1. wmf ")
    Image2.Picture = LoadPicture(App.Path + "\t2.wmf")
    Image3.Picture = LoadPicture(App.Path + "\t3.wmf")
End Sub
Private Sub Command1_Click()
    Timer1.Enabled = True
End Sub
Private Sub Timer1_Timer()
    Image4.Picture = Image3.Picture
    Image3.Picture = Image2.Picture
    Image2.Picture = Image1.Picture
    Image1.Picture = Image4.Picture
End Sub
Private Sub Command2_Click()
    Timer1.Enabled = False
End Sub
Private Sub Command3_Click()
    End
End Sub
```

（a）程序运行界面（1）

（b）程序运行界面（2）

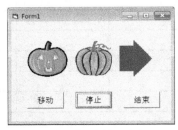

（c）程序运行界面（3）

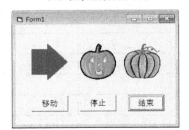

（d）程序运行界面（4）

图 5-13　程序运行界面

习 题 5

1. 在调用过程时传值与传址的主要区别是什么？

2. 使用 Dim 和 Static 关键字定义的变量有什么区别？

3. 假设在窗体上画了一个命令按钮，变量 x 是一个窗体级变量。下面程序运行后，变量 x 的值是多少？如果将语句 Dim x As Integer 移到 Sub 过程中，结果会有什么变化？

```
Dim x As Integer
Sub sub1(y As Integer)
    x = x + y * 3
End Sub
Private Sub command1_click()
    sub1 1
    sub1 2
    sub1 3
    Print x;
End Sub
```

4. 在窗体中添加 1 个图像框、2 个命令按钮，在当前文件夹下有一幅图片 dog.gif。要求程序运行后，单击"显示"按钮，运行界面如图 5-14（a）所示，单击"清除"按钮，运行界面如图 5-14（b）所示。

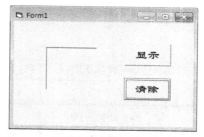

（a）程序运行界面（1）　　　　　　（b）程序运行界面（2）

图 5-14　程序运行界面

5. 窗体上设有 1 个文本框、1 个带边框的标签、1 个时钟和 1 个命令按钮。在属性窗口中设置时钟控件的 Enabled 属性为 False、Interval 属性设为 1000；标签的背景色为黄色、前景色为红色。程序运行后，单击"开始"按钮，文本框显示系统当前时间；标签显示"满园春色"字样，黄底红字。此后，每隔 1s，文本框中的时间被刷新，标签的前景色和背景色就交换一次，窗体标题同时交替显示"黄底红字""红底黄字"。程序运行界面如图 5-15 所示。

（a）程序运行界面（1）　　　（b）程序运行界面（2）　　　（c）程序运行界面（3）

图 5-15　程序运行界面

6. 在窗体中添加 1 个图片框和 2 个命令按钮,在当前文件夹下有三幅图片 pic1.jpg、pic2.jpg、pic3.jpg。利用计时器控件使得每间隔一 s 图像框中的图片依次轮流显示一次,设计界面如图 5-16 所示,运行界面如图 5-17 所示。

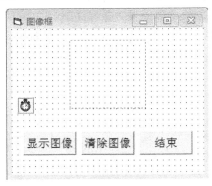

图 5-16　程序设计界面

（a）程序运行界面（1）　　　　　　　　（b）程序运行界面（2）

（c）程序运行界面（3）　　　　　　　　（d）程序运行界面（4）

图 5-17　程序运行界面

7. 设计一个具有秒表功能的程序,当按下"开始"按钮后程序开始计时,此时文本框如同秒表屏幕,按下"停止"按钮后计时停止,按下"继续"按钮则在原计时结果的基础上继续计时,按下"结束"按钮将结束程序,运行结果如图 5-18 所示。

（a）程序运行界面（1）

（b）程序运行界面（2）

（c）程序运行界面（3）

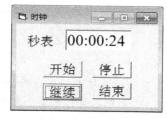

（d）程序运行界面（4）

图 5-18　程序运行界面

第 6 章　数组与自定义类型

Visual Basic 中包含的数据类型可分为两大类，即基本类型数据和构造类型数据。基本类型数据包括整型、实型、字符型和日期型等，是最常用的数据类型；而构造类型数据包括数组和用户定义类型（也称记录类型）。本章将详细介绍数组和用户定义类型的使用方法。

6.1　数　　组

数组是一组具有有序下标的元素集合，可以用相同名字和确定的下标来引用数组元素。数组中的每一个元素实际上可以看作一个内存变量。

数组为用户处理同一类型的成批数据提供了方便。当有较多的同类型数据需要处理时，可以将其存放在一个数组中，由于这些数据同名而且是有序的，所以可以很方便地对它们进行存取操作。

例如，为了处理 40 名学生的计算机课程考试成绩，可以用 S_1，S_2，$\cdots$，S_{40} 来分别代表每位学生的分数，这里 S_1，S_2，$\cdots$，S_{40} 是带有下标的变量，通常称为下标变量。

如果改用基本类型变量来存放、处理的话，就需要定义许多变量名。这样，一来难于记忆，二来由于基本类型变量的单独性和无序性，给频繁存取数据带来不便并且容易出错。

在 Visual Basic 中，数组的一般形式为：A(n)，其中 A 代表数组名，n 是下标，一个数组可以含有若干个下标变量（或称数组元素）。

例如，使用语句 Dim S(1 To 40) 来定义一个数组 S，其中有 40 个下标变量，用于存放 40 名学生的计算机课程考试成绩。

6.1.1　数组的定义

Visual Basic 中变量可以隐式定义，但数组不行，所有的数组在使用前必须先定义，后使用。数组名代表计算机中一组内存区域的名称，该区域的每个单元都有自己的地址，该地址用数组的下标表示。定义数组（也称定义数组）是为了确定数组的类型并给数组分配所需的存储空间。定义数组包括定义数组的名称、维数、大小和类型等内容。

1. 定义数组

定义数组通常可以用 Dim、ReDim、Static、Private 和 Public 语句来完成，其可以出现的位置如下：

① Dim 语句可以出现在窗体模块和标准模块的任何地方。

② ReDim 语句只能出现在过程中。

③ Static 语句只能出现在过程中。

④ Private 语句只能出现在窗体模块和标准模块的通用段中。

⑤ Public 语句只能出现在标准模块的通用段中。

用 Dim 语句定义数组语句的格式为：

```
Dim  数组名(下标 1[,下标 2…]) [As 类型]
```

功能：定义了数组的名称、维数、大小和类型。

其中：

① 维数：几个下标为几维数组。Visual Basic 的数组一般不要超过三维。

② 下标：[下界 To] 上界。默认下界为 0，维的上界只能是数值常数或符号常量，不能是变量。

如果不希望下界从 0 开始，而是从 1 开始，可以使用下面语句定义。其格式为：

```
Option Base n
```

n 的取值只能是 0 或 1。

注意：Option Base 语句只能放在模块的通用部分，不能出现在过程中。

③ 每一维大小：上界-下界+1。

④ 数组大小：每一维大小的乘积。

⑤ As 数据类型：说明数组元素的类型，若省略，则数组默认为 Variant 类型。

用 Dim 语句定义的数组，系统会自动初始化数组。数值型的全部元素被初始化为 0；字符串数组的全部元素被初始化为空字符串；变体型的全部元素被初始化为空。用哪一种方法定义数组取决于数组应用的有效范围。

例如：Dim S(2)定义一维数组 S，S 有 3 个元素，分别为：S(0)，S(1)，S(2)。

Dim M(2,3)定义二维数组 M，数组有 3×4 个元素，分别为：

M(0,0)，M(0,1)，M(0,2)，M(0,3)

M(1,0)，M(1,1)，M(1,2)，M(1,3)

M(2,0)，M(2,1)，M(2,2)，M(2,3)

Public Abc(10)As Single 定义一维数组数组 Abc，有 11 个元素，单精度型。

Dim Asd(3,3)As Integer 定义二维数组 Asd，有 4×4 个元素，整型。

2．数组的类型

Visual Basic 中的数据有多种类型，相应的数组也有多种类型。数组的类型是指数组能存放什么类型的数据。数组类型用 As 子句说明。一般情况下，数组中的每个元素都具有相同的数据类型，但如果需要，数组元素的数据类型也可以不同，只需在定义数组时，使用 Variant 数据类型即可。

数组的类型可以是前面所介绍的各类基本数据类型，也可以是用户自定义类型和对象变量。一般情况下，定义数组时应指明其类型，如未指明，则默认为变体型数组。下面的两种定义方式，其效果是相同的。

```
Dim V1(3)As Variant
Dim V1(3)
```

当数组定义为 Variant 类型时，数组各元素就可以是不同类型的数据。如上面定义的 V1 数组是 Variant 类型，则可以这样赋值：

```
V1(0)="ABCD"
V1(1)= 23.76
V1(2)= 86
V1(3)=&H156&        '十六进制常数
```

3. 下标变量

建立数组后，要处理数组中的数据，就需要访问数组元素。通常把数组元素称为下标变量，下标变量的表示方法是：写上数组名，在其后的括号中写上数组元素在数组中的顺序位置号。以二维数组为例，其形式为：

数组名(<下标1>，<下标2>)

例如，对于用语句 Dim M(2, 3)定义的二维数组 M 而言：

M(0,2)表示数组 M 的第 1 行第 3 列元素。

M(1,0)表示数组 M 的第 2 行第 1 列元素。

M(2,3)表示数组 M 的第 3 行第 4 列元素。

说明：

① 下标用于指明数组元素在数组中的位置。

② 下标必须是常数，若为非整数，则自动取整，取整方法和整除运算规则类似。

③ 下标不能超界，即不能超出定义数组时指定的维的下界和上界。

④ 下标的个数必须与定义数组的维数相同。

4. 数组的引用

数组的引用一般是指对数组元素的引用，通过数组后面括号中的下标来确定所引用的数组元素在数组中的排列位置。

同样是 S(3)，如果出现的语句不同，尽管其表面形式相同，它所代表的含义也是大不相同的。

例如：Dim b(5) As Integer

       a = b(5)

在 Dim b(5)语句中，b(5)声明了一个一维数组 b，其下标的上界为 5，即 S 包含 b(0)、b(1)、b(2)、b(3)、b(4)和 b(5)六个数组元素；而在 a = b(5)语句中，表示将数组 b 的第 6 个元素的值赋给内存变量 a。

6.1.2 静态数组与动态数组

定义数组后，系统将为数组预留所需要的内存区域。根据预留内存区域的方式不同，数组可分为静态数组和动态数组。

通常把需要在编译时就分配内存区域的数组称为静态数组；把需要在运行时才分配内存区域的数组称为动态数组。动态数组在程序没有运行时不占用内存空间。

通过定义的方式，可以很容易地区分一个数组是静态数组还是动态数组。前面介绍的定义方式中用数值常数或符号常量作为下标定维的数组就是静态数组。

动态数组则是指定义时并未给出数组的大小，程序执行时再由 ReDim 语句确定维数和大小、分配存储空间的数组。动态数组的定义通常分为两步：

① 用 Dim、Private 或 Public 定义一个空数组，即没有下标的数组，但数组名后的括号一般不能省略。

② 在过程中用 ReDim 语句定义该数组的维数和大小。

格式为：

```
Dim <数组名>() [As<数据类型>]
ReDim [Preserve] <数组名> (<下标>)
```

说明：

① ReDim 语句只能出现在过程中，用来改变数组的维数和大小，但不能改变数组的类型。

② ReDim 语句不仅具有重新定义数组的功能，还可以用来直接定义数组。即使没有预先用 Dim、Private 或 Public 语句定义，也可以用 ReDim 定义数组。

③ 用 ReDim 定义的数组是在执行到 ReDim 语句时才分配一定的内存空间，是一个"临时"数组，当过程结束时，数组所占的内存被释放。

④ 在一个程序中，可以多次使用 ReDim 语句对同一个数组重新定义。当重新定义动态数组时，数组中原有的内容将被清除。要想保留数组中的原有数据，可使用 Preserve 参数。

⑤ 如果使用了 Preserve 参数，就只能改变数组最末维的大小，不能改变数组的其他维数。

例如：

```
Dim a1() As Integer  ' 在窗体通用部分声明
Private Sub Form_Click()
    ReDim a1(3)
    …
    ReDim a1(3, 6)
    ReDim Preserve a1(3, 7)
    …
End Sub
```

如果将程序中 ReDim Preserve a1(3,7)语句改写成 ReDim Preserve a1(2,7)，运行时系统则提示错误信息："下标越界"。

合理使用动态数组可以达到节省内存空间的目的。可以想象，当数据量较大且数据个数变动的时候，用静态数组很难满足要求。此时使用动态数组恰好能发挥作用，通过调整数组的大小，可以适应程序的需要。

6.1.3　数组的基本操作

定义一个数组之后，可以对其进行操作。数组的基本操作包括赋值、输出和删除。

1. 数组元素赋值

通常在程序中，凡是简单变量出现的地方，都可以用数组元素代替。而给基本类型数据赋值的方法同样适用于数组元素。

（1）用 InputBox()函数和循环语句

若输入数组的数据是有规律的，可以用 InputBox()函数或结合循环语句给数组赋初值。

例如：

```
Private Sub Form_Click()
    Dim a(10) As Integer
    For k = 0 To 10
        a(kj) = Val(InputBox("请输入数据："))
```

```
        Next
End Sub
```

（2）Array()函数

Array()函数用来为数组整体赋值，即把一组数据赋给某个数组。其格式为：

数组变量名=Array （数组元素值）

其中"数组变量名"是预先定义的数组名，可以是动态数组或不带圆括号的数组变量，但其类型只能是 Variant。

用 Array()函数赋值的数组的下界默认为 0，也可由 Option Base 语句指定；赋值后数组的大小由赋值的个数决定。

【例6-1】Array()函数应用实例。运行界面如图6-1所示。

程序代码为：

```
Option Base 1
Private Sub Form_Click()
    Dim i As Integer
    Dim a, b()
    a = Array("A", "B", "C", "D", "E")
    b = Array("a", "b", "c", "d", "e")
    For i = 1 To 5
        Print Spc(3); a(i); b(i);
    Next
    Print
End Sub
```

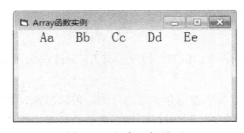

图6-1　程序运行界面

（3）UBound()和 LBound()函数

用 UBound()和 LBound()函数可获得数组的上界和下界。格式为：

```
UBound(<数组名>[,N])
LBound(<数组名>[,N])
```

其中 N 为整型常量或变量，指定返回哪一维的上、下界，默认为 1。

例如：
```
Option Explicit
    Private Sub Form_Click()
    Dim i As Integer
    Dim b(), a
    a = Array(10, 20, 30, 40, 50, 60)
    ReDim b(LBound(a) To UBound(a))
    Print Tab(3);
    For i = LBound(a) To UBound(a)
        Print a(i);
    Next
```

```
Print
Print Tab(3);
For i = LBound(a) To UBound(a)
    b(i) = a(i) + 1
Print b(i);
Next
End Sub
```

程序运行界面如图 6-2 所示。

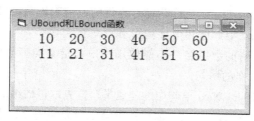

图 6-2　程序运行界面

2. 数组元素的输出

数组元素的输出可以用 Print()方法来实现。

【例 6-2】编写程序，将井号"#"输入一个二维数组，并将其以阵列形式输出。程序运行界面如图 6-3（a）和图 6-3（b）所示。

程序代码为：

```
Option Base 1
Dim M(5, 5) As String
Private Sub Form_Click()
    For i = 1 To 5
    Print Tab(6);
        For j = 1 To 5
            M(i, j) = InputBox("请输入数据: ", "数组元素的输入")
            Print M(i, j) + " ";
        Next j
        Print
    Next i
End Sub
```

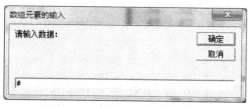

（a）程序运行界面（1）

（b）程序运行界面（2）

图 6-3　程序运行界面

3. For Each…Next 语句

For Each…Next 语句是一种专门用于对数组或对象集合（略）进行操作的循环语句。它的功能和 For…Next 语句类似，都是指定重复次数的一组操作，但它不需要初值和终值，而是根据指定数组的元素个数确定循环的次数。其格式为：

```
For Each<成员> In <数组>
    <语句序列>
        [Exit For]
    ...
Next [<成员>]
```

功能：根据数组元素的个数重复执行循环体中的语句。

说明：

① <成员>是一个 Variant 变量，它是为循环提供的，用于代表数组中的每一个元素。该变量由用户给定，并在 For Each…Next 循环中重复使用。

② <数组>是一个已声明的数组名（不能使用用户自定义类型数组），没有括号和上下界；<语句序列>是对数组进行操作的语句。

③ 执行过程为：For Each…Next 语句中的"成员"首先取得数组的第一个元素的值，然后执行循环体；执行完一次循环体后，"成员"取得数组第二个元素的值，然后再执行循环体；如此重复，当"成员"取得最后一个数组元素值后，执行最后一次循环。

例如：
```
Dim a(5) As Integer
For j = 0 To 5
    a(j) = Val(InputBox("请输入数据："))
Next
For Each k In a
    Print k
Next k
```

这里兼有 For…Next 循环语句中的循环控制变量，第一次循环时，k 的值为 a(0)的值，随着循环次数的增加，k 的值也发生变化，当循环到第 6 次时，k 的值为 a(5)的值。k 是一个变体变量，可以代表任何类型的数组元素。

4．清除数组

数组一经定义，系统便在内存为其分配相应的存储空间，即使数组不再使用，其占有的内存空间也不会被释放出来。如果用户需要改变已定义数组的大小或清除数组的数据，可以通过下面的语句来实现：

```
Erase  <数组名>[,<数组名>]...
```

功能：重新初始化静态数组的元素，或者释放动态数组的存储空间。

例如：Erase F1,F2

说明：

① 在 Erase 语句中，只写数组名，不写括号和下标。

② 用 Erase 语句处理静态数组元素时，如果是数值数组，则把数组中所有元素置为零；如果是字符串数组，则把数组中所有元素置为空串；如果是变体数组，则把数组中所有元素置为"空"（Empty）。经 Erase 操作后的静态数组仍然存在，只是其内容被清空。

③ 用 Erase 语句处理动态数组时，将删除数组的结构并释放其所占的内存空间。这意味着操作后的动态数组已不复存在。

6.1.4 数组应用实例

【例 6-3】在窗体上有四个文本框，名称分别为 Text1、Text2、Text3、Text4；四个命令按钮，名称分别为 Command1、Command2、Command3、Command4，标题分别为"产生随机数""3 的倍数""最大值""最小值"。运行程序，单击 Command1，在 Text1 中产生 20 个在区间[0，100]之间的随机整数；单击 Command2，将 Text1 中能被 3 整除的数据显示在 Text2 中，单击 Command3，将 Text1 中最大值显示在 Text3 中，单击 Command4，将 Text1 中最小值显示在 Text4 中。设计界面如图 6-4 所示，运行界面如图 6-5 所示。

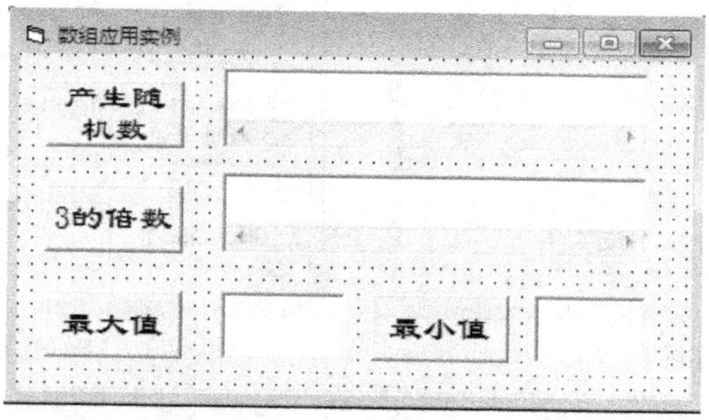

图 6-4　程序设计界面

程序代码为：

```
Dim a(1 To 20) As Integer
Private Sub Command1_Click()
    Dim i As Integer, s As String
    Randomize
    For i = 1 To 20
        a(i) = Int(101 * Rnd)
        s = s & a(i) & Space(1)
    Next i
    Text1.Text = s
End Sub
Private Sub Command2_Click()
    Dim i As Integer, s As String
    For i = 1 To 20
        If a(i) Mod 3 = 0 Then
            s = s & a(i) & Space(1)
        End If
    Next i
    Text2.Text = s
End Sub
Private Sub Command3_Click()
    Dim max As Integer
    max = 0
    For i = 1 To 20
        If max < a(i) Then max = a(i)
        Text3 = max
    Next
End Sub
Private Sub Command4_Click()
    Dim min As Integer
    min = 100
    For i = 1 To 20
        If min > a(i) Then min = a(i)
```

```
          Text4 = min
     Next
End Sub
```

注意：数组 a 必须定义为模块级数组。

（a）程序运行界面（1）

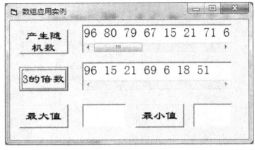

（b）程序运行界面（2）

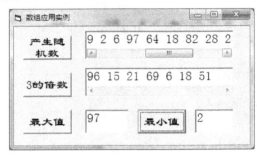

（c）程序运行界面（3）

图 6-5　程序运行界面

6.2　自定义类型

除了前面介绍的基本数据类型外，Visual Basic 还允许用户自己定义数据类型。用户自定义类型类似于 C 语言中的"结构体"类型，由若干个基本类型组成，可描述同一对象的不同属性，又称为"记录类型"。

可以用 Type 语句创建用户自定义类型，其格式为：

```
Type   数据类型名
       数据类型数据项名   As 类型名
       数据类型数据项名   As 类型名
       ...
End Type
```

在使用用户自定义类型之前，先用 Type 语句创建数据类型，该语句应放在模块的声明部分。例如：学生对象的学号、姓名、性别、出生日期等属性，它们分别由字符和日期型数据组成。

【例 6-4】编写一个学生信息显示程序，每位学生包括学号、姓名、性别和出生日期 4 个数据项。程序运行后，单击"显示信息"按钮，结果如图 6-6 所示。

图 6-6　程序运行界面

程序代码为：

```
Option Explicit
Private Type sturec
    xh As String
    xm As String
    xb As String
    csrq As Date
End Type
Private Sub Command1_Click()
    Dim stu As sturec
    stu.xh = "20161168"
    stu.xm = "白雪"
    stu.xb = "女"
    stu.csrq = #5/1/1998#
    Text1.Text = stu.xh
    Text2.Text = stu.xm
    Text3.Text = stu.xb
    Text4.Text = stu.csrq
End Sub
```

6.3　控 件 数 组

前面介绍的数组是由一组下标变量为元素组成的，如果在应用程序中用到一些类型相同且功能相近的控件，则可以把它们视为特殊的数组——控件数组。

6.3.1　控件数组的概念

控件数组通常可用于命令按钮、标签组、单选按钮组及复选框组等常用控件。其特点为：

① 控件数组是由一组相同类型的控件组成，它们共用一个相同的控件名称，即拥有相同的 Name 属性。

② 数组中的每个控件都有一个唯一的索引号，即下标，下标值由控件的 Index 属性指定。

③ 数组中的每个控件可以共享同样的事件过程。

④ 利用下标索引号可以判断事件是由哪个控件引发的。

控件数组为处理一组功能相近的控件提供了便利的条件。使用控件数组添加控件比直接向窗体添加多个相同类型的控件要节省很多资源。当有多个控件执行大致相同的操作时，使用控件数组就非常方便，因为控件数组可以共享同样的事件过程。例如，一个控件数组包含两个命令按钮，不管单击哪一个命令按钮，都会触发同一个 Click 过程。

控件数组中的所有元素共享 Name 属性，而对每个元素的标识，则要通过其 Index 属性来完成。和普通数组一样，控件数组的下标也放在圆括号内。例如：

```
Cmdkjsz(0).Caption = "控件数组演示"
```

表示将由命令按钮组成的控件数组 Cmdkjsz 中的第一个按钮的标题设为"控件数组演示"。

程序运行时，系统会将其下标值传给过程，利用下标索引号就可以判断事件是由哪个控件引发的。假设由命令按钮组成的控件数组 Cmdkjsz 中共有 4 个命令按钮，双击其中的任一按钮，打开代码窗口，都会进入同一个事件过程，其中加入了一个下标参数 Index。

```
Private Sub Cmdkjsz_Click(Index As Integer)
...
    End Sub
```

程序运行后，如果用户单击第一个按钮，系统就会将括号中的 Index 的值设为 0；如果用户单击第二个按钮，系统则会将 Index 的值设为 1。

如果希望在过程运行时创建新控件，那么新控件必须是控件数组的成员。使用控件数组时，每个新成员都会继承为数组预先编好的事件过程。

6.3.2　控件数组的建立

控件数组是针对控件设立的，其定义方法与普通数组不同。既可以在设计时创建控件数组，也可以在运行时添加控件数组。

1．设计时通过改变控件名称添加控件数组元素

具体操作步骤如下：

① 在窗体上画出要添加到控件数组中的控件（必须为同一类型的控件）。

② 选定某个要作为数组元素的控件，在属性窗口中将其 Name（名称）属性设置为数组名。

③ 依次对其他要加入数组中的控件重复执行操作步骤②即可。

在为数组中的第二个控件输入相同名称时，系统会显示一个对话框，要求确认是否要创建控件数组。这时选择"是"，将确认创建控件数组。

例如，控件数组第一个元素名为 Command，选择另一个 CommandButton 将其名称也设置为 Command，这时系统将显示对话框（见图 6-7），单击"是"按钮，确认操作。这时，查看属性窗口，就会发现系统已将第 1 个命令按钮的 Index 属性由原来的"空"变为"0"，而第 2 个命令按钮的 Index 属性则置为"1"。

用这种方法添加的控件仅仅共享 Name 属性和控件类型，最初画控件时设置的其他属性保持不变。

图 6-7　系统对话框窗口

2．设计时通过复制已有控件添加控件数组元素

具体操作步骤如下：

① 在窗体上画出一个控件，单击将其激活。

② 选择"编辑"→"复制"命令（或按【Ctrl+C】组合键），将其放入剪贴板中。

③ 选择"编辑"→"粘贴"命令（或按【Ctrl+V】组合键），系统将显示一个对话框询问是否确认创建控件数组。单击"是"按钮，窗体的左上角出现一个同样的控件，这就是控件数组中的第二个控件。

④ 再次选择"编辑"→"粘贴"命令（或按【Ctrl+V】组合键），即可得到控件数组中的其他控件。

每个数组元素的索引值与其添加到控件数组中的次序有关，分别为 0，1，2，3，…。在设计阶段，可以改变控件数组元素的 Index 属性，但不能在运行时改变。在添加控件时，大多数可视属性，例如高度、宽度和颜色，将从数组中第一个控件复制到新控件中。

3．设计时通过指定控件的索引值创建控件数组

如果直接指定控件数组中第一个控件的索引值为"0"，然后利用前两种方法中的任何一种添加控件数组的成员，系统将出现对话框询问是否创建控件数组。具体操作步骤如下：

① 绘制控件数组中的第一个控件。

② 将其索引值改为"0"。

③ 复制控件数组中的其他控件，将不会出现对话框询问是否确认创建控件数组。

4．程序运行时通过 Load()方法添加控件数组

程序运行时添加控件数组的语句格式为：

```
Load  控件数组名(<表达式>)
```

程序运行时删除控件数组的语句格式为：

```
UnLoad  控件数组名(<表达式>)
```

其中：<表达式>为整型数，是表示控件数组元素的索引值。

6.3.3　控件数组的使用

由于控件数组可以共享同样的事件过程，假设有一个控件数组包含四个命令按钮，不管单击哪一个命令按钮，都会触发同一个 Click 过程。通常在事件过程中通过系统返回的索引值来判断用户单击的是哪一个按钮。具体实现方式为：

```
Private Sub Command1_Click(Index As Integer)
  Select Case Index
    Case 0
      …
    Case 1
      …
    Case 2
      …
    Case Else
      …
  End Select
End Sub
```

【例 6-5】在窗体中设有一个图片框控件数组，名称为 Pic，数组中有三个控件元素 Pic(0)、Pic(1)和 Pic(2)。将三个控件元素叠放在一起，当用鼠标单击一个控件元素时，该控件将消失，下面一个控件显示出来。依此类推，反复单击，反复显示，模拟出交通指示灯的变化规律。程序运行界面如图 6-8 所示。

编写窗体 Form 的 Load 事件代码：

```
Option Explicit
Private Sub Form_Load()
    Pic(0).Picture = LoadPicture(App.Path & "\Trffc10a.ico")
```

```
        Pic(1).Picture = LoadPicture(App.Path & "\Trffc10b.ico")
        Pic(2).Picture = LoadPicture(App.Path & "\Trffc10c.ico")
End Sub
Private Sub Pic_Click(Index As Integer)
    Select Case Index
    Case 0
        Pic(0).Visible = False
        Pic(2).Visible = True
     Case 1
        Pic(1).Visible = False
        Pic(0).Visible = True
    Case 2
        Pic(2).Visible = False
        Pic(1).Visible = True
    End Select
End Sub
```

图 6-8　程序运行界面

6.4　列表框和组合框

列表框（ListBox）以列表的形式显示列表（数据）项目，用户可以根据需要在列表框中选择一个或多个列表项。如果列表项目总数过多，超出了列表框控件的显示高度，Visual Basic 会自动为其加上垂直滚动条。

组合框（ComboBox）是由文本框和列表框合成的单个控件，兼有文本框和列表框的功能。用户既可以在其列表中选择一个列表项，也可以在文本框中输入新的列表项。如果列表项目总数过多，超出了组合框控件的显示高度，Visual Basic 也会自动为其加上垂直滚动条。

在工具箱中，列表框和组合框的图标分别是▤和▤。

6.4.1　列表框和组合框的常用属性

1. Columns 属性

用于设定列表框中列表项排列的列数。当取值为 0 时，按单列显示；若取值为 1 或大于 1 的正整数时，表示能多列显示。

组合框无此属性。

2. List 属性

List 是一个字符串数组，用于设置列表框和组合框中所有列表项的内容，其大小取决于列表项的个数。数组的每一项都是一个列表项目，引用方式为：

对象名．List(i)

其中，对象名为列表框或组合框的名称，i 为列表项的索引号，取值范围是 0 至对象.ListCount −1。

List 属性既可以在设计界面通过属性窗口设置，也可以在程序中通过代码设置。在属性窗口设置时，每输完一项后，可按【Ctrl+Enter】组合键，继续输入下一项，最后按【Enter】键结束，如图 6-9 所示。

图 6-9　List 属性设置

3. Listcount 属性

用于记录列表框和组合框中列表项的总个数，即 List 数组中已赋值的数组元素个数。此属性由系统自动修正，不允许用户进行修改。

4. ListIndex 属性

用于设定列表框和组合框中当前选择的列表项的下标（索引值）。列表框中第一项的下标为 0，第二项的下标为 1，最后一项的下标为 ListCount −1。如果用户同时选定了多个列表项，其值为最后所选列表项的下标；如果未选中任何列表项，则其值为−1。

例如，设计界面如图 6-10 所示，在下面的 Form_Load ()事件过程中，语句"List1.ListIndex = 3"的作用，是选择列表框 List1 的第 4 个列表项"管理"，因此，程序运行后，在文本框 Text1 中将自动显示"管理"，运行结果如图 6-11 所示；假设用户随后选择了"旅游"列表项，则运行结果如图 6-12 所示。

图 6-10　窗体设计界面

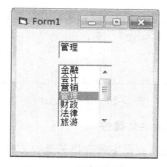

图 6-11　程序运行界面

```
Private Sub Form_ Load()
  List1.ListIndex = 3
  Text1.Text = List1.List(List1.ListIndex)
```

```
End Sub
Private Sub List1_Click()
    Text1.Text = List1.List(List1.ListIndex)
End Sub
```

其中，语句 Text1.Text = List1.List(List1.ListIndex)可用语句 Text1.Text = List1.Text 代替。

5．Style 属性

Style 属性用于设定列表框和的组合框的外观样式。

列表框的 Style 属性有 2 个取值，取值为 0 时为标准形式，取值为 1 时为复选框形式，如图 6-13 所示。

图 6-12　程序运行界面

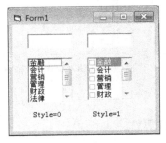

图 6-13　列表框

组合框的 Style 属性有 3 个取值，用于确定组合框的类型和显示方式，图 6-14 和图 6-15 展示了三种不同风格的组合框。

当取值为 0-Dropdown Combo（默认值）时，为下拉式组合框，用户可以在文本框中输入文本。

当取值为 1-Simple Combo 时，为简单组合框。此时，允许用户输入文本或者从列表框中进行选择。用户一旦选定列表框中的某一项，系统就会自动将选中的内容在文本框中显示。

当取值为 2-Dropdown List 时，为下拉式列表框，只允许用户从列表框中进行选择，不能在文本框进行输入。

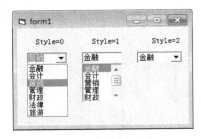

图 6-14　组合框（1）

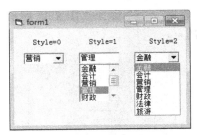

图 6-15　组合框（2）

6．MultiSelect 属性

用于设定列表框中列表项的选择方式。

取值为 0：不允许复选。

取值为 1：简单复选。可单击鼠标或用箭头键移动焦点，然后使用空格键实现多选或取消选中项。

取值为 2：扩展复选。可使用【Ctrl】和【Shift】键实现多选。

注意：MultiSelect 属性只能在属性窗口设置。

7．SelCount 属性

用于读取列表框中所选择的列表项的个数，通常与 Selected 属性一起使用。

8．Selected 属性

用于设定列表框中每个列表项的选择状态。它是一个逻辑型数组，其中的数族元素与列表中的列表项一一对应。当值为 True 时，表示与此对应的列表项已经被选中；若值为 False，则表示相对应的列表项没有被选择。该属性不能在属性窗口设置。

用下面的语句可以选择指定的列表项或取消已选择的列表项：

```
List1.Selected(索引值) = True | False
```

9．Text 属性

用于返回列表框和下拉式列表框被选中的列表项的文本，以及返回下拉式组合框和简单组合框编辑区中的文本。此属性不能在属性窗口中设置。

6.4.2　列表框和组合框的常用事件和方法

1．Click 事件

当用户单击某一列表项时，将触发列表框和组合框的 Click 事件，同时列表框和组合框的 ListIndex、Text 等属性也随之发生相应变化。

2．DblClick 事件

当用户双击某一列表项时，将触发列表框和简单组合框的 DblClick 事件。

3．Change 事件

当用户通过键盘输入改变下拉式组合框和简单组合框的文本框的文本，或者在代码中改变了 Text 属性的设置时，都会触发其 Change 事件。

4．AddItem()方法

用于在列表框中或组合框中加入新的项目。其语法为：

```
<对象名>.AddItem  item  [,index]
```

其中：

Item 是字符串表达式，用于指定添加到对象中的项目。

Index 是一个整数，用于指定新项目欲插入的位置。若省略此参数，则表示添加到对象的尾部。

5．RemoveItem()方法

用于在列表框或组合框中删除一个项目。其语法为：

```
<对象名>.RemoveItem  index
```

其中：Index 为要删除项目的序号，其值为 0～ListCount−1。

6．Clear()方法

用于清除列表框和组合框中的全部内容，其语法为：

```
<对象名>.Clear
```

执行 Clear()方法后，ListCount 重新被设置为 0。

6.4.3 列表框的应用实例

【例6-6】在窗体上设有两个列表框 List1 和 List2 以及一个命令按钮 Command1，程序运行时，单击"逆序移动"按钮，则将 List1 全部列表项按逆顺序移到 List2 中，程序运行界面如图 6-16 所示。

图 6-16　程序运行界面

编写程序代码：

```
Option Explicit
Private Sub Command1_Click()
    Dim n As Integer, i As Integer
    n = List1.ListCount
    For i = n - 1 To 0 Step -1
        List2.AddItem List1.List(i)
    Next i
    List1.Clear
End Sub
```

【例6-7】在窗体上设有两个列表框 List1 和 List2，程序运行时，在列表框 List1 中单击一个列表项，则将其移动到 List2 尾部，同样，在列表框 List2 中单击一个列表项，则将其移动到 List1 尾部。设计界面如图 6-17 所示，程序运行界面如图 6-18 所示。

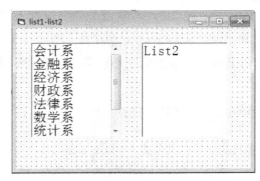

图 6-17　窗体设计界面

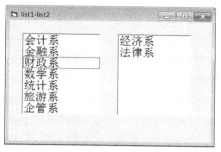
（a）程序运行界面（1）

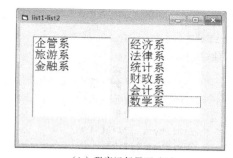
（b）程序运行界面（2）

图 6-18　程序运行界面

编写程序代码：

```
Option Explicit
Private Sub List1_Click()
    List2.AddItem List1.Text
    List1.RemoveItem List1.ListIndex
End Sub
Private Sub List2_Click()
    List1.AddItem List2.Text
    List2.RemoveItem List2.ListIndex
End Sub
```

【例 6-8】在窗体上设有两个列表框 List1 和 List2，要求程序运行时，在列表框 List1 中自动加入列表项，如果单击一个列表项，则将其复制到 List2 尾部。设计界面如图 6-19 所示，程序运行界面如图 6-20 所示。

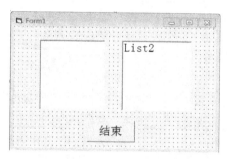

图 6-19　窗体设计界面

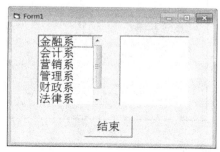
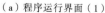
（a）程序运行界面（1）

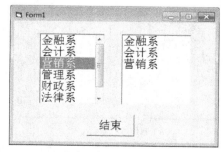
（b）程序运行界面（2）

图 6-20　程序运行界面

编写程序代码：
```
Private Sub Form_Load()
    With List1
        .AddItem ("金融系")
        .AddItem ("会计系")
        .AddItem ("营销系")
        .AddItem ("管理系")
        .AddItem ("财政系")
        .AddItem ("法律系")
        .AddItem ("旅游系")
    End With
End Sub
Private Sub List1_Click()
    List2.AddItem List1.Text
End Sub
Private Sub Command1_Click()
    End
End Sub
```
说明：With...End With 语句可以对同一对象执行多个不同的动作。

【例 6-9】在窗体上有两个列表框 List1 和 List2，一个命令按钮 Command1，标题为"复制"。要求程序运行后，在列表框中自动建立 6 个列表项，分别为"北京市""上海市""天津市""重庆市""南京市"和"杭州市"，如果选择列表框中的一项或多项，单击"复制"按钮，则将所选项复制到 List2 中，运行界面如图 6-21 所示。

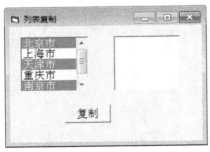

（a）程序运行界面（1）

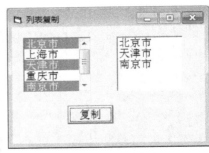

（b）程序运行界面（2）

（c）程序运行界面（3）

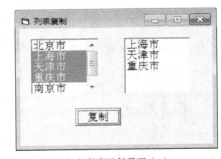

（d）程序运行界面（4）

图 6-21　程序运行界面

编写程序代码：
```
Private Sub Form_Load()
```

```
        List1.AddItem ("北京市")
        List1.AddItem ("上海市")
        List1.AddItem ("天津市")
        List1.AddItem ("重庆市")
        List1.AddItem ("南京市")
        List1.AddItem ("杭州市")
End Sub
Private Sub Command1_Click()
    Dim i As Integer
    For i = 0 To List1.ListCount - 1
        If List1.Selected(i) Then
            List2.AddItem List1.List(i)
        End If
    Next i
End Sub
```

注意：在窗体设计时，必须在属性窗口将列表框 List1 的 MultiSelect 属性设置为 1 或 2，才能实现列表项的复选。

6.4.4 组合框实例

【**例 6-10**】在窗体上建立两个组合框、两个标签和一个命令按钮，要求程序运行后，自动在"字型列表"中加载系统中的字型，在"字号列表"中加载字号，并根据用户的选择将结果在"字型字号效果示例"标签中显示出来。设计界面如图 6-22 所示，程序运行界面如图 6-23 所示。

图 6-22　窗体设计界面

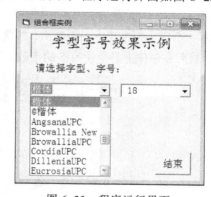

图 6-23　程序运行界面

编写程序代码：

```
Private Sub Form_Load()
Dim I As Long
    For I = 0 To Screen.FontCount - 1        '加载系统字型
        Combo1.AddItem Screen.Fonts(I)
    Next
    For I = 10 To 18                          '加入字号
        Combo2.AddItem Str(I)
    Next
End Sub
Private Sub Combo1_Click()
    Label2.FontName = Combo1.Text
```

```
End Sub
Private Sub Combo2_Click()
    Label2.FontSize = Combo2.Text
End Sub
Private Sub Command1_Click()
    End
End Sub
```

习 题 6

1. 静态数组与动态数组的主要区别是什么？

2. RemoveItem()方法和 Clear()方法最大区别是什么？

3. 编写一个程序，通过 Rnd()函数随机产生 10 个二位整数，在窗体上输出，同时将其最大、最小及平均值也显示在窗体上。程序运行界面如图 6-24 所示。

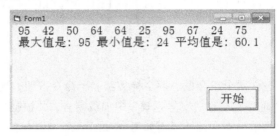

图 6-24 程序运行界面

4. 编写一个程序用来建立一个数组，并通过 Rnd()函数产生 30 个取值范围在 10～200 之间的随机整数，然后在窗体上显示所有 5 的倍数。程序运行界面如图 6-25 所示。

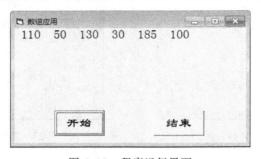

图 6-25 程序运行界面

5. 编写一个用来统计某班级计算机成绩的程序，要求：

（1）使用一个数组存放成绩，班级人数为 30 人。

（2）使用 InputBox()函数，从键盘输入每一位同学的分数。当输入的分数小于 0 或大于 100 时，拒绝接收。

（3）在输入分数的同时，统计出优秀（≥90）、优良（≥80 且<90）、中（≥70 且<80）、及格（≥60 且<70）和不及格（<60）的人数。

（4）在窗体上输出优、良、中、及格和不及格的人数，以及全班的平均成绩。

程序运行界面如图 6-26 所示。

（a）程序运行界面（1）

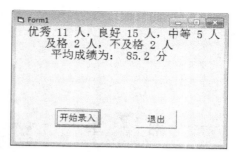

（b）程序运行界面（2）

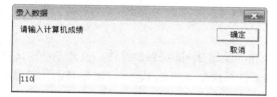

（c）程序运行界面（3）

（d）程序运行界面（4）

图 6-26　程序运行界面

6. 在窗体上设有两个列表框，学生编号 A 列表框中已存入学生编号，编号学生 B 列表框为空。程序运行后，如果单击"正序复制"按钮，则将学生编号 A 中的数据，按原顺序存入学生编号 B 中，学生编号 A 列表框的内容保持不变；学生编号 A 中的数据，按逆顺序存入学生编号 B 中，学生编号 A 列表框的内容保持不变；如果单击"重置"按钮，则将学生编号 B 列表框清空，程序运行界面如图 6-27（a）、图 6-27（b）和图 6-27（c）所示。

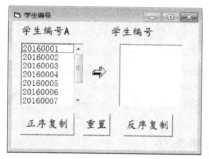

（a）程序运行界面（1）

（b）程序运行界面（2）

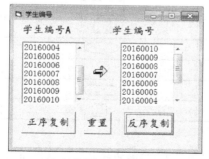

（c）程序运行界面（3）

图 6-27　程序运行界面

第 7 章 图 形 设 计

Visual Basic 提供了丰富的图形功能，利用 Visual Basic 提供的控件，用户可以方便地设计用户界面、获取输入数据或显示输出信息。本章将介绍形状和直线控件、图形颜色、图形方法、滚动条，以及部分 ActiveX 控件等内容。

7.1　形状和直线控件

形状控件（Shape）可以用来创建矩形、正方形、椭圆和圆等多种形状。用户可以通过对形状控件的 Shape、BorderColer 等属性进行设置，直接绘制出多种形状，并控制其颜色、填充样式、边框颜色和边框样式等。在工具箱中，其图标样式为 ▨ 。

直线控件（Line）常可以用来在窗体、框架或图片框中创建多种类型和宽度的线段。在工具箱中，其图标样式为 ＼ 。

7.1.1　形状和直线控件的常用属性

1. Shape 属性

Shape 为形状特有属性，用于确定所画形状的几何特性，有 6 个可选值，默认为矩形。取值及显示效果如表 7-1 所示。

表 7-1　Shape 属性设置

属 性 值	图 例	显 示 效 果
0		矩形
1		正方形
2		椭圆
3		圆
4		圆角矩形
5		圆角正方形

2. X1,Y1,X2,Y2 属性

X1,Y1,X2,Y2 为直线特有属性，用来设置直线的起点坐标和终点坐标，其中（X1, Y1）为起点，（X2, Y2）为终点。

3. BorderColer 属性

BorderColer 为直线和形状共有属性，用于设置直线或形状边界的颜色。可在属性窗口中通过调色板设置。

4. BorderStyle 属性

BorderStyle 为直线和形状共有属性，用于设置直线或形状边界的线型。该属性有 7 个可选值，取值及显示效果如表 7-2 所示。

表 7-2　BorderStyle 属性设置

属 性 值	显 示 效 果
0	透明
1	实线
2	虚线
3	点线
4	点画线
5	双点画线
6	内实线

5. BorderWidth 属性

BorderWidth 为直线和形状共有属性，用于设定直线或形状边界的宽度。此属性以像素为单位，默认值为 1，此值增大时，线条变粗。

6. FillStyle 属性

FillStyle 为形状特有属性，用于设置图形内部的填充图案。该属性有 8 个可选值，取值及显示效果如表 7-3 所示。

表 7-3　FillStyle 属性设置

属 性 值	显 示 效 果
0	实心
1	透明
2	水平线
3	垂直线
4	左上对角线
5	右下对角线
6	交叉线
7	对角交叉线

7. BackColor 属性

BackColor 为形状特有属性，用于设置图形内部的填充颜色。此属性要和 BackStyle 属性配合使用，只有将图形的 BackStyle 属性值设置成 1，图形内部的填充颜色才能显示出来。

8. FillColor 属性

FillColor 为形状特有属性，用于设置图形内部的填充线条的颜色，此时图形的 FillStyle 属性值不能为 1。

7.1.2　形状应用实例

【例 7-1】设计一个程序，在图片框中放入一形状控件，使得程序运行后，可通过选择不同的命令按钮改变图形的形状。

（1）设计程序界面及设置控件属性

根据题目要求设计界面如图 7-1 所示，设置控件属性如表 7-4 所示。

表 7-4　控件属性设置

控件名（Name）	Caption	FillStyle	Shape
Picture1			
Shape1		2	4
Command1	圆角矩形		
Command2	椭　圆		
Command3	正方形		

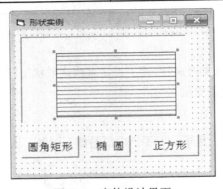

图 7-1　窗体设计界面

（2）程序代码

```
Option Explicit
Private Sub Form_Activate()
    Picture1.Print " 矩形"
End Sub
Private Sub Command1_Click()
    Picture1.Cls
    Shape1.Shape = 4
    Picture1.Print " 圆角矩形"
End Sub
Private Sub Command2_Click()
    Picture1.Cls
    Shape1.Shape = 2
    Picture1.Print " 椭　圆"
End Sub
Private Sub Command3_Click()
    Picture1.Cls
    Shape1.Shape = 1
```

```
    Picture1.Print " 正方形"
End Sub
```

程序运行后，可通过命令按钮选择要显示的图形，结果如图 7-2 所示。

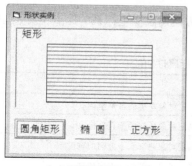
（a）程序运行界面（1）

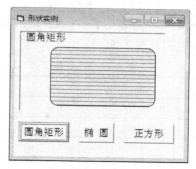
（b）程序运行界面（2）

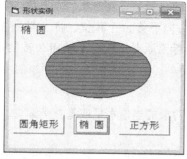
（c）程序运行界面（3）

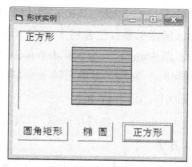
（d）程序运行界面（4）

图 7-2　程序运行界面

7.2　图　形　操　作

7.2.1　坐标系统

Visual Basic 中的容器对象都有一套二维的坐标系统，它像数学中的坐标系一样，具有坐标原点、X 坐标轴和 Y 坐标轴。Visual Basic 坐标系统的默认原点(0,0)总是在容器对象的左上角，水平方向的 X 坐标轴向右为正方向，垂直方向的 Y 坐标轴向下为正方向，默认坐标的刻度单位是缇，如图 7-3 所示。

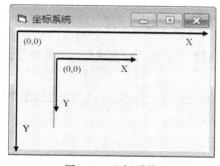

图 7-3　坐标系统

1．Scale 坐标属性

在 Visual Basic 中，坐标轴的方向、起点和坐标系统的刻度都是可以改变的，用户可以按照需要为容器对象建立自己的一套坐标系统。

使用 Visual Basic 提供的 Scale 属性，用户可以方便的改变坐标系的原点位置、坐标轴的方向，以及坐标最大值，见表 7-5。

表 7-5　Scale 坐标属性功能

属　　　　性	功　　　　能
ScaleLeft	确定对象左边的水平坐标
ScaleTop	确定对象顶端的垂直坐标
ScaleWidth	确定对象内部水平方向的宽度
ScaleHeight	确定对象内部垂直方向的高度

容器对象的 ScaleLeft 和 ScaleTop 默认值均为 0，即坐标原点在对象的左上角。当 ScaleLeft=m，ScaleTop=n 时，坐标系原点位置将 Y 轴向 X 轴的负方向平移 m 个单位，将 X 轴向 Y 轴的负方向平移 n 个单位；当 ScaleLeft=-m、ScaleTop=-n 时，坐标系原点位置将 Y 轴向 X 轴的正方向平移 m 个单位，将 X 轴向 Y 轴的正方向平移 n 个单位。

2．CurrentX、CurrentY 属性

CurrentX、CurrentY 属性可用来返回或设置容器对象的当前水平或垂直坐标。

3．Scale 方法

除了 ScaleLeft、ScaleTop、ScaleWidth、ScaleHeight 属性之外，用户还可以通过 Scale 方法改变容器对象的坐标系统。其格式为：

```
对象名.Scale (x1,y1)-(x2,y2)
```

表示将对象左上角的坐标定义为(x1,y1)，右下角坐标定义为(x2,y2)。x1、y1 的值决定 ScaleLeft 和 ScaleTop 属性的值；而(x1,y1)与(x2,y2)两点 x 坐标的差值和 y 坐标的差值，则分别决定了 ScaleWidth 和 ScaleHeight 属性的值。

7.2.2　图形颜色

在 Visual Basic 中，用户可以使用 RGB 函数、QBColor 函数，以及直接使用颜色值等方法设置所需要的图形颜色。

1．RGB()函数

RGB 函数可返回一个颜色值，其格式为：

```
RGB (red,green,blue)
```

其中：red、green、blue 分别表示颜色的红色成分、绿色成分、蓝色成分，取值范围均是从 0 到 255。

例如：RGB(255,0,0)的返回值是红色；RGB(0,255,0)的返回值是绿色；RGB(0, 0,255)的返回值是蓝色。

2．QBColor()函数

使用 QBColor()函数能够选择 16 种颜色，其格式为：

`QBColor(颜色值)`

其颜色值与颜色的对照表见表 7-6。

表 7-6　QBColor 函数颜色值

颜　色　值	颜　　色	颜　色　值	颜　　色
0	黑色	8	灰色
1	蓝色	9	亮蓝色
2	绿色	10	亮绿色
3	青色	11	亮青色
4	红色	12	亮红色
5	品红色	13	亮品红色
6	黄色	14	亮黄色
7	白色	15	亮白色

3．使用颜色值

在 Visual Basic 中，用户可以直接使用十六进制数来指定颜色，其格式为：
`&HBBGGRR`

其中：BB 指定蓝色值，GG 指定绿色值，RR 指定红色值，取值范围 00～FF。例如：

将标签的背景指定为红色可使用语句：Label1.BackColor = &HFF

将标签的背景指定为蓝色可使用语句：Label1.BackColor = &HFF0000

7.2.3　图形方法

1．Line()方法

Line()方法用于画直线或矩形，其格式为：
`[对象名.]Line[[Step] (x1,y1)] - (x2,y2) [,颜色][,B[F]]`
其中：

对象名：可以是窗体或图片框，如果省略对象名，则为当前窗体。

Step：表示采用当前作图位置的相对值，即从当前坐标移动相应的步长后的位置为画线起点。

(x1,y1)为线段的起点坐标或矩形的左上角坐标，如果省略，则画线起点或矩形的左上角坐标为 CurrentX 和 CurrentY，终点为(x2,y2)指定的位置。

颜色：指定所画直线或矩形的颜色。若省略，则取容器对象的 ForeColor 属性值。用户可以使用 RGB 函数或 QBColor 函数设置颜色。

B：表示画矩形。

F：表示用矩形边框的颜色来填充矩形。省略时则矩形的填充由 FillColor 和 Fillstyle 属性决定，FillStyle 的默认值为 1– Transparent（透明）。

2．Circle()方法

Circle()方法用于在对象上画圆形、椭圆形、圆弧和扇形，其格式为：
`[对象名.]Circle[[Step] (x,y) r [,[颜色][,[起始角][,[终止角][,长短轴比例]]]`
其中：

对象名：可以是窗体或图片框，如果省略对象名，则为当前窗体。

Step：表示采用当前作图位置的相对值。

(x,y)：表示圆心坐标。

r：表示圆、椭圆、弧的半径。

颜色：指定所画直线或矩形的颜色。若省略，则取容器对象的 ForeColor 属性值。用户可以使用 RGB 函数或 QBColor 函数设置颜色。

起始角：表示弧的起点位置（弧度单位）。取值范围为$-2\pi\sim2\pi$，默认值为 0，表示水平轴的正方向。如果取值为负数，则在画弧的同时还要画出圆心到弧的起点的连线。

终止角：表示弧的终点位置（弧度单位）。取值范围为$-2\pi\sim2\pi$，默认值为2π，表示从水平轴的正方向逆时针旋转 360°。

长短轴比例：表示圆横轴和纵轴的尺寸比。默认值为 1，表示画圆。

除圆心坐标和半径外，其他参数均可省略，但如果省略的是中间参数，则逗号必须保留。

3．PSet()方法

PSet()方法用于在对象指定的位置上画点。其格式为：

```
[对象名.]PSet [Step] (x,y) [,颜色]
```

其中：

对象名：可以是窗体、图片框或打印机，如果省略对象名，表示对象为当前窗体。

(x , y)：为所画点的坐标。

Step：为可选项，通常，(x , y)是相对于原点(0 , 0)的偏移量，带此参数时，表示采用当前作图位置的偏移量，当前作图位置存放于 CurrentX 和 CurrentY 属性中。

颜色：为所画点的颜色值。如果省略"颜色"参数，PSet 方法会使用对象的 ForeColor 属性值指定的颜色。用户可以使用 RGB()函数或 QBColor()函数设置颜色。

7.2.4　图形方法应用实例

【例 7-2】在窗体中添加一个图片框和一个时钟，要求程序运行后，每间隔 0.5s，从图片框的左下角向右上方画蓝色椭圆，接近图片框的右边界时，自动停止画椭圆。设计界面如图 7-4 所示，运行结果如图 7-5 所示。

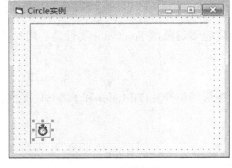

图 7-4　程序设计界面

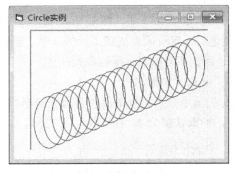

图 7-5　程序运行界面

（1）设计程序界面及设置控件属性

根据题目要求设计界面如图 7-4 所示，设置控件属性如表 7-7 所示。

表 7-7　控件属性设置

控件名（Name）	Enabled	Interval
Picture1		
Timer1	True	500

（2）程序代码

```
Private Sub Form_Load()
    Picture1.Scale (0, 0)-(10, 10)     '设置坐标系
    Picture1.CurrentX = 0.5
    Picture1.CurrentY = 8
End Sub
Private Sub Timer1_Timer()
    Picture1.Circle Step(0.5, -0.3), 1.5, vbBlue, , , 1.8
    If Picture1.CurrentX > 9 Then Timer1.Enabled = False
End Sub
```

【例 7-3】在窗体中添加一个由四个命令按钮组成的控件数组 Command1 和一个图片框 Picture1，程序运行后，单击按钮依次完成"画直线""画矩形""画椭圆"和"结束"任务。运行结果如图 7-6 所示。

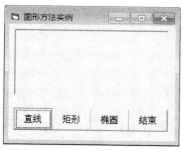

（a）程序运行界面（1）

（b）程序运行界面（2）

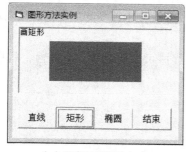

（c）程序运行界面（3）

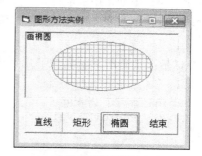

（d）程序运行界面（4）

图 7-6　程序运行界面

编写程序代码：

```
Private Sub Command1_Click(Index As Integer)
    Picture1.Cls
    Picture1.FillStyle = 6
    Select Case Index
    Case 0
        Picture1.Print "画直线"
```

```
        Picture1.Line (2, 2)-(7, 7)
    Case 1
        Picture1.Print "画矩形"
        Picture1.Line (2, 2)-(8, 8), RGB(255, 0, 0), BF
    Case 2
        Picture1.Print "画椭圆"
        Picture1.Circle (5, 5), 3.3, RGB(255, 0, 255), , , 0.5
    Case Else
        End
    End Select
End Sub
Private Sub Form_Load()
    Picture1.Scale (0, 0)-(10, 10)    '设置坐标系
End Sub
```

7.3 滚 动 条

滚动条控件（ScrollBar）可用来提供某一范围内的数值供用户选择。通过滚动条用户可以在应用程序或控件中浏览较长的项目，也可以作为数据输入的工具。

在 Visual Basic 中，滚动条分为水平滚动条（HScrollBar）和垂直滚动条（VScrollBar）两种。在工具箱中，其图标样式为 ◁▷ 。

7.3.1 滚动条的常用属性

滚动条除了包括 Enabled、Visable、Name、Top、Left，Height、Width 等标准属性外，还具有如下属性。

1. Value 属性

用于记录滚动块在滚动条中当前位置的数值。用鼠标在滚动条内单击或单击滚动条两端的箭头及拖动滚动块时，都能改变此属性的值。如果用户在程序中改变此属性值，滚动块也同时做相应的移动。

Value 属性也是滚动条的默认属性。用下面的程序可以验证 Value 属性，程序运行界面如图 7-7 所示。

```
Private Sub HScroll1_Change()
    Text1.Text = HScroll1.Value
End Sub
```

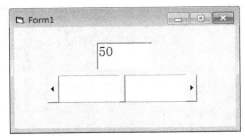

图 7-7　程序运行界面

2．Max 和 Min 属性

用于设置滚动条 Value 值的最大值和最小值。其取值范围都是：–32 768～32 767。当水平滚动条位于最左边时，Value 取最小值 Min；当水平滚动条位于最右边时，Value 取最大值 Max。

3．LargeChange 属性

当单击滚动条的空白处时，滚动块每次增加（或减少）Value 属性值的增量。

4．SmallChange 属性

当单击滚动条两端的箭头时，滚动块每次增加（或减少）Value 属性值的增量。

7.3.2　滚动条的常用事件和方法

滚动条响应的事件主要是 Change 事件和 Scroll 事件。

Change 事件：当用户单击滚动条空白处或两端箭头，以及释放滚动块时触发此事件。通常用于获取滚动条内滚动块变化后的最终位置所对应的 Value 值。

Scroll 事件：当用户在滚动条内拖动滚动块时触发此事件。用于跟踪滚动条中滚动块的动态变化。

7.3.3　滚动条应用实例

【例 7-4】创建一个应用程序，当滚动块在[0,100]区间发生变化时，在窗体上显示对应的数值，要求：当单击滚动条两端的箭头时，滚动块每次增加或减少 1，当单击滚动条的空白处时，滚动块每次增加或减少 5。程序运行界面如图 7-8 所示。

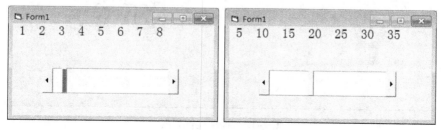

图 7-8　程序运行界面

编写程序代码：

```
Private Sub Form_Load()
    HScroll1.Max = 100
    HScroll1.Min = 0
    HScroll1.LargeChange = 5
    HScroll1.SmallChange = 1
End Sub
Private Sub HScroll1_Change()
    Print HScroll1;
End Sub
```

【例 7-5】创建一个应用程序，标签上文本的字号在[18,48]区间发生变化，要求：当单击滚动条两端的箭头时，标签上文本的字号每次增加或减少 1，当单击滚动条的空白处时，标签上文本的字号每次增加或减少 4。程序设计界面如图 7-9 所示，程序运行界面如图 7-10 所示。

编写程序代码：

```
Private Sub Form_Load()
    HScroll1.Max = 48
    HScroll1.Min = 18
    HScroll1.LargeChange = 4
    HScroll1.SmallChange = 1
End Sub
Private Sub HScroll1_Change()
    Label1.FontSize = HScroll1.Value
End Sub
```

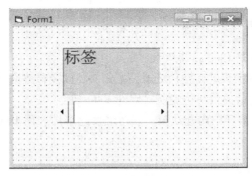

图 7-9　程序设计界面

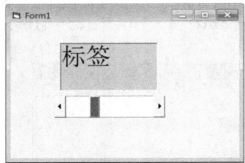 

图 7-10　程序运行界面

【例 7-6】创建一个应用程序，用户通过操作滚动条来进行红、绿、蓝 3 色配比，3 种颜色对应的色值和配色效果分别显示在相应的文本框中。

（1）设计程序界面及设置控件属性

根据题目要求设计界面如图 7-11 所示，控件属性设置如表 7-8 所示。程序运行后，随意操作滚动条，各文本框中显示的结果也随之发生变化，运行效果如图 7-12 所示。

表 7-8　控件属性设置

Name	Caption	Max	Min	LargeChange	SmallChange	Locked
Label1	红色比例					
Label2	绿色比例					
Label3	蓝色比例					
Label4	红色值					

续表

Name	Caption	Max	Min	LargeChange	SmallChange	Locked
Label5	绿色值					
Label6	蓝色值					
HScroll1		255	0	10	5	
HScroll2		255	0	10	5	
HScroll3		255	0	10	5	
Text1						True
Text2						True
Text3						True
Text4						True

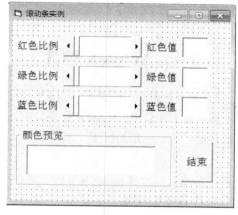

图 7-11　程序设计界面

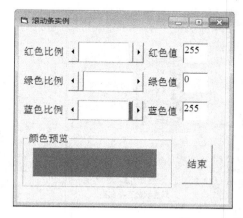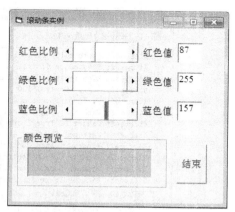

图 7-12　程序运行界面

（2）程序代码

```
Private Sub Form_Load()
    Text1 = 0
    Text2 = 0
    Text3 = 0
```

```
    Text4.BackColor = RGB(HScroll1, HScroll2, HScroll3)
End Sub
Private Sub HScroll1_Change()
    Text4.BackColor = RGB(HScroll1, HScroll2, HScroll3)
    Text1 = HScroll1
End Sub
Private Sub HScroll2_Change()
    Text4.BackColor = RGB(HScroll1, HScroll2, HScroll3)
    Text2 = HScroll2
End Sub
Private Sub HScroll3_Change()
    Text4.BackColor = RGB(HScroll1, HScroll2, HScroll3)
    Text3 = HScroll3
End Sub
Private Sub Command1_Click()
    End
End Sub
```

7.4　ActiveX 控件

控件大致可分为两类：一类是标准控件，另一类是 ActiveX 控件。标准控件，也称内部控件，启动 Visual Basic 后，标准控件都显示工具箱中；ActiveX 控件是 Visual Basic 和第三方开发商提供的控件，是 Visual Basic 标准控件的扩充，一般情况下，工具箱中没有 ActiveX 控件，用户需要将 ActiveX 控件添加到工具箱中，才能和标准控件一样使用。具体方法是：

① 选择"工程"→"部件"命令，打开图 7-13 所示的"部件"对话框。
② 在列表中选中要添加控件的名称复选框。
③ 单击"确定"按钮。

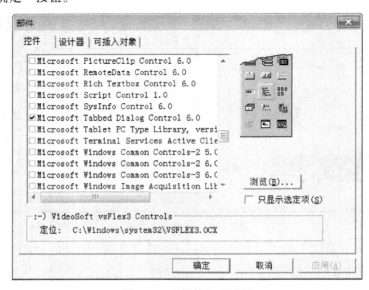

图 7-13　"部件"对话框

7.4.1　Slider 控件

Slider 控件（滑动器）包含一个滑块和可选择刻度标记，位于"Microsoft Windows Common Controls 6.0"部件中。和滚动条控件类似，可以通过拖动滑块和单击滑块两侧等操作，改变滑块位置，其图标样式为 。

1．Slider 控件的常用属性

Slider 控件除了具有 Name、Enabled、Visible、Top、Left、Height、Width 等一些常用属性和与滚动条相似的 Value、Max、Min、SmallChange、LargeChange 等属性外，还具有以下重要属性：

（1）Orientation 属性

用于设置 Slider 控件在窗体界面上的放置方向。共有两个属性值：0–ccOrientationHorizontal 表示水平方向，1–ccOrientationVertical 表示垂直方向。

（2）TickStyle 属性

用于确定 Slider 控件上显示刻度标记的样式和位置，可供选择的值有四个。

（3）TickFrequency 属性

用于设置滑块的滑动频率，即 Slider 控件上刻度标记的增量。

（4）TextPosition 属性

用于设置用鼠标操作时，对当前刻度值的提示位置。共有两个属性值：0–sldAboveLeft 表示文本显示在控件的上边（水平方向）或左边（垂直方向），1–sldBlowRight 表示文本显示在控件的下边（水平方向）或右边（垂直方向）。

2．Slider 控件的常用事件

Slider 控件的常用事件包括 Click、Change 和 Scroll。

拖动滑块时会触发 Scroll 事件，改变 Value 属性会触发 Change 事件其中。

【例 7-7】创建一个应用程序，通过拖动滑块改变图像框中小汽车的行驶速度。

（1）设计程序界面及设置控件属性

根据题目要求设计界面如图 7-14 所示，控件属性设置如表 7-9 所示。程序运行后，效果如图 7-15 所示。

表 7-9　控件属性设置

Name	Caption	Max	Min	LargeChange
Label1	低速			
Label2	高速			
Slider1		10	1	2
Image1				
Timer1			""	

（2）程序代码

```
Private Sub Slider1_Change()
    Timer1.Interval = 200 - Slider1.Value * 10
End Sub
Private Sub Timer1_Timer()
```

```
    If Image1.Left < Form1.Width Then
        Image1.Left = Image1.Left + 200
    Else
        Image1.Left = 0
    End If
End Sub
```

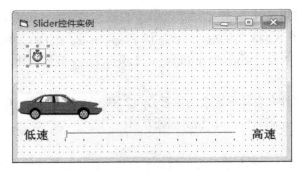

图 7-14　程序设计界面

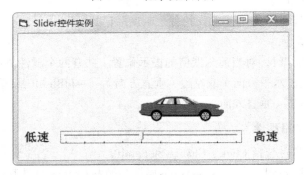

图 7-15　程序运行界面

7.4.2　SSTab 控件

SSTab 控件（选项卡）是一个容器控件，位于"Microsoft Tabbed Dialog Controls 6.0"部件中。使用 SSTab 控件，可以设计含有多个选项卡的界面，每个选项卡都可以像框架那样作为其他控件的容器，但同一时刻只有一个选项卡可以被激活，其余选项卡则被隐藏。选项卡的图标样式为 。

SSTab 控件的常用属性包括：

（1）Tabs 属性

用于设置选项卡的个数。

（2）Style 属性

用于设置选项卡的样式，可供选择的值有两个。

（3）TabsPerRow 属性

用于设置每一行上选项卡的个数。

（4）Tab 属性

用于设置当前选项卡号。

【例 7-8】创建一个应用程序，通过选项卡选择字体、前景色和背景色。单选按钮数组选择标签上显示文本的字型和字号；通过操作滚动条数组来进行红、绿、蓝 3 色配比，设置标签的前景色和背景色，标签的初始前景色和背景色色分别为&H0（黑色）和&HFFFFFF（白色）。

（1）设计程序界面及设置控件属性

根据题目要求设计界面如图 7-16 所示，控件属性设置如表 7-10 所示。程序运行后，效果如图 7-17（a）至图 7-17（c）所示。

表 7-10　控件属性设置

Name	Caption	Max	Min	LargeChange	SmallChange
Label1	请选择字体、前景色、背景色				
SSTab1	字体 前景色 背景色				
Option1(0)	隶书				
Option1(1)	方正舒体				
Option1(2)	华文彩云				
Option2(0)					
Option2(1)					
Option2(2)					
Frame1	选择字型				
Frame2	选择字号				
Frame3	选择前景色				
Frame4	选择背景色				
Scroll1		255	0	10	5
Scroll2		255	0	10	5

（2）程序代码

```
Private Sub Form_Load()
    Label4.ForeColor = &H0
    Label4.BackColor = &HFFFFFF
    Option1(0).Value = True
    Option2(0).Value = True
End Sub
Private Sub Option1_Click(Index As Integer)
    Select Case Index
        Case 0
            Label4.FontName = "隶书"
        Case 1
            Label4.FontName = "方正舒体"
        Case 2
            Label4.FontName = "华文彩云"
    End Select
End Sub
Private Sub Option2_Click(Index As Integer)
    Select Case Index
        Case 0
            Label4.FontSize = 12
        Case 1
```

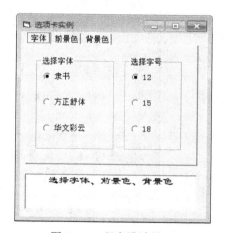

图 7-16　程序设计界面

```
            Label4.FontSize = 15
        Case 2
            Label4.FontSize = 18
    End Select
End Sub
Private Sub HScroll1_Change(Index As Integer)
    Label4.ForeColor = RGB(HScroll1(0), HScroll1(1), HScroll1(2))
End Sub
Private Sub HScroll2_Change(Index As Integer)
    Label4.BackColor = RGB(HScroll2(0), HScroll2(1), HScroll2(2))
End Sub
```

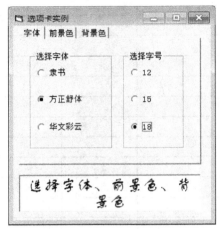

（a）程序运行界面（1）

（b）程序运行界面（2）

（c）程序运行界面（3）

图 7-17　程序运行界面

习　题　7

1. 创建一个应用程序，标签上文本的字号在[18,48]区间发生变化，要求：当单击滚动条两端的箭头时，标签上文本的字号每次增加或减少 1，当单击滚动条的空白处时，标签上文本的字号每次增加或减少 4,标签上文本的字号变化的同时标签的尺寸也随之变化。程序设计界面如图 7-18 所示，程序运行界面如图 7-19 所示。

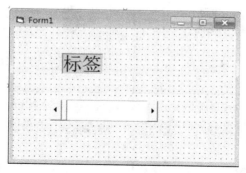

图 7-18　程序设计界面

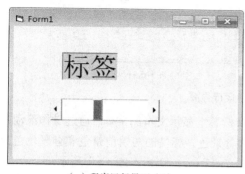

（a）程序运行界面（1）

（b）程序运行界面（2）

图 7-19　程序运行界面

2. 在窗体上建立了一个水平滚动条 HS1，Max 属性设置为 365，Min 属性设置为 0。要求程序运行后，在文本框中输入 0～365 的数，滚动块随之跳到相应的位置；当单击滚动条两端的箭头、滚动条空白处或拖动滚动块时，文本框中的数值亦将随之变化；如果单击滚动条之外的窗体部分，则滚动块跳到最右端，运行界面如图 7-20 所示。

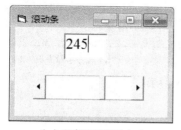

（a）程序运行界面（1）

（b）程序运行界面（2）

图 7-20　程序运行界面

3. 模拟交通路口信号灯。窗体上设有 3 个图像框、1 个垂直滚动条、2 个命令按钮、1 个时钟。程序运行后的初态如图 7-21（a）所示；单击"开始"按钮后，分别显示绿灯、黄灯和红灯 [如图 7-21（b）、图 7-21（c）和图 7-21（d）]；此后，三个灯循环显示，每次间隔时间取决于垂直滚动条上滚动块的位置，最快 1s，最慢 5s；单击"停止"按钮，则恢复运行初态。

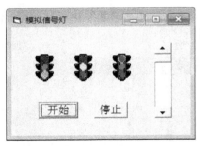
（a）程序运行界面（1）

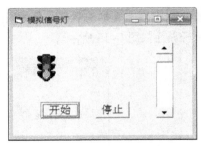
（b）程序运行界面（2）

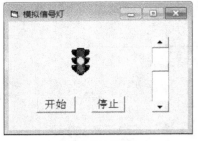
（c）程序运行界面（3）

（d）程序运行界面（4）

图 7-21　程序运行界面

4．创建一个应用程序，通过单选按钮数组选择标签上显示文本的字体，通过操作滚动条数组来进行红、绿、蓝 3 色配比，设置标签的前景色和背景色，标签的初始前景色和背景色色分别为 &H0（黑色）和 &HFFFFFF（白色）。运行界面如图 7-22（a）和图 7-22（b）所示。

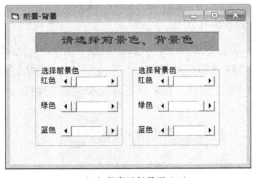
（a）程序运行界面（1）

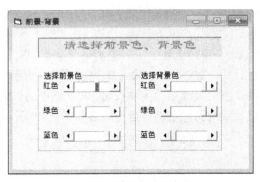
（b）程序运行界面（2）

图 7-22　程序运行界面

第 **8** 章

用户界面设计

用户与应用程序进行交互的主要工具包括键盘、鼠标、菜单和对话框。在 Visual Basic 开发的应用程序中，经常会涉及这些交互工具的应用。Windows 环境下运行的应用程序，首要任务之一就是对键盘和鼠标的操作进行处理，键盘事件和鼠标事件是 Windows 编程中最重要的两种外部事件，Visual Basic 开发的应用程序能够响应多种键盘事件和鼠标事件。

Windows 环境下的应用程序还包括一些基本要素，如对话框、菜单等。对话框常用来向用户显示一些提示信息，或需要用户提供输入数据等，是用户和应用程序交互的主要途径。菜单具有良好的人机对话界面，可以使用户方便地选择应用系统的各种功能，因此，大多数应用程序都含有菜单，并通过菜单为用户提供命令。使用 Visual Basic 开发的应用程序，也需要设计对话框和菜单。

本章将系统地讲解 Visual Basic 中键盘和鼠标事件的使用方法，以及鼠标拖放功能的实现，并介绍创建对话框的方法以及 Visual Basic 的菜单程序设计技术。

8.1 键　　盘

在 Windows 环境下，用户多数情况可以通过鼠标完成相关操作，但有时也需要使用键盘与应用程序进行交互，特别是对于接收文本输入的控件，如文本框。利用键盘事件，应用程序可以编程响应多种键盘操作。例如，可以采用键盘事件编程以限定文本框中输入的内容，可以通过键盘事件编程来处理键盘输入的 ASCII 字符，还可以响应键盘的【Shift】、【Ctrl】和【Alt】键的各种组合。

应用程序运行时，用户使用键盘与应用程序进行交互操作，就会产生键盘事件。由当前获得焦点的对象，来响应键盘事件。在 Visual Basic 中，键盘事件主要包括 KeyPress、KeyDown、KeyUp 三种，窗体和接受键盘输入的控件都能识别这三种事件。

① KeyPress 事件：用户按下一个会产生 ASCII 码的按键时，触发该事件。

② KeyDown 事件：用户按下键盘的任意键时，触发该事件。

③ KeyUp 事件：用户释放键盘的任意键时，触发该事件。

键盘事件可用于窗体、文本框、命令按钮、复选框、组合框、列表框、图片框及与文件处理相关的控件。当前获得焦点的对象能够接收键盘事件，通常输入焦点位于某一控件上，控件接收键盘输入的信息。对于键盘事件，只有当窗体为活动窗体且其上所有控件均未获得焦点时，窗体才获得焦点。如果需要在每个控件识别键盘事件之前，先触发窗体接收键盘事件，则需要将窗体的 KeyPreview 属性设置为 True。

8.1.1 KeyPress 事件

用户按下与 ASCII 字符对应的键时,将触发 KeyPress 事件。KeyPress 事件能够识别数字、字母和符号等所有可见字符,以及能产生 ASCII 码的【Enter】、【Backspace】、【Tab】和【Esc】这 4 个控制键(其 ASCII 码分别为 13、8、9 和 27),但是对于其他的控制键、编辑键、定位键和【F1】~【F12】功能键,由于那些按键不能产生 ASCII 码,KeyPress 事件不能识别它们。

KeyPress 事件过程的语法格式如下:

```
Sub 对象名_KeyPress(KeyAscii As Integer)
```

参数说明:

KeyAscii 参数返回对应 ASCII 字符代码的整型数值。例如,输入"a",KeyAscii 参数值为 97;输入"A",KeyAscii 参数值为 65。

【例 8-1】建立一个窗体,窗体上建立一个标签(Label1)和一个文本框(Text1),通过编程实现在文本框中限定只能输入数字字符(ASCII 码为 48~57),不允许输入其他字符。

(1)设计程序界面及设置控件属性

根据题目要求设置控件属性如表 8-1 所示。

表 8-1 控件属性设置表

控件名(Name)	标题(Caption)	Text
Label1	输入数字	
Text1		""

(2)程序代码

```
Private Sub Text1_KeyPress (KeyAscii As Integer)
If KeyAscii < Asc("0") Or KeyAscii > Asc("9") Then  KeyAscii = 0
End Sub
```

说明:

这里 Asc("0")的值为 48,Asc("9")的值为 57。

以上程序是用 If 结构实现,此外还可用 Select Case 结构来实现。代码如下:

```
Private Sub Text1_KeyPress (KeyAscii As Integer)
    Select Case KeyAscii
      Case 48 to 57
      Case Else
         KeyAscii=0
    End Select
End Sub
```

运行界面如图 8-1 所示。

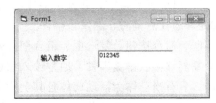

图 8-1 运行界面

8.1.2 KeyDown 事件和 KeyUp 事件

当焦点置于某对象上，如果用户按下键盘中的任意一个键时，便会触发相应对象的 KeyDown 事件，释放按键时便会触发 KeyUp 事件。与 KeyPress 事件不同，KeyDown 和 KeyUp 事件能够检测功能键、编辑键和定位键，其返回的是被按下或释放的键盘扫描码和组合键的状态。

KeyUp 和 KeyDown 事件过程的语法格式如下：

```
Sub 对象名_KeyDown(KeyCode As Integer, Shift As Integer)
Sub 对象名_KeyUp(KeyCode As Integer, Shift As Integer)
```

参数说明：

① KeyCode 参数值是用户所操作的按键的扫描代码，它向事件过程传递物理键代码，与 ASCII 码不同，没有大小写的区别，大写字母和小写字母的 KeyCode 值相同（采用该字母大写字符的 ASCII 码），对于 "A" 和 "a"，它们的 KeyCode 值相同，都是数值 65。但需要注意的是，主键盘的数字键与数字键盘上相同的数字键的 KeyCode 值不同，如主键盘的 "1" 和数字小键盘的 "1" 的 KeyCode 值分别为 49 和 97，被作为不同的键返回。

② Shift 参数表示在该事件触发时响应【Shift】、【Ctrl】和【Alt】键的状态，它是一个整数，取值为 0～7。Shift 参数是一个位域参数，它用三个最低位分别表示三个按键，第 0 位对应【Shift】键，第 1 位对应【Ctrl】键，第 2 位对应【Alt】键，每一位的默认值为 0，如果其中某个按键被按下，则相应的位被置为 1，如图 8-2 所示。

| 0 | 0 | ... | Alt | Ctrl | Shift |

图 8-2 Shift 参数的位域

如果按下【Shift】键，则 Shift 值为 1；如果按下【Ctrl】键，则 Shift 值为 2；如果按下【Shift】键和【Ctrl】键，则 Shift 值为 3；如果按下【Alt】键，则 Shift 值为 4，依此类推。参数 Shift 值与组合键之间的对应关系如表 8-2 所示。

表 8-2 参数 Shift 值与组合键对照表

二 进 制 值	十 进 制 值	符 号 常 数	描 述
000	0		未按下任何键
001	1	VbShiftMask	【Shift】键被按下
010	2	VbCtrlMask	【Ctrl】键被按下
011	3	vbShiftMask+ vbCtrlMask	同时按下【Shift】和【Ctrl】键
100	4	VbAltMask	【Alt】键被按下
101	5	VbShiftMask+ vbAltMask	同时按下【Shift】和【Alt】键
110	6	VbCtrlMask+ vbAltMask	同时按下【Ctrl】和【Alt】键
111	7	vbShiftMask+ vbCtrlMask+ vbAltMask	同时按下【Shift】、【Ctrl】和【Alt】键

例如，可以用 Shift 参数判断是否按下了大写字母。

```
Private Sub Text1_KeyDown(KeyCode As Integer, Shift As Integer)
  If KeyCode = vbKeyY And Shift = 1 Then
    MsgBox "你按了大写字母 Y 键。"
  End If
  If KeyCode = vbKeyN And Shift = 1 Then
```

```
        MsgBox "你按了大写字母 N 键。"
    End If
End Sub
```

【例 8-2】建立一个窗体，在窗体上新建一个图片框（Picture1），通过编程实现按下键盘 4 个方向的箭头键，图片框将按照箭头的方向移动。

（1）设计程序界面及设置控件属性

根据题目要求设置控件属性如表 8-3 所示。

表 8-3　控件属性设置表

控件名（Name）	AutoSize
Picture1	True

（2）程序代码

```
Private Sub Form_Load()
    Picture1.Picture = LoadPicture(App.Path + "\a.gif")
End Sub
Private Sub Picture1_KeyDown(KeyCode As Integer, Shift As Integer)
    Select Case KeyCode
        Case 37
            Picture1.Left = Picture1.Left - 100
        Case 38
            Picture1.Top = Picture1.Top - 100
        Case 39
            Picture1.Left = Picture1.Left + 100
        Case 40
            Picture1.Top = Picture1.Top + 100
    End Select
End Sub
```

说明：

这里 4 个方向键（【←】、【↑】、【→】、【↓】）的扫描码分别为 37、38、39、40。

程序运行界面如图 8-3 所示。

图 8-3　运行界面

8.2　鼠　标

在 Windows 环境下，鼠标是用户和应用程序交互操作的重要元素。Visual Basic 应用程序能够响应多种鼠标事件，除了鼠标事件，用户还可以通过设置鼠标属性确定鼠标的外形特征，通过鼠标的拖放操作来实现窗体上控件的拖动。本节将分别介绍鼠标的属性、鼠标事件和鼠标的拖放操作。

8.2.1　鼠标属性

在使用 Windows 应用程序时，用户将鼠标光标指向应用程序窗口的不同位置，鼠标光标会呈现不同的形状，包括指向形、箭头形、十字形、沙漏形等等。在 Visual Basic 开发的应用程序中，用户可以通过设置鼠标的属性来改变鼠标光标的形状。鼠标的两个属性 MousePointer 和 MouseIcon 能够决定鼠标的外形特征。

1. MousePointer 属性

鼠标光标的形状可以通过 MousePointer 属性来设置。该属性可以在设计模式下属性窗口中设置，也可以在程序代码中设置。

MousePointer 属性的语法格式如下：

```
对象名.MousePointer = value
```

参数说明：

Value：MousePointer 属性返回或设置的一个值，该值指定了程序运行中鼠标移动到对象的某个部分时，显示的鼠标光标的形状。

MousePointer 属性是一个整型数，取值范围为 0～15 及 99。整型数代表的鼠标形状如表 8-4 所示。

表 8-4　MousePointer 属性值与对应鼠标光标形状表

常　　量	值	鼠标形状说明
vbDefault	0	（默认值）形状由对象决定
VbArrow	1	箭头
VbCrosshair	2	十字形（crosshair 指针）
VbIbeam	3	I 型
VbIconPointer	4	图标（矩形内的小矩形）
VbSizePointer	5	尺寸线（指向东、南、西和北四个方向的箭头）
VbUpArrow	10	向上的箭头
VbHourglass	11	沙漏（表示等待状态）
VbNoDrop	12	不允许放下（没有入口的一个圆形标记）
VbArrowHourglass	13	箭头和沙漏
VbArrowQuestion	14	箭头和问号
VbSizeAll	15	四向尺寸线（指向上、下、左和右 4 个方向的箭头）
VbCustom	99	通过 MouseIcon 属性所指定的自定义图标

在设计模式下，窗体或某个对象的 MousePointer 属性被设置为某个值；在运行模式下，当鼠标光标指向该对象时，鼠标的形状就按照设置的效果显示出来，当鼠标移开对象时，鼠标又恢复默认形状。也就是说，在不同的对象上，鼠标可以显示不同的形状和效果。

例如，可以设置当鼠标位于窗体内时，变为向上的箭头；当鼠标位于文本框时，变为十字形。

```
Private Sub Form_Load()
    Form1.MousePointer = 10              '向上的箭头
    Text1.MousePointer = vbCrosshair     '十字形
End Sub
```

2. MouseIcon 属性

鼠标的 MouseIcon 属性为用户提供了自定义鼠标图标的功能。用户在设计程序时，也可以根据自己的需要设计鼠标光标的形状，这时必须自定义鼠标光标的形状，由 MousePointer 和 MouseIcon 两个属性共同决定。只有当 MousePointer 属性为 99（Custom）时，MouseIcon 属性设置的鼠标光标形状才能显示出来；否则，将显示鼠标光标默认的形状，或是由 MousePointer 属性设置的鼠标光标形状。

MouseIcon 属性的语法格式如下：

```
对象名.MouseIcon = LoadPicture(Pathname)
对象名.MouseIcon = Picture
```

参数说明：

① Pathname：字符串表达式，指定包含自定义图标文件的路径和文件名。

② Picture：指 Form 对象、PictureBox 控件，或 Image 控件的 Picture 属性。

用户设置自定义鼠标光标形状，有两种方法：

① 在属性窗口设置自定义鼠标光标形状。首先选定对象，在它的属性窗口设置 MousePointer 属性为 "99-Custom"，然后设置 MouseIcon 属性，把一个图标文件（扩展名为.ico 或.cur 的文件）赋给该属性即可。

② 通过编写程序代码方式设置自定义鼠标光标形状。编写代码先将对象的 MousePointer 属性设置为 "99-Custom"，然后利用 LoadPicture()函数将一个图标文件赋给 MouseIcon 属性。

例如：

```
    Private Sub Form_Load()
    Picture1.MousePointer = 99
    Picture1.MouseIcon = LoadPicture("F:\bag.ico")
End Sub
```

8.2.2 鼠标事件

在应用程序中，大多数控件能够识别鼠标事件。例如，窗体及大多数控件能够判定鼠标是否按下左、中、右键，能够区分鼠标按键的各种状态，并可以检测鼠标指针的位置，支持鼠标拖放对象的操作，等等。控件通过响应鼠标事件，可对鼠标位置及状态的变化做出相应的操作。主要的鼠标事件包括：

① Click 事件：单击鼠标键时，触发该事件。

② DblClick 事件：双击鼠标键时，触发该事件。

③ MouseMove 事件：移动鼠标指针时，触发该事件。

④ MouseDown 事件：按下任意鼠标键时，触发该事件。

⑤ MouseUp 事件：释放任意鼠标键时，触发该事件。

在前面的章节编程中，已经详细讲解了鼠标的 Click 事件和 DblClick 事件。本小节主要讲解其他三种鼠标事件。

1. MouseMove 事件

当用户在屏幕上移动鼠标时，就会触发 MouseMove 事件。

MouseMove 事件过程的语法格式如下：

```
Sub 对象名_MouseMove(Button As Integer, Shift As Integer, X As Single, Y As Single)
```

参数说明：

① Button 参数是表示按下或松开鼠标的某个按键，它是一个整数，取值为 0～7。Button 参数是一个位域参数，用三个最低位分别表示鼠标的左键、右键和中间键，每一位的默认值为 0，如果鼠标某个按键被按下，则相应的位被置为 1，如图 8-4 所示。

0	0	...	Middle	Right	Left

图 8-4　Button 参数的位域

如果按下鼠标左键，则 Button 值为 1；如果按下鼠标右键，则 Button 值为 2；如果同时按下鼠标左键和右键，则 Button 值为 3；如果按下鼠标中间键，则 Button 值为 4，依此类推。参数 Button 取值与对应鼠标按键描述如表 8-5 所示。

表 8-5　参数 Button 值与对应按键描述表

二 进 制 值	十 进 制 值	符号常数（Button）	描　　述
000	0		未按下任何键
001	1	vbLeftButton	鼠标左键被按下
010	2	vbRightButton	鼠标右键被按下
011	3	vbLeftButton + vbRightButton	同时按下鼠标左键和右键
100	4	vbMiddleButton	鼠标中间键被按下
101	5	vbLeftButton + vbMiddleButton	同时按下鼠标左键和中间键
110	6	vbRightButton+ vbMiddleButton	同时按下鼠标右键和中间键
111	7	vbLeftButton + vbRightButton+ vbMiddleButton	同时按下鼠标左键、右键和中间键

② Shift 参数表示在按键被按下或松开的情况下键盘的【Shift】、【Ctrl】和【Alt】键的状态，它的取值为 0～7 的整数，与前面 KeyDown、KeyUp 事件中的 Shift 参数完全相同，参见表 8-2 所示。

③ 参数 X、Y 是鼠标指针的位置。X 和 Y 的值是使用对象的坐标系统，表示鼠标指针当前在对象上的位置坐标。

【例 8-3】建立一个窗体，在窗体上画图，按下鼠标左键并移动鼠标画蓝色线，按下鼠标右键并移动鼠标，画直径为 100 的红色空心圆，按下鼠标中间键，清空窗体内容。

（1）设计程序界面及设置控件属性

根据题目要求，本例只需建立一个空白窗体即可，不需添加控件。

（2）程序代码

```
Private Sub Form_MouseMove(Button As Integer, Shift As Integer, X As Single,
Y As Single)
    Select Case Button
        Case 1
            Line -(X, Y), RGB(0, 0, 255)          '画蓝色线
        Case 2
            FillStyle = 1                          '设置填充方式为不填充
            Circle (X, Y), 100, RGB(255, 0, 0)     '画红色空心圆
        Case 4
            Cls
    End Select
End Sub
```

说明：

当按下鼠标右键并移动鼠标在窗体上画空心圆时，若缓慢移动鼠标，则画的圆会比较密集，而快速移动鼠标，则画的圆会比较稀疏。其原因是 Visual Basic 依赖操作系统捕获鼠标事件，MouseMove 事件过程的调用并不是连续的。Line -(X, Y)的功能是从起点到当前位置画一条直线，

默认起点为窗体的左上角。在 Form_MouseMove 事件过程中使用 Line 方法可以绘制相互连接的曲线。

程序运行界面如图 8-5 所示。

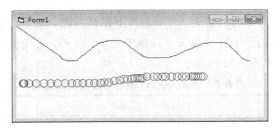

图 8-5　运行界面

2. MouseDown 事件和 MouseUp 事件

当用户按下鼠标按键，会触发 MouseDown 事件；当用户释放鼠标按键，触发 MouseUp 事件。MouseDown、MouseUp 两个事件过程的语法格式如下：

```
Sub 对象名_MouseDown(Button As Integer, Shift As Integer, X As Single, Y As Single)
    Sub 对象名_MouseUp(Button As Integer, Shift As Integer, X As Single, Y As Single)
```

MouseDown 事件过程与 MouseUp 事件过程的参数个数、参数名及参数含义完全相同。需要注意的是，MouseDown 事件过程无法检测是否同时按下了两个以上键，也就是说，MouseDown 事件只能由一个鼠标按键触发，因此 MouseDown 事件过程的参数 Button 只能取值为：1、2、4。其他参数名及参数含义均与 MouseMove 事件相同，参数说明见表 8-2 和表 8-5。

【例 8-4】利用鼠标移动，在窗体上编写一个程序实现手写体文字显示。在窗体上按住鼠标按键并移动鼠标时开始绘画，释放鼠标按键时停止绘画。

（1）设计程序界面及设置控件属性

根据题目要求，本例只需建立一个空白窗体即可，无须添加控件。

（2）程序代码

```
Dim BeginNow As Boolean        '声明窗体变量 BeginNow，控制开始和停止绘画
    Private Sub Form_MouseDown(Button As Integer, Shift As Integer, X As Single,
Y As Single)
        BeginNow = True
        Form1.DrawWidth = 3
        Form1.CurrentX = X          '设置窗体的当前坐标属性
        Form1.CurrentY = Y
    End Sub
    Private Sub Form_MouseUp(Button As Integer, Shift As Integer, X As Single, Y
As Single)
        BeginNow = False
    End Sub
    Private Sub Form_MouseMove(Button As Integer, Shift As Integer, X As Single,
Y As Single)
        If BeginNow Then Line -(X, Y)
    End Sub
```

说明：

Line –(X, Y)的功能是画一条直线。当程序运行时，只要按下鼠标键并移动鼠标，应用程序就

会在窗体上的当前位置开始画线，直到释放鼠标键为止。BeginNow 为逻辑型变量，用于控制两种状态，值为 True 表示开始绘画；值为 False 表示停止绘画。

运行界面如图 8-6 所示。

图 8-6　手写体文字运行界面

8.2.3　鼠标的拖放操作

在设计 Visual Basic 应用程序时，有时需要在窗体上用鼠标拖动控件并改变其位置，这就必须使用鼠标的拖放操作。拖放操作指的是由鼠标的拖动（Drag）和放下（Drop）两个操作动作组成。将鼠标光标指向某对象，然后按住鼠标按键并移动鼠标，使得该对象也随之移动的操作称为拖动。当对象到达目的位置后，释放鼠标按键的操作称为放下。常用拖放的属性、事件和方法如表 8-6 所示。

表 8-6　拖放的属性、事件和方法表

类　　别	名　　称	描　　述
属性	DragMode	自动拖动控件或手工拖动控件
	DragIcon	指定拖动控件时显示的图标
事件	DragDrop	识别何时将控件拖放到对象上
	DragOver	识别何时在控件上拖动对象
方法	Drag	启动或停止手工拖动

在拖放操作中，源对象是指被拖动的控件（不包括 Menu、Timer、Line 和 Shape 控件）。目标对象是指在其上放控件的对象，可为窗体或控件，目标对象必须能识别 DragDrop 事件。

1. 拖放操作的属性

与拖放操作相关的属性有两个，分别是 DragMode 属性和 DragIcon 属性。DragMode 属性决定对象的拖放模式；DragIcon 属性为被拖动对象指定了拖动时的图标。

（1）DragMode 属性

对象的拖放有自动拖放和手动拖放两种方式，由源对象的 DragMode 属性来设置。DragMode 属性默认值为 0（Manual），表示手动拖放方式，需要编写程序才能拖动源对象，即在源对象的 MouseDown 事件中，用 Drag 方法来启动拖放操作。

当 DragMode 属性值设为 1（Automatic）时，表示自动拖放方式。当源对象的 DragMode 属性值设为 1 时，它就不再接收 Click、MouseMove、MouseDown 和 MouseUp 事件。在此模式下，用户在源对象上按下鼠标左键，并同时拖动鼠标，该对象的图标便随鼠标移动到目标对象上，当释放鼠标时触发目标对象的 DragDrop 事件。如果在目标对象的 DragDrop 事件中没有编程，源对象本身不会移动到新位置或被添加到目标对象中，因此需要在目标对象的 DragDrop 事件中编写相应的程序才能实现真正的拖动。

如果在源对象被拖动到目标对象的过程中，还经过了其他对象，则在这些对象上会产生 DragOver 事件，在目标对象上也会产生 DragOver 事件，这个事件发生在 DragDrop 事件之前。

（2）DragIcon 属性

拖动控件时，代表源对象的图标或边框跟随鼠标指针移动，DragIcon 属性设置源对象被拖动时显示的图标。如果没有设置源对象的 DragIcon 属性，灰色的边框作为默认的拖动图标；若对 DragIcon 属性进行设置，可用加载的图标文件（*.cur 或 *.ico 文件）作为拖动图标。设置 DragIcon 属性，可以通过属性窗口，也可以通过 LoadPicture 函数实现，或者通过设置对象的 Picture 属性、Icon 属性和 DragIcon 属性来实现。

例如：

```
Label1.DragIcon = LoadPicture("F:\cloud.ico")
Label1.DragIcon = Picture1.Picture
```

2．拖放操作的事件

与拖放操作相关的事件有两个，分别是 DragDrop 和 DragOver 事件，这两个事件发生在目标对象上。

（1）DargDrop 拖放事件

将源对象被拖放到目标对象后释放鼠标，或使用 Drag 方法结束拖动并释放源对象，都会在目标对象上触发 DragDrop 事件，其语法格式如下：

```
Private Sub 对象名_DragDrop([Index As Integer,] Source As Control, X As Single,
Y As Single)
```

参数说明：

① Index：唯一标识控件数组中的控件。

② Source：被拖放的控件。

③ X、Y：鼠标指针在目标对象中的位置坐标。

④ 对象名：目标对象。

（2）DragOver 拖动事件

当用户通过鼠标指针拖动源对象，并经过目标对象时，无论鼠标是否释放，都会触发目标对象的 DragOver 事件，其语法格式如下：

```
Private Sub 对象名_DragOver([Index As Integer,] Source As Control, X As Single,
Y As Single, State As Integer)
```

参数说明：

State 表示当前源对象在目标对象上被拖动的状态。取值可分别为：

① State=0 表示进入（拖动对象时,鼠标指针正从目标对象外面通过边界进入目标对象的区域）；

② State=1 表示离去（拖动对象时，鼠标指针正在离开目标对象的边界区域）；

③ State=2 表示跨越（拖动对象时，鼠标指针正在目标对象的边界区域内移动）。

其他参数含义同 DragDrop 事件过程中的参数含义。

3．拖放操作的方法

拖动对象，就要使用 Drag() 方法。Drag() 方法只有在被拖动的对象以手动拖放模式拖放时才有意义，即将 DragMode 属性设置为默认值 0，然后使用 Drag()方法来实现开始拖动或者停止拖动。其语法格式如下：

　　　对象名.Drag Action

参数说明：

Action 表示要执行的动作。取值可分别为：

① Action=0（或 vbCancel）表示取消拖动操作；

② Action=1（或 vbBeginDrag）表示开始拖动操作；

③ Action=2（或 vbEndDrag）表示结束拖动操作。

此外，Visual Basic 支持 OLE 拖放，使用这种强大且实用的工具，可以在其他支持 OLE 拖放的应用程序（如 Windows 资源管理器、Word 和 Excel 等）之间、控件之间拖放数据。

【例 8-5】在窗体上新建 1 个图像框（Image）控件（作为拖动源对象）、2 个图片框（Picture）控件、2 个标签（Label）、1 个命令按钮（Command），设计应用程序实现对象的手动拖放功能。要求：鼠标可把源对象拖放到窗体的任何位置；鼠标拖动源对象经过 Picture1 时，实现将 Image 控件中的图片拖放到 Picture1 上；然后单击"重置"按钮，用鼠标拖动源对象经过 Picture2，提示消息框，显示取消拖放。"重置"命令按钮，实现将图像框控件重置的功能。

（1）设计程序界面及设置控件属性

根据题目要求设置控件属性如表 8-7 所示，设计界面如图 8-7 所示。

表 8-7　控件属性设置

控件名（Name）	标题（Caption）
Image1	
Label1	图片框 1
Label2	图片框 2
Picture1	
Picture2	
Command1	重置

图 8-7　设计界面

（2）程序代码

```
Private Sub Form_Load()
```

```
        Image1.Picture = LoadPicture(App.Path + "\a.gif")
    End Sub
    Private Sub Image1_MouseDown(Button As Integer, Shift As Integer, X As Single,
Y As Single)
        Image1.Drag 1
    End Sub
    Private Sub Image1_MouseUp(Button As Integer, Shift As Integer, X As Single,
Y As Single)
        Image1.Drag 2
    End Sub
    Private Sub Picture1_DragOver(Source As Control, X As Single, Y As Single, State
As Integer)
    Picture1.Picture = Source.Picture
    Source.Visible = False
    End Sub
    Private Sub Picture2_DragOver(Source As Control, X As Single, Y As Single, State
As Integer)
        Source.Drag 0
        MsgBox "取消拖放操作"
    End Sub
    Private Sub Command1_Click()
        Image1.Visible = True
        Picture1.Picture = LoadPicture("")
    End Sub
    Private Sub Form_DragDrop(Source As Control, X As Single, Y As Single)
    Source.Move X, Y
    End Sub
```

说明：

程序运行时，鼠标把图像框 Image1 拖放到窗体的任何位置，触发 Form_DragDrop 事件；当鼠标拖动图像框 Image1 经过图片框 Picture1 时，触发 Picture1_DragOver 事件，实现将 Image1 中的图片拖放到 Picture1 上，运行界面如图 8-8 所示；然后单击"重置"按钮，再用鼠标拖动图像框 Image1 经过图片框 Picture2，触发 Picture2_DragOver 事件，弹出消息框，提示取消拖放操作，运行界面如图 8-9 所示。

图 8-8　运行界面　　　　　　　　　　　　　　　　　图 8-9　消息框界面

8.3　对话框的设计

在图形用户界面中，对话框（DialogBox）是用户与应用程序交互的主要途径，它通过获取信息或显示信息与用户进行交流。用户可以利用对话框来显示信息和消息，对话框也可以接收用户的输入。对话框不同于一个常规窗口，对话框通常没有菜单，不能改变大小，很少作为应用程序的主界面。在图 8-10 中显示了"消息"对话框。

图 8-10　"消息"对话框

Visual Basic 中的对话框分为 3 种：

- 预定义对话框：是由系统提供的。Visual Basic 提供了两种预定义对话框，即输入框和消息框，分别由系统提供的 InputBox()函数和 MsgBox()函数建立。
- 通用对话框：是 Visual Basic 提供的一种特殊控件，利用这个控件，用户可以在窗体上创建一组基于 Windows 的标准对话框，如"打开"对话框、"字体"对话框等。
- 自定义对话框：是由用户根据自己的需要进行定义的。

除了预定义对话框，Visual Basic 允许用户根据需要，使用控件创建通用对话框，以及使用标准窗体创建自定义对话框。预定义对话框的 InputBox()函数和 MsgBox()函数在前面章节已经讲述过了，本章将重点介绍创建通用对话框和创建自定义对话框的方法。

8.3.1　通用对话框

本节主要研究 Windows 标准对话框，它为用户提供了功能强大的、专业的交互式对话框。微软公司创建的标准对话框为用户提供了与所有 Windows 程序相同的界面。

通用对话框（CommonDialog）控件▣可以创建 6 种标准对话框："打开"（Open）对话框、"另存为"（Save As）对话框、"颜色"（Color）对话框、"字体"（Font）对话框、"打印"（Printer）对话框和"帮助"（Help）对话框。

1. 通用对话框的建立

通用对话框必须用 CommonDialog 控件来建立，通用对话框控件不是标准控件，一般不在工具箱中，使用之前须将该控件添加到工具箱中。

要添加 CommonDialog 控件，应选定"工程"菜单中的"部件"命令，打开"部件"对话框，然后选中"Microsoft Common Dialog Control 6.0"复选框，如图 8-11 所示。单击"确定"按钮，即可将控件添加到工具箱中。

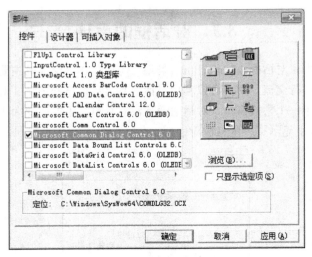

图 8-11　添加控件

一旦通用对话框⬚被添加到工具箱上，就可以像使用标准控件一样把它添加到窗体上。在程序运行时，通用对话框控件在窗体上是不可见的，因此可以把它放在窗体的任何位置。通用对话框的类型名为 CommonDialog，控件的默认名为 CommonDialog1。

通用对话框是用户与应用程序进行信息交互的界面，但不能真正实现打开文件、存储文件、设置颜色和字体、打印等操作，如果要实现这些功能则需编程实现。

2．通用对话框的属性页

由通用对话框控件建立的每个标准对话框都有特定的属性，这些属性可以在属性窗口中设置，也可以在程序代码中设置，还可以通过"属性页"对话框来设置。

打开通用对话框控件的"属性页"对话框，操作步骤是：右击窗体上放置的通用对话框控件⬚，弹出快捷菜单，选择"属性"命令，打开"属性页"对话框，如图 8-12 所示。在"属性页"对话框上有 5 个选项卡，选择所需的选项卡，设置相应对话框的属性值。

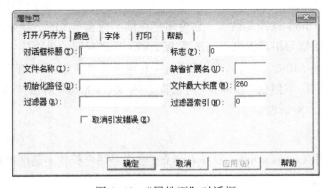

图 8-12　"属性页"对话框

3．通用对话框的属性和方法

这里只介绍通用对话框最基本的一些属性和方法。通用对话框的基本属性如下：

① Name 属性：设置通用对话框的名称，默认名为 CommonDialog1。

② Action 属性：决定打开什么类型的对话框，它不能在属性窗口内设置，只能在程序中赋值。其取值范围为 0～6，Action 属性值与打开的对话框对照如表 8-8 所示。

表 8-8 Action 属性值与打开的对话框

Action 属性值	方　　法	操　　作
0		无对话框显示
1	ShowOpen	显示"打开"对话框
2	ShowSave	显示"另存为"对话框
3	ShowColor	显示"颜色"对话框
4	ShowFont	显示"字体"对话框
5	ShowPrinter	显示"打印"对话框
6	ShowHelp	显示"帮助"对话框

③ DialogTitle 属性：通用对话框的标题属性，用于设置对话框的标题，可以是任意字符串。

④ CancelError 属性：决定当用户按下"取消"按钮时是否产生错误信息。取值为 True 时，按下"取消"按钮时出现错误警告；取值为 False 时，按下"取消"按钮时不出现错误警告。该属性值在属性窗口和程序中均可设置。

通用对话框的常用方法包括：ShowOpen()方法、ShowSave()方法、ShowColor()方法、ShowFont()方法、ShowPrinter()方法、ShowHelp()方法。这组方法与 Action 属性值一一对应，如使用 ShowHelp 方法与设置 Action=6 是等价的，如表 8-8 所示。在程序中调用这些方法的一般格式是：

```
控件名.方法
```

例如：
```
CommonDialog1.ShowSave    '显示"另存为"对话框
CommonDialog1.ShowOpen    '显示"打开"对话框
```

4．"打开"对话框

在程序中，使用 ShowOpen 方法打开，或者设置通用对话框的 Action 属性为 1，当运行程序执行此语句时，便弹出"打开"对话框，如图 8-13 所示。

图 8-13 "打开"对话框

对于"打开"对话框来说，除了通用对话框的基本属性外，还有自身特有的属性。

① FileName 属性：该属性为文件名字符串，用于设置或返回"打开"对话框中"文件名"下拉列表框里的值。注意：该属性得到一个包括路径名和文件名的字符串。

② FileTitle 属性：用于设置或返回用户所要打开的文件名，不包括路径。

③ Filter 属性：设置对话框的文件类型列表框中所要显示的文件类型。该属性值可由用"|"号隔开的表示不同类型文件的多组元素组成，语句如 CommonDialog1.Filter = "文本文件|*.txt|word文件|*.doc|所有文件|*.*"，但当前值只能选定一组。

④ FilterIndex 属性：确定用户在文件类型列表框中所选文件类型的索引号。

注意："打开"对话框仅仅提供一个打开文件的用户界面以供用户选择打开的文件，并不能真正打开一个文件，打开文件的具体工作还需要编写程序来实现。

5．"另存为"对话框

"另存为"对话框是使用 ShowOpen()方法，或通用对话框的 Action 属性取值为 2 时显示的对话框。它为用户提供了一个标准用户界面，以供用户选择或输入所要保存文件的驱动器、路径和文件名。"另存为"对话框的外观及其属性与"打开"对话框基本一致。

同样，"另存为"对话框不能提供真正的存储文件操作，存储文件操作还需要编程完成。

6．"颜色"对话框

"颜色"对话框是使用 ShowColor 方法，或通用对话框的 Action 属性取值为 3 时显示的对话框，该对话框可供用户从调色板中选择颜色，如图 8-14 所示。

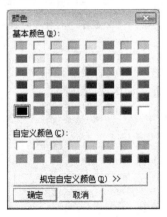

图 8-14 "颜色"对话框

颜色对话框最主要的属性是 Color 属性，用来设置或返回选定的颜色。用户在调色板中选择一个颜色，并单击"确定"按钮，被选择的颜色值便赋值给 Color 属性。

7．"字体"对话框

"字体"对话框是使用 ShowFont()方法，或通用对话框的 Action 属性取值为 4 时显示的对话框，该对话框可供用户选择字体（包括字体的名称、样式及大小等），如图 8-15 所示。

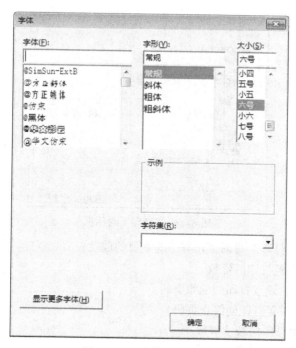

图 8-15　"字体"对话框

除了基本属性外,"字体"对话框还有一些重要的属性:

① Flags 属性:用来设置使用字体的类型。在显示"字体"对话框之前必须设置此属性值,否则将显示"不存在"字体的错误提示。该属性可以用符号常量来表示,也可以用十进制或十六进制表示。如果需要同时使用多项,可用 Or 运算符连接。常用的 Flags 属性值如表 8-9 所示。

表 8-9　"字体"对话框体中 Flags 属性的取值

符 号 常 量	十 进 制 值	十六进制值	作 用 说 明
cdlCFScreenFonts	1	&H1	显示屏幕字体
cdlCFPrinterFonts	2	&H2	列出打印机字体
cdlCFBoth	3	&H3	列出打印机和屏幕字体
cdlCFEffects	256	&H100	允许下画线、删除线和颜色

② FontName 属性:用户所选定的字体名称。

③ FontSize 属性:用户所选定的字体大小。

④ FontBold 属性:用户所选的字体是否为粗体。

⑤ FontItalic 属性:用户所选的字体是否为斜体。

⑥ FontUnderline 属性:用户所选的字体是否带下画线。

⑦ FontStrikethru 属性:用户所选的字体是否带删除线。

⑧ Color 属性:用户所选字体的颜色。

8. "打印"对话框

"打印"对话框是使用 ShowPrinter() 方法,或通用对话框的 Action 属性取值为 5 时显示的对话框,该对话框可供用户设置打印的范围、打印份数等,如图 8-16 所示。

图 8-16 "打印"对话框

除了基本属性外，"打印"对话框还有一些重要的属性：

① Copies 属性：设置打印的份数。

② FromPages 属性：设置打印的起始页码。

③ ToPages 属性：设置打印的终止页码。

④ Min 属性：设置打印的最小页数。

⑤ Max 属性：设置打印的最大页数。

9．"帮助"对话框

"帮助"对话框是使用 ShowHelp() 方法，或通用对话框的 Action 属性取值为 6 时显示的对话框，该对话框使用 Windows 标准的帮助窗口，为用户提供在线帮助。

【例 8-6】创建一个应用程序，利用通用对话框显示颜色和字体对话框。在窗体上建立 1 个文本框（Text1）和 3 个命令按钮（颜色、字体、退出），当用户单击某个命令按钮，会打开相应的通用对话框，并实现其功能。

（1）设计程序界面及设置控件属性

首先添加通用对话框控件，选中"工程"菜单中的"部件"命令，弹出"部件"对话框，选中"Microsoft Common Dialog Control 6.0"复选框，如图 8-11 所示。

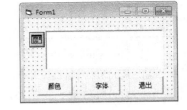

单击"确定"按钮，在工具箱中将显示 CommonDialog 控件，在窗体中添加"通用对话框"控件。该控件名称为"CommonDialog1"，在窗体上画通用对话框控件。通用对话框控件在运行时不可见。其次，添加文本框控件和 3 个命令按钮控件，根据题目要求设计界面如图 8-17 所示。

图 8-17 程序设计界面

根据题目要求，设置控件属性如表 8-10 所示。

表 8-10 控件属性设置表

控件名（Name）	Caption	Text
Text1		""
CmdColor	颜色	
CmdFont	字体	
CmdExit	退出	

（2）程序代码

```
Private Sub CmdColor_Click()          '显示颜色(Color)对话框
    CommonDialog1.ShowColor
    Text1.BackColor = CommonDialog1.Color
End Sub
Private Sub CmdFont_Click()           '显示字体(Font)对话框
    CommonDialog1.Flags = cdlCFEffects Or cdlCFBoth
    CommonDialog1.ShowFont
    Text1.FontName = CommonDialog1.FontName
    Text1.FontSize = CommonDialog1.FontSize
    Text1.FontBold = CommonDialog1.FontBold
    Text1.FontItalic = CommonDialog1.FontItalic
    Text1.FontUnderline = CommonDialog1.FontUnderline
    Text1.FontStrikethru = CommonDialog1.FontStrikethru
    Text1.ForeColor = CommonDialog1.Color
End Sub
Private Sub CmdExit_Click()
    End
End Sub
```

说明：

这里，在 CmdFont_Click()事件过程中，CommonDialogl 的 Flags 属性被设为"cdlCFEffects"或"cdlCFBoth"。"cdlCFEffects"描述该对话框启用了下画线、删除线和颜色效果。"cdlCFBoth"将使对话框列出现有的打印机和屏幕字体。

运行程序，单击"颜色"命令按钮，弹出"颜色"对话框，如图 8-18（a）所示。选择一种颜色，把选定的颜色作为文本框的背景颜色，设置颜色的运行界面如图 8-18（b）所示。单击"字体"按钮，访问 ShowFont()方法，弹出"字体"对话框，如图 8-18（c）所示，在此对话框中设置文本框的字体，设置字体的运行界面如图 8-18（d）所示。

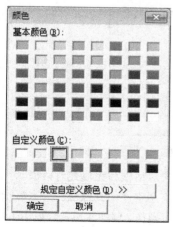

（a）"颜色"对话框

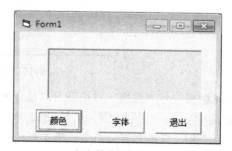

（b）设置颜色的运行界面

图 8-18　运行界面

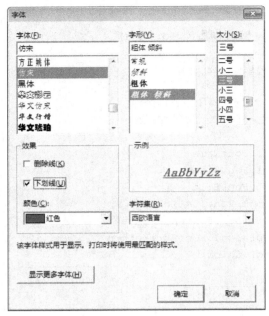

（c）"字体"对话框 　　　　　　（d）设置字体的运行界面

图 8-18　运行界面（续）

8.3.2　自定义对话框

　　除了系统所提供的对话框以外，用户有时需要和系统交互一些自定义的信息。这时用户就需要创建自定义对话框。自定义对话框由用户根据自己的需要进行定义。例如，一个应用程序在访问之前要求用户输入用户名和密码。这里就需要一个自定义对话框，询问用户名和密码，检查其有效性，然后才允许用户在应用程序中继续工作，如图 8-19 所示。

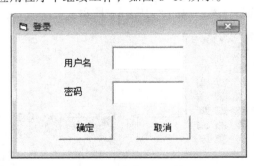

图 8-19　自定义对话框

　　根据对话框的行为性质，对话框可以被分为两类：模式对话框和无模式对话框。

- 模式对话框：必须关闭模式对话框，才能继续执行应用程序的其他部分。当显示一个模式对话框时，它不允许用户完成模式对话框以外的任何操作。例如，"关于"（About）对话框、"打印"对话框都是模式对话框。
- 无模式对话框：可以使用户在对话框和其他窗体之间进行切换，而不必关闭对话框。例如，"查找"对话框就是一个无模式对话框。

创建自定义对话框，先建立一个窗体，在窗体上添加对话框中所需要的控件，如命令按钮、文本框等；然后通过设置窗体和控件的属性值来定义窗体的外观，使其具有对话框风格；最后在代码窗口创建事件过程，编写代码实现对话框的功能。自定义对话框实现步骤如下：

① 在工程中建立一个窗体，设计窗体的外观，使其具有对话框风格。对话框一般是临时的，不具备"控制菜单按钮""最大化按钮""最小化按钮"，因此通常要把窗体的 ControlBox、MaxButton 和 MinButton 属性的值设置为 False。

② 在对话框中添加控件，如命令按钮、标签、文本框、单选按钮、复选框和列表框等。

③ 在代码窗口编写代码，来显示对话框，用 Show() 方法实现，格式如下：

    `<窗体名>.Show [<显示方式>][,<父窗体>]`

其中：<显示方式>是一个可选的整数，用于决定对话框是模式还是无模式的，默认值为 0。当显示无模式对话框时，该参数为 0（或 vbModaless）；显示模式对话框时，该参数为 1（或 vbModal）。如果要使对话框随其父窗体的关闭而关闭，需要定义<父窗体>参数。

④ 根据实际需求创建事件过程，编写代码实现对话框的功能，如命令按钮的事件过程。

⑤ 编写代码从对话框退出。把对话框从内存中删除使用 Unload 语句实现，把对话框隐藏而没有从内存删除使用 Hide 方法实现。

例如：

```
Form1.Show vbModaless        '将窗体 Form1 显示为无模式对话框
Form2.Show vbModal           '将窗体 Form2 显示为模式对话框
Form2.Show vbModal, Form1    '将窗体 Form2 显示为模式对话框，Form1 为其父窗体
Unload Form2                 '将对话框 Form2 从内存中删除
Fom1.Hide                    '将对话框 Form1 隐藏，并没有从内存中删除
```

8.4 菜 单 设 计

在 Windows 环境下，大多数应用程序的用户界面都具有菜单，通过菜单能够方便地完成比较复杂的操作。菜单具有良好的人机对话界面，实现了对命令的分组，使用户能够方便地选择这些命令。菜单的基本作用有两个：一是提供良好的人机对话界面，方便用户选择系统的各种功能；二是管理应用系统，控制各种功能模块的运行。

在实际应用中，菜单可分为两种基本类型，即下拉式菜单和弹出式菜单。下拉式菜单一般位于窗口的顶部，而弹出式菜单是独立于菜单栏而显示在窗体内的浮动菜单。例如，启动 Visual Basic 后，单击"文件"菜单所显示的就是下拉式菜单，而右击窗体时所显示的菜单就是弹出式菜单。

8.4.1 下拉菜单

在下拉式菜单系统中，一般有一个菜单栏，菜单栏也称主菜单行，出现在窗体的标题栏下，包含一个或多个菜单标题，当单击一个菜单标题时，将下拉显示其所含的若干个菜单项。图 8-20 显示了下拉式菜单的一般结构。

使用 Visual Basic 提供的菜单编辑器，可以创建或者修改菜单。要显示菜单编辑器，应选择"工具"菜单中的"菜单编辑器"命令，弹出"菜单编辑器"对话框，如图 8-21 所示。菜单编辑器

分为 3 个部分，即菜单控件的属性区、编辑区和列表框区。

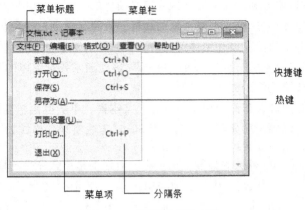

图 8-20 下拉式菜单结构

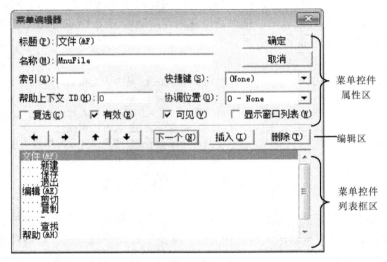

图 8-21 "菜单编辑器"对话框

1. 菜单控件属性区

① 标题（Caption）：菜单项的标题，同时还可以在菜单中创建分隔条。如果需要在菜单中建立分隔条，则要在"标题"文本框中键入一个连字符（–），并设置"名称"属性既可。如果希望某一个字母成为本菜单项的热键，则要在输入菜单项的标题时，在该字母前加上"&"，显示菜单时该字母下会带有一条下画线，可以通过【Alt+带下画线的字母】组合键打开菜单或执行相应的菜单命令。

② 名称（Name）：在程序代码中引用菜单控件的名字。每个菜单和菜单项都是一个控件，都要为其取一个名称。菜单名称是标识符，不会出现在菜单中。

③ 索引（Index）：用于在创建菜单控件数组时作为索引。

④ 快捷键（Shortcut）：允许为每个命令选定快捷键，但不能给顶级菜单项设置快捷键。

⑤ 帮助上下文 ID（HelpContextID）：允许在该框中输入数值，在帮助文件（HelpFile 属性）中用该数值查找适当的帮助主题。

⑥ 协调位置（Negotiate Position）：该属性决定是否显示菜单及显示的位置，属性值如表 8-11 所示。

表 8-11　Negotiate Position 属性设置

值	描　　述
0 – None	对象活动时，菜单栏上不显示菜单
1 – Left	对象活动时，菜单显示在菜单栏的左端
2 – Middle	对象活动时，菜单显示在菜单栏的中间
3 – Right	对象活动时，菜单显示在菜单栏的右端

⑦ 复选（Checked）：设置菜单项的左边是否带复选标记。该项属性为 True 时，并不改变菜单项的作用，只是将一个复选标志（"√"）放置在菜单项左边。该属性为 False 时，菜单项的左边不带复选标记。

⑧ 有效（Enabled）：用于设置菜单项的操作状态，如果为 True，则该菜单项可以对用户的事件做出响应；如果为 False，则使该菜单项失效（颜色变灰）。

⑨ 可见（Visible）：确认菜单项是否可见。如果为 True，则该菜单项可见；如果为 False 则使该菜单项隐藏。

⑩ 显示窗口列表（WindowList）：用于多文档应用程序。确定菜单控件是否显示当前打开的一系列子窗口。

这些属性的设置可以在"菜单编辑器"中设置，也可以在"属性窗口"或代码中设置。

2．编辑区

该区共有 7 个按钮，主要用于对输入的菜单项进行编辑，如表 8-12 所示。

表 8-12　编辑区按钮功能

按　　钮	操　　作
←、→	用来产生或消除内缩符号（4 个点 ····）。每次单击都把选定的菜单向左、右移一个等级。一共可以创建 4 个子菜单等级
↑、↓	每次单击都把选定的菜单项向上、下移动一个位置
下一个(N)	将选定移动到下一行，其功能与【Enter】键相同
插入(I)	在列表框的当前选定行上方插入新的菜单项
删除(T)	删除当前选定的菜单项

3．菜单控件列表框区

菜单控件列表框列出当前窗体的所有菜单控件。菜单控件在菜单控件列表框中的位置决定了该控件是菜单标题、菜单项、子菜单标题还是子菜单项，格式如下：

① 位于列表框中左侧平齐的菜单控件作为菜单标题显示在菜单栏中。

② 列表框中使用"右箭头"缩进过的菜单控件，当单击其前导的菜单标题时才会在该菜单上显示。一个缩进过的菜单控件，如果后面还紧跟着再次缩进的一些菜单控件，它就成为一个子菜单的标题。在子菜单标题以下缩进的各个菜单控件，就成为该子菜单的菜单项。

注意：除分隔线外，所有的菜单项都可以接收 Click 事件。

【例 8-7】创建一个应用程序，在窗体上创建菜单和文本框，设置菜单分别为"字体""字号"

"颜色""退出",如图 8-22 所示。编写菜单相应的 Click 事件,能够通过菜单的设置,实现修改文本框的"字体""字号""颜色",最后单击"退出"按钮,结束程序。

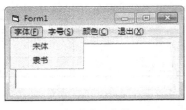
（a）"字体"菜单

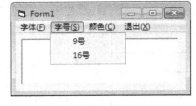
（b）"字号"菜单

（c）"颜色"菜单

图 8-22　菜单结构

（1）设计程序界面及设置控件属性

根据题目要求,设置控件属性如表 8-13 所示。使用菜单编辑器完成菜单设计,菜单属性设置如表 8-14 所示。

表 8-13　控件属性设置表

控件名（Name）	Text	MultiLine
Text1	""	True

表 8-14　菜单属性设置

菜单选项（标题）	菜单选项（名称）	子菜单选项（标题）	子菜单选项（名称）
字体（&F）	MnuFont	宋体	MnuSong
		隶书	MnuLi
字号（&S）	MnuSize	9 号	MnuNine
		16 号	MnuSixteen
颜色（&C）	MnuColor	红色	MnuRed
		蓝色	MnuBlue
		绿色	MnuGreen
退出（&X）	MnuExit		

（2）程序代码

```
Private Sub MnuSong_Click()
    Text1.FontName = "宋体"
End Sub
Private Sub MnuLi_Click()
    Text1.FontName = "隶书"
End Sub
Private Sub MnuNine_Click()
```

```
      Text1.FontSize = 9
   End Sub
   Private Sub MnuSixteen_Click()
      Text1.FontSize = 16
   End Sub
   Private Sub MnuRed_Click()
      Text1.ForeColor = vbRed
   End Sub
   Private Sub MnuBlue_Click()
      Text1.ForeColor = vbBlue
   End Sub
   Private Sub MnuGreen_Click()
      Text1.ForeColor = vbGreen
   End Sub
   Private Sub MnuExit_Click()
      End
   End Sub
```

运行程序，选择字体为宋体、9 号、蓝色，运行界面如图 8-23（a）所示，选择字体为隶书、16 号、红色，运行界面如图 8-23（b）所示。

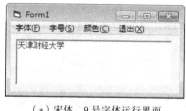
（a）宋体、9 号字体运行界面

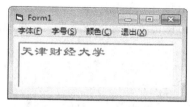
（b）隶书、16 号字体运行界面

图 8-23　程序运行界面

8.4.2　弹出式菜单

弹出式菜单是显示在窗体上的浮动菜单，它可以在窗体的某个指定区域显示出来，对程序事件做出响应。因而，弹出式菜单也被称为"快捷菜单"。在 Windows 中，一般通过右击的方法来激活菜单。

建立弹出式菜单通常分为两步：首先用菜单编辑器建立菜单，然后显示弹出式菜单。

1．用菜单编辑器建立菜单

其方法与前面介绍的建立菜单的方法基本相同，唯一的区别是应该将主菜单项的"可见"属性设置为 False。

2．显示弹出式菜单

首先检测鼠标事件，在对象的 MouseDown 事件中编写代码，然后使用 PopupMenu() 方法显示出弹出式菜单。

（1）检测鼠标事件

要检测鼠标的事件，应在程序代码窗口中添加一个 MouseDown 事件：

```
Private Sub Form_MouseDown(Button As Integer, Shift As Integer, X As Single,
Y As Single)
```

```
...
End Sub
```
① Button 参数：MouseDown 事件在用户按下一个鼠标键时发生。通过检查 Button 参数值来测出哪一个鼠标键被按下，Button 参数值如表 8-5 所示。

注意：MouseDown 事件过程的参数 Button 只能取值为：1、2、4，分别表示按下鼠标的左键、右键和中间键。

例如，当鼠标右键被按下时，参数 Button 等于 2，代码如下：
```
Private Sub Form_MouseDown(Button As Integer, Shift As Integer, X As Single,
Y As Single)
    If Button = 2 Then
        ...
    End If
End Sub
```
② Shift 参数：用于响应当用户单击或释放鼠标键时，按的是【Shift】、【Ctrl】或【Alt】中的哪个键，参数值如表 8-2 所示。

③ X，Y 参数：返回当前鼠标的位置。

（2）显示弹出式菜单

在检测出鼠标哪个键被按下后，就可使用 PopupMenu() 方法显示出弹出式菜单。其语法格式为：

[对象.]PopupMenu 菜单名 [, Flags [, X [, Y [, BoldCommand]]]]

其中，除菜单名外，其余均为可选项。

① 对象：为窗体名。当省略"对象"时，弹出式菜单只能在当前窗体中显示。如果需要在其他窗体中显示，则必须加上窗体名。

② 菜单名：在菜单编辑器中定义的主菜单项名。

③ Flags 参数：该参数用于进一步定义弹出式菜单的位置与行为，其取值如表 8-15 和表 8-16 所示。

表 8-15　指定弹出式菜单位置

常　数	值	描　述
vbPopupMenuLeftAlign	0	默认。指定的 X 位置为该弹出式菜单的左边界
vbPopupMenuCenterAlign	4	弹出式菜单以指定的 X 位置为中心
vbPopupMenuRightAlign	8	指定的 X 位置为该弹出式菜单的右边界

表 8-16　定义弹出式菜单行为

常　数	值	描　述
vbPopupMenuLeftButton	0	默认。仅当鼠标左键单击菜单项时，才能选择菜单命令
vbPopupMenuRightButton	2	使用鼠标左键或右键单击菜单项时，均可选择菜单命令

④ X，Y 参数：是弹出的菜单在窗体上显示位置的横、纵坐标。如果省略，则弹出式菜单在当前光标位置显示。

⑤ BoldCommand 参数：该参数用于指定在显示的弹出式菜单中，是否以粗体字显示菜单项的名称。在弹出式菜单中只能有一个菜单项被加粗。

【例 8-8】创建一个应用程序，在窗体上建立一个弹出式菜单，菜单包括红色、绿色和蓝色，实现修改窗体背景的功能。

（1）设计程序界面及设置控件属性

选择"工具"菜单中的"菜单编辑器"命令，根据题目要求，使用菜单编辑器完成菜单设计，菜单属性设置如表 8-17 所示。

表 8-17　菜单属性设置

菜单选项（标题）	菜单选项（名称）	内 缩 符 号	可 见 性
背景	popBackColor	无	False
红色	popRed	1	True
绿色	popGreen	1	True
蓝色	popBlue	1	True

（2）程序代码

```
Private Sub Form_MouseDown(Button As Integer, Shift As Integer, X As Single,
Y As Single)
If Button = 2 Then
        PopupMenu popBackColor
    End If
End Sub
Private Sub popRed_Click()
    Form1.BackColor = vbRed
End Sub
Private Sub popGreen_Click()
    Form1.BackColor = vbGreen
End Sub
Private Sub popBlue_Click()
    Form1.BackColor = vbBlue
End Sub
```

运行程序，在窗体上右击，可显示弹出式菜单，如图 8-24 所示。分别选择不同颜色的菜单，即可看到窗体的背景色随之变化的效果。

用户界面设计是程序设计中的重要部分，本章系统地介绍了 Visual Basic 用户界面设计中的要素：键盘、鼠标、对话框和菜单的编程方法。

首先详细介绍了键盘和鼠标事件、鼠标属性以及鼠标的拖放操作，并通过一些简单的实例，说明了它们的使用方法。键盘事件包括 KeyPress 事件、KeyUp 事件和 KeyDown 事件，鼠标事件包括 MouseMove 事件、MouseUp 事件和 MouseDown 事件。鼠标事件和键盘事件的编程方法

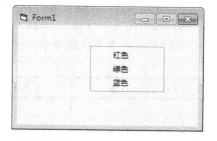

图 8-24　运行界面

有很多种，要根据具体程序的需求来设计和实现。鼠标的两个属性 MousePointer 和 MouseIcon 决定了鼠标的外形特征。鼠标的拖放操作能实现用户通过鼠标拖放控件。

其次，Visual Basic 应用程序通过对话框来显示或获取信息，实现与用户的交流。本章详细讲解了如何建立通用对话框和自定义对话框，介绍了通用对话框常用的属性和方法，并分别阐述了

"打开"对话框、"另存为"对话框、"颜色"对话框、"字体"对话框、"打印"对话框和"帮助"对话框的常用属性及编程方法。

最后，在用户界面设计中，系统经常通过菜单实现各种操作，本章介绍了菜单分为下拉式菜单和弹出式菜单，并分别详述了通过"菜单编辑器"创建两种菜单的步骤和编程方法。

通过学习用户界面设计相关的编程方法，可以为用户设计出多种功能强大的应用程序。

习 题 8

1. 键盘事件中，KeyDown 和 KeyPress 事件有什么区别？

2. 简述键盘扫描代码（KeyCode）和键盘 ASCII 码（KeyAscii）的区别。

3. 建立一个窗体，通过编程实现检测用户按下了什么键，并在窗体上显示检测结果，如图 8-25 所示。

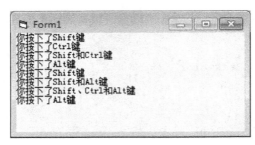

图 8-25　运行界面

4. 建立一个窗体，在窗体上画图，按下鼠标左键画蓝色线，按下鼠标右键画直径为 100 的红色边缘和绿色填充的实心圆，按下鼠标中间键，清空窗体内容。

5. 菜单编辑器可分为哪 3 个部分？

6. 在 Visual Basic 中可以建立哪两种类型的菜单？

7. 弹出菜单所使用的方法是什么？

8. 如何将某个菜单项设计为分隔线？

9. 如何建立"打开""另存为""颜色""字体""打印"对话框？

10. 建立一个下拉式菜单，用来改变文本框中字体的属性。各菜单项的属性如表 8-18 所示。

表 8-18　菜单内容

菜单选项（标题）	菜单选项（名称）	子菜单选项（标题）	子菜单选项（名称）
字体格式化	mnuFormat	粗体	mnuBold
		斜体	mnuItalic
		下画线	mnuUnderLine
		退出	mnuExit

11. 将第 10 题建立的下拉式菜单改为弹出式菜单。

12. 在窗体上创建一个下拉式菜单，如表 8-19 所示。

表 8-19 菜 单 内 容

菜单选项（标题）	菜单选项（名称）	子菜单选项（标题）	子菜单选项（名称）
文件（&F）	MnuFile	新建	MnuFileNew
		保存	MnuFileSave
		退出	MnuFileExit
编辑（&E）	MnuEdit	剪切	MnuEditCut
		复制	MnuEditCopy
		-	MnuEditSep
		查找	MnuEditFind
帮助（&H）	MnuHelp		

第 9 章　文　件

计算机文件是以计算机外存为载体存储在计算机上的信息集合，包括文本文档、图形图像、应用程序等。计算机按文件名对文件实施操作，文件名通常具有三个字母的扩展名，用于指示文件类型。Visual Basic 为文件操作提供了多种方法和控件，本章将介绍文件的分类、读写操作、常用文件处理函数与语句，以及文件系统控件等内容。

9.1　文件和文件系统

计算机文件是具有独立名称的一组相关联数据的有序序列，文件中的数据可以长期、多次使用，不会因为断电而消失。

9.1.1　文件系统概述

计算机的文件系统（File System）是操作系统的组成部分，用于组织和管理计算机数据。文件系统向用户提供了物理数据的访问机制，它将存储空间划分为特定大小的块，并记录每个文件使用了哪些块，以及哪些块没有被使用。文件系统使用文件和树形目录的逻辑结构来映射物理设备上的数据块，用户只需要记住文件的保存路径和文件名即可访问文件中的数据。

文件系统通过文件名查找文件的存储位置。大多数文件系统对文件名的长度有限制，例如 Windows 规定文件名不能超过 255 个字符。在一些文件系统中，文件名不区分大小，例如在 Windows 系统中，HelloWorld.VBP 与 helloworld.vbp 是同一个文件。大多数文件系统允许文件名使用 Unicode 字符，但通常限制某些特殊字符，例如 Windows 规定\ / : * ? " < > | 这 9 个字符不能出现在文件名中。

常见的文件系统包括 FAT、exFAT、NTFS、HFS、HFS+、ext2、ext3、ext4 等，其中 Microsoft 公司的 Windows XP 以上操作系统通常使用 NTFS 文件系统。

9.1.2　文件分类

计算机文件有多种分类方式，其中常见的分类方式有以下几种：

1. 按文件性质分类

根据计算机文件的不同性质，可将文件分为程序文件和数据文件两大类。程序文件是计算机指令的有序集合，由二进制代码组成，可在操作系统中独立运行。Windows 操作系统中，程序文件最常用的扩展名为.EXE，例如 WINWORD.EXE、EXCEL.EXE 都是程序文件。数据文件用于存放各种数据，它不能独立运行，必须通过特定的程序才能操作。例如，扩展名为.DOC 的数据文件可以通过 WINWORD.EXE 程序文件打开，扩展名为.XLS 的数据文件可以通过 EXCEL EXE 程序文件打开。

2．按存储格式分类

根据计算机文件存储的不同格式，可将文件分为文本文件和二进制文件两大类。文本文件属于数据文件，文件中的数据全部由字符编码组成，在 Unicode 字符编码中每个字符占用 2 字节存储空间。在 Windows 操作系统中，最常见的文本文件扩展名为.TXT。二进制文件含有特殊的格式和编码，图形、图像、音频、视频等数据文件以及程序文件都属于二进制文件。此外，扩展名为.DOC 的 Word 文档虽然大部分内容是文本，但其中也包含格式、表格、图形等非文本内容，因此 Word 文档也是二进制文件。

3．按读写方式分类

计算机文件的读写，是指文件中的数据在内存和外存间交换的过程，也称为文件的输入和输出。读取操作是指将文件数据从外存输入内存；写入操作是指将文件数据从内存输出到外存。根据文件读写的不同方式，计算机文件可分为顺序文件和随机文件。顺序文件只能按照文件中数据的先后顺序依次读写；随机文件可根据需要直接读写文件中的指定位置的数据。

9.2　文　件　操　作

对计算机文件的操作包括复制、移动、删除、重命名等，其中最重要的操作是从文件读取数据和向文件写入数据。

9.2.1　顺序文件操作

顺序文件中数据只能按先后顺序依次读写，因此它的写入顺序、存放顺序和读出顺序一致，即先写入的数据存放在文件的前面，读取时先被读出。顺序文件只能依序读取数据，如果想读取文件尾部的数据，必须将前面的数据全部读过才能到达。

1．顺序文件的打开与关闭

读写计算机文件只前，必须先打开文件。已经打开的文件被系统标识为独占操作，其他用户不能同时操作该文件。因此读写完毕后，必须及时关闭文件。

（1）打开顺序文件

在 Visual Basic 中打开顺序文件使用的是 Open 语句，其格式为：

```
Open pathname For [Input | Output | Append] As #filenumber [Len = buffersize]
```

其中：

- Open pathname：pathname 为字符串型文件路径及文件名。
- For Input：从文件读取数据。
- For Output：向文件写入数据，原文件中的数据将被覆盖。
- For Append：向文件添加数据，新数据被添加在文件末尾，原数据不被覆盖，Input、Output、

Append 只能任选其一，不能同时使用。

- As #filenumber：filenumber 为整型文件号，用于唯一标识被打开的文件，文件号以#作为标识符。
- Len = buffersize：buffersize 为整型缓冲区长度，可省略。

例如：

以顺序文件方式打开 E 盘 score 文件夹下的 name.DAT 文件，用于读取数据的语句为：

```
Open "E:\score\name.DAT" For Input As #1
```

注意：语句末尾的数字 1 即文件号。

将 D 盘上的 login.DAT 文件作为顺序文件打开，用于写入数据的语句为：

```
Open "D:\login.DAT" For Output As #2
```

注意：使用 Input 方式打开文件进行读操作时，文件必须存在，否则将报错；使用 Output 或 Append 方式打开文件进行写操作时，若文件不存在，Open 语句将自动创建文件。

（2）关闭文件

文件读写结束后，应及时关闭，在 Visual Basic 中关闭文件使用的是 Close 语句，其格式为：

```
Close [[#]filenumber1][,[#]filenumber2]…
```

其中：filenumber 是已打开文件的文件号，若省略文件号，则关闭当前所有打开的文件。例如，关闭#1 文件的语句为：

```
Close #1
```

关闭文件时，文件缓冲区中的所有数据将被自动写入文件，该文件占用的文件号及缓冲区将被释放。

2．读顺序文件

在 Visual Basic 中可以使用 Line Input #语句、Input #语句或 Input( )函数从打开的顺序文件中读取数据。

（1）Line Input #语句

Line Input #语句可以从打开的顺序文件中读取一行数据，格式如下：

```
Line Input #filenumber,var
```

其中：filenumber 是一个已打开文件的文件号；var 是一个字符串型变量。使用 Line Input #语句，可以从打开的顺序文件中读取以回车符为标志的一行数据并存入变量 var 中。

例如，从#1 文件读出一行数据并存入变量 StudentName 中的语句为：

```
Line Input #1, StudentName
```

【例 9-1】单击窗体上的 Command1 按钮，从 E:\score\name.DAT 文件读取学生姓名，并显示在列表框 List1 中，如图 9-1 所示。

图 9-1　Line Input #语句示例

程序代码如下：

```
Private Sub Command1_Click()
    Dim StudentName As String
    List1.Clear
    Open "E:\score\name.DAT" For Input As #1
    Do While Not EOF(1)    '当 1 号文件中的数据读取完毕时，EOF(1)函数返回 True
        Line Input #1, StudentName
        List1.AddItem StudentName
    Loop
    Close #1
End Sub
```

以上程序通过循环来读取文件中的所有行，当 EOF()函数为 True 时，循环结束。

注意：

- EOF(filenumber)函数用于判断 filenumber 号文件是否到达文件末尾（end of file），当到达文件末尾时，函数返回 True，否则为 False，详见本章 9.2.4 小节。
- Line Input #语句读取的数据不包括行尾的回车符。

（2）Input #语句

使用 Input #语句可以从打开的顺序文件中同时读取多个数据，格式如下：

```
Input #filenumber, varlist
```

其中：filenumber 是一个已打开文件的文件号；varlist 是以逗号分隔的变量列表。使用 Input #语句，可以从打开的顺序文件中读取多个数据并依次存入 varlist 指定的多个变量中。Input #语句每次读取的数据个数由 varlist 指定的变量个数决定。

例如，从#2 文件中同时读取 2 个数据并存入变量 UserID 和 LoginTime 的语句为：

```
Input #2, UserID, LoginTime
```

【例 9-2】单击窗体上的 Command1 按钮，从 D:\login.DAT 文件中读取数据，并显示在文本框 Text1（MultiLine 属性设为 True）中，如图 9-2 所示。

图 9-2　Input #语句示例

程序代码如下：

```
Private Sub Command1_Click()
    Dim UserID As String, LoginTime As Date
    Text1.Text = ""
```

```
        Open "D:\login.DAT" For Input As #2
        Do Until EOF(2)    '当 2 号文件中的数据读取完毕时，EOF(2)函数返回 True
            Input #2, UserID, LoginTime
            Text1.Text = Text1.Text & UserID & vbTab & LoginTime & vbCrLf
        Loop
        Close #2
End Sub
```

以上程序通过循环来读取文件中的所有数据，每条 Input #语句读取两项数据。

注意:

- Input #语句将文件中逗号和换行符视为数据分隔符。
- 常量 vbTab 为制表符，常量 vbCrLf 为换行符。

（3）Input()函数

Input()函数可以从已打开的顺序文件的当前读写位置，读取指定个数的字符，格式如下：

```
Input(numberchars, # filenumber)
```

其中：numberchars 是准备读取的字符个数；filenumber 是一个已打开文件的文件号；函数返回值为读取出的字符。

例如，从#1 文件读出 5 个字符并存入变量 tmp 中，可用如下语句：

```
tmp = Input(5, #1)
```

Input()函数与 Line Input #语句和 Input #语句相比较，它们的相同点在于都是从文件的当前读写位置读取数据；不同点在于 Input()函数不改变文件的当前读写位置，而 Line Input #语句和 Input #语句读取数据后，文件的当前读写位置移至刚读取的数据之后。

注意: Input()函数应与 Seek()函数配合使用，Seek()函数详见本章 9.2.4 小节。

3. 写顺序文件

在 Visual Basic 中可以使用 Print #语句或 Write #语句向打开的顺序文件中写入数据。

（1）Print #语句

Print #语句可以向打开的顺序文件中同时写入多个数据，格式如下：

```
Print #filenumber, varlist
```

其中：filenumber 是一个已打开文件的文件号；varlist 是表达式列表，数据间可用逗号（宽列输出）或分号（紧凑输出）分隔。例如：向#1 文件写入字符串"孟瑶"，可用如下语句：

```
Print #1, "孟瑶"
```

Print #语句中表达式之间的分隔符（逗号或分号）不同，其写入文件的数据之间的间距也不同，并且数据之间没有分隔符。

【例 9-3】单击窗体上的 Command3 按钮，将列表框 List1 中的姓名保存到 E:\score\name.DAT 文件中，如图 9-3 所示。

程序代码如下：

```
Private Sub Command3_Click()        '写入文件
    If List1.ListCount > 0 Then
        Open "E:\score\name.DAT" For Output As #1
        For i = 0 To List1.ListCount - 1
            Print #1, List1.List(i)
```

```
        Next i
        Close #1
    End If
End Sub
```

图 9-3 Print #语句示例

以上程序通过循环来将列表框 List1 中的所有学生姓名写入文件。

（2）Write #语句

Write #语句可以向打开的顺序文件中同时写入多个不同类型的数据，格式如下：

`Write #filenumber,varlist`

其中：filenumber 是一个已打开文件的文件号；varlist 是以逗号分隔的表达式列表。例如，向 #2 文件写入字符串"任宇"和时间"2014 年 6 月 10 日 8 点 30 分"，可用如下语句：

`Write #2, "任宇", #2014-6-10 8:36:10#`

Write #语句写入文件的数据之间不空格，并自动以逗号作为分隔符。

【例 9-4】单击窗体上的 Command1 按钮，将文本框 Text1 中的账号和当前时间保存到 D:\login.DAT 文件中，如图 9-4 所示。

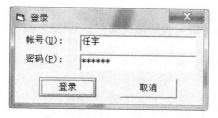

图 9-4 Write #语句示例

程序代码如下：

```
Private Sub Command1_Click()
    Open "D:\login.DAT" For Append As #2
    Write #2, Text1.Text, Now
    Close #2
End Sub
```

注意：记录登录日志应使用 Append 方式打开文件，如使用 Output 方式，日志文件原有内容将被覆盖。

9.2.2 随机文件操作

随机文件与顺序文件不同，文件中的数据以记录为单位，而不是以字节为单位。随机文件中的每条记录长度都相同，且有唯一的记录号，随机文件操作就是对记录的操作。与顺序文件不同，随机文件可直接在任意位置读写。

1. 随机文件的打开与关闭

随机文件的读写以记录为单位，在访问随机文件之前，需要先定义一个与记录相对应的 Type 数据类型。例如，学生成绩包含 5 个数据项：学号、学生姓名、系别、课程、分数，因此需定义一个 StudentScore 数据类型，代码如下所示。

```
Private Type StudentScore
    StudentID As string * 12
    StudentName As String * 20
    Department As String * 20
    Course As String * 20
    Score As Float
End Type
```

（1）打开随机文件

在 Visual Basic 中打开随机文件使用的也是 Open 语句，其格式为：

```
Open pathname [For Random] As #filenumber Len = recordlength
```

其中：

- Open *pathname*：pathname 为字符串型文件路径及文件名。
- For Random 是默认类型，表示按随机方式打开文件。
- As #filenumber：filenumber 为文件号，用于唯一标识被打开的文件。
- Len = recordlength 表示记录长度，为各数据项字节数之和，默认值为 128。

例如，打开 C 盘名为 studentscore.dat 的随机文件，记录长度为 76 字节的语句如下：

```
Open "C:\ studentscore.dat" For Random As #1 Len = 76
```

（2）关闭随机文件

在 Visual Basic 中使用 Close 语句关闭随机文件，其格式为：

```
Close [[#]filenumber][,[#]filenumber]…
```

该语句的格式、功能与关闭顺序文件相同。

2. 读随机文件

在 Visual Basic 中可以使用 Get 语句从随机文件读取数据，格式如下：

```
Get [#]filenumber,[Position],var
```

其中：

- filenunber：是一个已打开随机文件的文件号。
- Position：表示要读取的记录号，如省略，则读取当前记录。
- var：变量名（自定义 Type 类型），存放由随机文件读取的数据。

例如，从#1 随机文件的 1 号记录读取数据，并存入变量 sc 中，可用如下语句：

```
Get #1,1,sc
```

【例 9-5】在窗体上单击 Command1 按钮，从随机文件 D:\studentscore.dat 中的 1 号记录读出，并打印在窗体上，如图 9-5 所示。

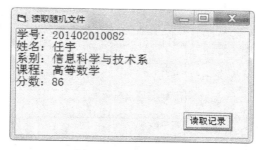

图 9-5　Get 语句示例

程序代码如下：

```
Private Type StudentScore              '用户自定义数据类型
    StudentID As String * 12           '学号，字符串，12 字节
    StudentName As String * 20         '姓名，字符串，20 字节
    Department As String * 20          '系别，字符串，20 字节
    Course As String * 20              '课程，字符串，20 字节
    Score As Single                    '分数，浮点数，4 字节
End Type
Dim sc As StudentScore                 '定义 StudentScore 类型的变量 sc
Private Sub Command1_Click()
    Open "D:\studentscore.dat" For Random As #1 Len = 76
                                       '5 个数据项长度之和为 76 字节
    Get #1, 1, sc
    Print "学号: " & sc.StudentID
    Print "姓名: " & sc.StudentName
    Print "系别: " & sc.Department
    Print "课程: " & sc.Course
    Print "分数: " & sc.Score
    Close #1
End Sub
```

程序运行时，通过 Get 语句从文件中读取 1 号记录（学号、姓名、系别、课程、分数）存入变量 sc 的 5 个数据项中，并打印出来。

3. 写随机文件

在 Visual Basic 中可以使用 Put 语句向随机文件写入数据，格式如下：

```
Put [#]filenumber, [Position], var
```

其中：

filenunber：是一个已打开随机文件的文件号。

Position：表示要写入记录的记录号，如省略，则写到当前记录。

var：变量名（自定义 Type 类型），存放要写入随机文件的数据。

例如：将变量 sc 中的数据写入到 #1 随机文件的 1 号记录上，可用如下语句：

```
Put #1,1,sc
```

【例 9-6】在窗体上单击 Command1 按钮，将 5 个文本框中的内容（学号、姓名、系别、课程、分数），保存到随机文件 D:\studentscore.dat 中的 1 号记录，如图 9-6 所示。

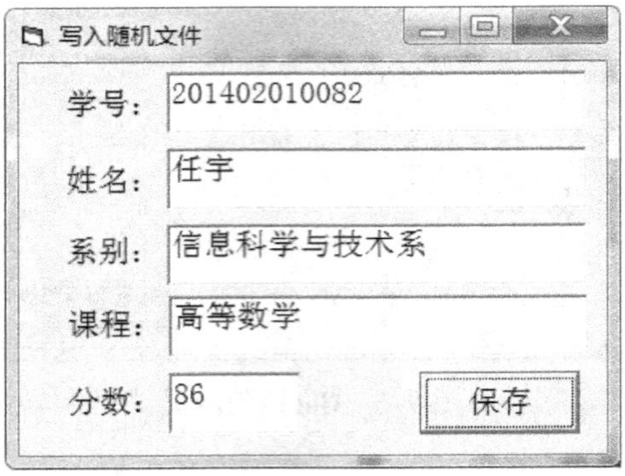

图 9-6　Put 语句示例

程序代码如下：

```
Private Type StudentScore              '用户自定义数据类型
    StudentID As string * 12           '学号，字符串，12 字节
    StudentName As String * 20         '姓名，字符串，20 字节
    Department As String * 20          '系别，字符串，20 字节
    Course As String * 20              '课程，字符串，20 字节
    Score As Single                    '分数，浮点数，4 字节
End Type
Dim sc As StudentScore                 '定义 StudentScore 类型的变量 sc
Private Sub Command1_Click()
    sc.StudentID = Text1.Text
    sc.StudentName = Text2.Text
    sc.Department = Text3.Text
    sc.Course = Text4.Text
    sc.Score = Text5.Text
    Open "D:\studentscore.dat" For Random As #1 Len = 76
                                '5 个数据项长度之和为 76 字节
    Put #1, 1, sc
    Close #1
End Sub
```

程序运行时，将 5 个文本框中的数据分别存入变量 sc 的 5 个数据项，然后通过 Put 语句将变量中的所有数据写入随机文件的 1 号记录。

4．按记录操作

随机文件中的数据以记录为单位，而且与位置无关，因此对随机文件进行增、删、改、查等操作要比处理顺序文件方便得多。

（1）添加记录

向随机文件添加记录时，只要将新记录写到文件末尾即可，操作步骤如下：

① 通过 Lof( )函数计算出随机文件的总记录数，Lof( )函数详见本章 9.2.4 小节。

② 将新数据存入用户自定义 Type 数据类型变量。

③ 用 Put 语句将变量写入到原记录总数+1 的位置。

例如：将变量 sc 的值添加到 1 号随机文件，可用如下语句。

```
RecordNum=Lof(1)/Len(sc)
Put #1, RecordNum+1, sc
```

说明：Lof(1)函数返回 1 号文件的总字节数；Len(sc)函数返回变量 sc 的字节数，即随机文件每条记录的长度；Lof(1)/Len(sc)即随机文件的总记录数。

（2）删除记录

在随机文件中删除记录时，先将原文件中除欲删除记录外的其他记录复制到临时文件中，然后将原文件删除，再将临时文件重命名为原文件的文件名即可。操作步骤如下：

① 创建并打开一个新的随机文件作为临时文件，同时打开原文件。

② 用 Get 语句从原文件读取一条记录，再用 Put 语句将该记录写入临时文件，如此反复，直至欲删除记录处。

③ 在原文件中跳过欲删除记录，再重复步骤②将其后所有的记录复制到临时文件。

④ 关闭两个文件。

⑤ 用 Kill 语句删除原文件，Kill 语句详见本章 9.2.4 小节。

⑥ 用 Name 语句将备份文件更名为原文件的文件名，Name 语句详见本章 9.2.4 小节。

（3）修改记录

在随机文件中修改记录的操作比较简单，通过 Put 语句将新记录用待修改记录的记录号写入文件即可。

例如：将 1 号随机文件的 5 号记录修改为变量 sc 的值，可用如下语句。
```
Put #1, 5, sc
```

9.2.3　二进制文件操作

二进制文件以字节为单位，存放的是二进制数据。图形、图像、声音、视频等文件都属于二进制文件。对二进制文件的操作就是对文件中指定字节的操作。

1．二进制文件的打开与关闭

在 Visual Basic 中打开和关闭二进制文件使用的同样是 Open 和 Close 语句。

（1）打开二进制文件

在 Visual Basic 中打开二进制文件的 Open 语句格式为：
```
Open pathname For Binary As #filenumber
```
其中：

- Open pathname：pathname 为字符串型文件路径及文件名。
- For Binary：以二进制方式打开文件。
- As #Filenumber：filenumber 为文件号，用于唯一标识被打开的文件。

例如：以二进制形式打开 C:\sys.dob 的文件，可用如下语句。
```
Open "C:\sys.dob" For Binary As #1
```
（2）关闭二进制文件

在 Visual Basic 中关闭二进制文件的 Close 语句格式为：
```
Close [[#]filenumber][,[#]filenumber]…
```
该语句的格式、功能与关闭顺序文件相同。

2．读二进制文件

在 Visual Basic 中可以使用 Get 语句从二进制文件读取数据，格式为：

```
Get [#]filenumber, [Position], var
```

其中：

- filenunber：是一个已打开二进制文件的文件号。
- Position：表示要读取数据的字节编号，如省略，则读取当前字节。
- var：变量名，用于存放由二进制文件读出数据，该变量的长度决定了从二进制文件中读取数据的长度。

例如：从#1 文件的 10 字节处读取 20 个字节的数据，并存入变量 t 中，可用如下语句。

```
Dim t As String * 20
Get #1, 10, t
```

3．写二进制文件

在 Visual Basic 中可以使用 Put 语句向二进制文件写入数据，格式为：

```
Put [#]filenumber, [Position], expression
```

其中：

- filenunber：是一个已打开二进制文件的文件号。
- Position：表示要写入数据的字节编号，如省略，则写入当前字节。
- expression：被写入的数据表达式。

例如：在#1 二进制文件的 20 字节处写入字符串"Visual Basic"，可用如下语句。

```
Put #1, 20, "Visual Basic"
```

9.2.4　文件处理函数与语句

计算机文件在使用过程中，往往需要了解文件的各种状态。Visual Basic 提供的丰富的文件处理函数和语句来实现这些功能，主要包括：

1．Eof()函数

格式：`Eof(filenumber)`

功能：判断文件的当前读写位置是否到达文件末尾。

其中：filenumber 为一个已打开文件的文件号。函数返回值为 Boolean 型。

对于顺序文件，文件的当前读写位置超出文件，即最后一个字节也已读出时，Eof( )函数返回 True，否则为 False；对于随机文件和二进制文件，文件的当前读写位置位于文件末尾时返回 True，否则为 False。

2．Lof()函数

格式：`Lof(filenumber)`

功能：返回已打开文件的大小，以字节为单位。

其中：filenumber 为一个已打开文件的文件号。函数返回值为 Long 型。

3．Seek()函数与语句

格式 1：`Seek(filenumber)`

功能：返回一个打开文件内的当前读写位置。

其中：filenumber 为一个已打开文件的文件号。函数返回值为 Long 型。

示例：Print Seek(1)，可以打印出 1 号文件的当前读写位置。

格式 2：Seek #filenumber, skip

功能：设置一个打开文件内的当前读写位置。

其中：filenumber 为一个已打开文件的文件号；skip 为当前读写位置的设置值（顺序文件以字节为单位，随机文件以记录为单位）。

示例：Seek #1, 130

可以将 1 号文件的当前读写位置设到 130 字节处。

4．Loc()函数

格式：Loc(filenumber)

功能：对于顺序文件，返回当前读写位置整除 128 的商加 1；对于随机文件，返回当前读写的记录号；对于二进制文件，返回当前读写的字节位置。

其中：filenumber 为一个已打开文件的文件号。函数返回值为 Long 型。

示例：Seek #1, 130

　　　　Print Loc(1)

1 号文件为顺序文件，结果为 2。

5．FileLen()函数

格式：FileLen(pathname)

功能：返回指定文件（不需要打开）的长度，以字节为单位。

其中：pathname 为文件的路径和文件名。函数返回值为 Long 型。

6．FreeFile()函数

格式：FreeFile

功能：返回可供 Open 语句使用的下一个文件号。函数返回值为 Integer 型。

7．FileCopy 语句

格式：FileCopy source,destination

功能：将源文件复制为目标文件。

其中：source 表示源文件的路径和文件名；destination 表示目标文件的路径和文件名。

8．Name 语句

格式：Name oldpathname As newpathname

功能：将源文件（文件夹）重命名为目标文件（文件夹）。

其中：oldpathname 表示源文件（文件夹）的路径和名称；newpathname 表示目标文件（文件夹）的路径和名称。

9．Kill 语句

格式：Kill pathname

功能：删除文件。

其中：pathname 表示被删除文件的路径和文件名，允许使用通配符"*"和"?"同时删除多个文件。

10. MkDir 语句

格式：`MkDir pathname`

功能：创建一个新文件夹。

其中：pathname 表示新文件夹的路径和名称。

9.3 文件管理控件

Visual Basic 6.0 提供了一组管理文件和文件夹的控件，包括驱动器列表框（DriveListBox）、文件夹列表框（DirListBox）和文件列表框（FileListBox），这三种控件通常需要组合使用。

9.3.1 驱动器列表框

驱动器列表框（DriveListBox）控件的工具箱图标为，控件被添加到窗体后，默认名称为 Drive1。在程序运行时，驱动器列表框能自动列出所有磁盘驱动器的名称，如图 9-7 所示。

图 9-7　驱动器列表框控件

1. 常用属性

驱动器列表框最常用的属性是 Drive 属性，用于返回或设置控件下拉列表中的当前驱动器。例如：

```
Drive1.Drive = "E"           '将 Drive1 的当前驱动器设为 E 盘
Dir1.Path = Drive1.Drive     '读取 Drive1 的当前驱动器
```

2. 常用事件

（1）Change( )事件

当驱动器列表框的当前驱动器（即 Drive 属性）发生改变时，触发 Change( )事件。

（2）Click( )事件

当驱动器列表框被单击时，触发 Click( )事件。

9.3.2 文件夹列表框

文件夹列表框（DirListBox）的图标为，控件被添加到窗体后，默认名称为 Dir1。在程序运行时，文件夹列表框能自动列出当前驱动器上的文件夹结构。文件夹列表框以当前驱动器为根结点，分层显示子文件夹列表，如图 9-8 所示。

图 9-8　文件夹列表框控件

1. 常用属性

（1）Path 属性

用于返回或设置文件夹列表框的当前文件夹，例如：

```
Dir1.Path = "C:\Windows"        '将 Dir1 的当前文件夹设为 C:\Windows
File1.Path = Dir1.Path          '读取 Dir1 的当前文件夹
```

（2）ListIndex 属性

属性值为整型。

- 文件夹列表框的当前文件夹（Path 属性）ListIndex 属性值为-1。
- 当前文件夹的第一个子文件夹 ListIndex 属性值为 0，其后的同级子文件夹 ListIndex 属性值分别为 1，2，3，…
- 当前文件夹的上一级文件夹 ListIndex 属性值为-2，再上一级文件夹 ListIndex 属性值为-3，依此类推。

（3）ListCount 属性

用于返回当前文件夹（Path 属性）中包含的子文件夹个数。

（4）List 属性

字符串型数组，用于返回指定文件夹的路径和名称，例如：Dir1.List(0)表示当前文件夹下第一个子文件夹的路径和名称。数组下标的含义参见 ListIndex 属性。

2. 常用事件

（1）Change( )事件

当文件夹列表框的当前文件夹（即 Path 属性）改变时，触发 Change( )事件。

（2）Click( )事件

当文件夹列表框被单击时，触发 Click( )事件。

9.3.3 文件列表框

文件列表框（FileListBox）的图标为▤，控件被添加到窗体后，默认名称为 File1。在程序运行时，文件列表框自动列出当前文件夹中的所有文件或指定类型文件，如图 9-9 所示。

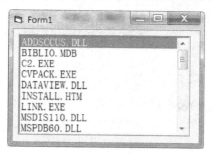

图 9-9 文件列表框控件

1. 常用属性

（1）Path 属性

用于返回或设置文件列表框的当前文件夹，例如：

```
File1.Path = Dir1.Path          '将 File1 的当前文件夹设为与 Dir1 相同
```

（2）List 属性、ListIndex 属性和 ListCount 属性

用法与列表框（ListBox）控件相同。

（3）Pattern 属性

使用通配符 "*" 或 "?" 设置在文件列表框中显示的特定文件，例如：

```
File1.Pattern = "*.bmp;*.jpg"   '在 File1 中只显示扩展名为.bmp 或.jpg 的图片文件
```

注意： 如需要在文件列表框中显示多种类型的文件，各扩展名之间以英文半角分号分隔。

（4）FileName 属性

用于设置或返回指定文件的路径和文件名。

2．常用事件

（1）PathChange( )事件

当文件列表框的当前路径（即 Path 或 FileName 属性）改变时，触发 PathChange( )事件。

（2）Click( )事件

当文件列表框被单击时，触发 Click( )事件。

9.3.4 文件管理控件应用

驱动器列表框（DriveListBox）、文件夹列表框（DirListBox）和文件列表框（FileListBox）三种控件通常需要组合使用，例 9-7 给出了一个文件管理控件的示例。

【例 9-7】在窗体上添加驱动器列表框 Drive1、文件夹列表框 Dir1、文件列表框 File1、文本框 Text1、标签 Label1 和命令按钮 Command1，如图 9-10 所示。程序要求如下：

① 标签 Label1 中显示当前文件夹中的文本文件数。

② 当单击文件列表框 File1 列出的文本文件时，在文本框 Text1 中显示文件内容。

③ 当单击命令按钮 Command1 时，将文本框 Text1 中的内容保存到当前文件。

图 9-10　文本编辑器

1. 添加控件并设置属性

程序界面如图 9-10 所示，控件属性如表 9-1 所示。

表 9-1　控件属性列表

控 件 类 型	属　性	属 性 值
窗体	（名称）	Form1
	Caption	"文本编辑器"
驱动器列表框	（名称）	Drive1
文件夹列表框	（名称）	Dir1
文件列表框	（名称）	File1
	Pattern	"*.txt;*.ini;*.log"
标签	（名称）	Label1
	AutoSize	True
文本框	（名称）	Text1
	MultiLine	True
	ScrollBars	3
命令按钮	（名称）	Command
	Caption	"保存"

2. 编写代码

```
'让目录列表框 Dir1 的当前文件夹与驱动器列表框 Drive1 的当前驱动器保持一致
Private Sub Drive1_Change()
    Dir1.Path = Drive1.Drive
End Sub
'让文件列表框 File1 的当前文件夹与目录列表框 Dir1 的当前文件夹保持一致
Private Sub Dir1_Change()
    File1.Path = Dir1.Path
    Label1.Caption = "文本文件数: " & File1.ListCount
End Sub
'单击文件列表框 File1 中的文件时，在 Text1 显示当前文件的内容
Private Sub File1_Click()
    Dim filepath As String, s As String
    Text1.Text = ""
    filepath = File1.Path & "\" & File1.FileName
    Open filepath For Input As #1
    Do Until EOF(1)
        Line Input #1, s
        Text1.Text = Text1.Text & s & vbCrLf
    Loop
    Close #1
End Sub
'单击 Command1 时，将 Text1 的内容写入 File1 的当前文件
Private Sub Command1_Click()
    Dim filepath As String
    filepath = File1.Path & "\" & File1.FileName
    Open filepath For Output As #1
```

```
    Print #1, Text1.Text
    Close #1
End Sub
```

注意：Visual Basic 提供的 RichTextBox 控件可以更好地打开和编辑文本文件，添加该控件的方法是：选择"工程"→"部件"命令，弹出"部件"对话框，选中"Microsoft Rich Textbox Control 6.0"复选框。

习 题 9

1．根据计算机文件的不同性质，可将文件分为哪两大类？各有什么特点？

2．简述顺序文件和随机文件的区别是什么？

3．简述打开顺序文件的方式有哪三种？各有什么作用？

4．在窗体上添加按钮 Command1（生成随机数）和 Command2（统计方差），要求：

（1）单击 Command1 时，生成 50 个小于 1 000 的随机整数并打印在窗体上（每行 10 个数），然后将这些数保存在 D:\nums.txt 文件中。

（2）单击 Command2 时，从文件中读出这 50 个数，将平均值和方差打印在窗体上，如图 9–11 所示。

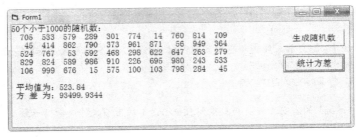

图 9–11　习题 9 第 4 题界面

5．在窗体上添加 4 个文本框 Text1、Text2、Text3 和 Text4，分别用于输入销售单号、产品名称、单价（元）和数量，添加 2 个命令按钮 Command1（保存）和 Command2（销售额），要求：

（1）单击 Command1 时，将数据存入 D:\sales.dat 随机文件。

（2）单击 Command2 时，从文件读取全部记录，计算总销售额=Σ 单价 × 数量，通过消息框输出，如图 9–12 所示。

图 9–12　习题 9 第 5 题界面

6. 简述删除随机文件第 5 条记录的方法。

7. 在窗体上添加驱动器列表框 Drive1、文件夹列表框 Dir1、文件列表框 File1 和图像框 Image1。要求：

（1）驱动器列表框 Drive1、文件夹列表框 Dir1 和文件列表框 File1 联动，用于列出当前文件夹中的图片文件（*.bmp;*.jpg;*.jpeg;*.gif）。

（2）单击文件列表框 File1 时，在图像框 Image1 显示所选图片，如图 9-13 所示。

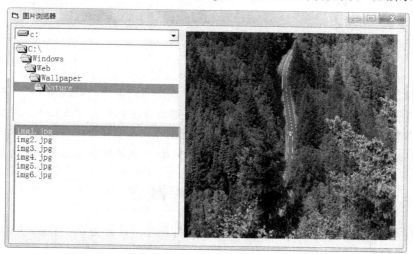

图 9-13　习题 9 第 7 题界面

第10章 数据库程序设计基础

数据是信息时代最重要的一种资源，人类的生产、生活、工作、娱乐都离不开数据。数据库作为一种专门管理数据的计算机技术，已经成为计算机最重要的研究领域之一。Visual Basic 具有强大的数据库管理功能，能快速完成对数据库的各种操作。本章将介绍数据库基本概念、Access 数据库操作、结构化查询语言（SQL）、Data 控件、ADO 对象等数据库程序设计的基础知识。

10.1 数据库概述

数据库技术是计算机科学的重要分支，掌握数据库的基本概念是学习 Visual Basic 数据库程序设计的基础。

10.1.1 数据库基本概念

1. 数据库

数据库（DataBase，DB）是指依照特定的组织方式集中存储，为多用户所共享，并独立于应用程序的关联数据集合。数据库中的数据依照某种数据模型加以组织和描述，并存储在计算机外存中，具有较高的数据独立性、完整性、共享性、可扩展性和低冗余度等特点。

2. 数据库管理系统

数据库管理系统（DataBase Management System，DBMS）是一种控制和管理数据库的大型软件，主要用于建立、使用和维护数据库。数据库管理系统对数据库进行统一的管理和控制，以保证数据库的安全性和完整性。数据库管理系统位于操作系统与用户之间，为用户提供了一系列数据库操作命令。用户通过数据库管理系统访问数据库中的数据，数据库管理员也通过数据库管理系统进行数据库的维护工作。像 Microsoft Access、SQL Server、Oracle、MySQL 等都是目前较为常见的数据库管理系统。

3. 数据库系统

数据库系统（DataBase System，DBS）是一种可独立工作的集存储、维护和应用于一身的数据处理系统，数据库系统是存储介质、处理对象和管理系统的集合。数据库系统通常由计算机硬件系统、操作系统、数据库、数据库管理系统、应用程序及用户（包括最终用户和数据库管理人员）组成。

4．关系型数据库

数据库中存储的数据具有特定的数据结构和组织模型，常用的结构模型有层次模型、网状模型、关系模型等。目前，大多数数据库管理系统都采用关系模型。

关系型数据库管理系统（Relational DataBase Management System，RDBMS）以关系代数为理论基础，使用由行和列组成的二维表来存储数据，并通过数据、关系和约束三者组成的数据模型组织和管理数据。

（1）表

数据表（Table）是数据库中最重要的对象，是其他对象的基础。数据表由行和列组成，与日常工作中使用的二维表格类似。像销售记录就是一张二维表格，其中的每一行存放一张销售单，包括单号、品名、单价、数量等列。数据表中的每一列表示一个数据项，行和列交叉的地方存放一个具体数据值。

（2）字段

字段（Field）是指数据表中的一列。数据表是由其包含的所有字段来定义的，每个字段描述了数据表的一个数据项。数据表中的每个字段必须有唯一的字段名和一致的数据类型。在数据表中，字段的顺序可以前后互换。

（3）记录

记录（Record）是指数据表中的一行数据，由多个数据值组成。数据表中不允许出现完全相同的两条记录。

（4）主键

主键（Key）是数据表中的一个特殊字段或字段组合，用来唯一标识数据表中的每条记录。数据表中不能出现主键字段值相同的两条记录。例如，"销售单号"字段可以作为销售记录表的主键，它能够唯一标识每张销售单；而"商品名称"和"经手人"字段不能作为主键，因为数据有可能重复。

（5）索引

当数据库规模较大时，为提高数据库访问速度，需要对数据表创建索引（Index）。索引类似于图书的目录，是对数据库表中一列或多列字段进行排序的一种结构。索引是一种特殊的表，在数据表之外独立存储。索引表记录了数据表中各条记录一列或若干列值的集合，以及该记录的存储位置，通过索引可以快速定位到需要查找的记录。

（6）关系

数据库由多个数据表组成，每个表中存放的数据之间通常具有某种关系（Relation）。在数据表之间定义关系，可以将来自多个数据表的数据组织在一起，使数据的处理和表达更灵活并减少数据冗余。数据表之间的关系通常有三种：一对一关系、一对多关系和多对多关系。例如：员工信息表和销售记录表之间存在一对多关系，员工信息表中的一个员工可能是销售记录表中多条记录的经手人。

5．数据库应用程序

数据库应用程序是指针对实际需要而开发的各种基于数据库操作的应用程序。数据库应用程序可直接在数据库管理系统中开发，也可使用 Visual Basic 等支持数据库的开发工具开发。常见的数据库应用程序包括：管理信息系统（MIS）、企业资源规划系统（ERP）、客户关系管理系统（CRM）等。

10.1.2　常见数据库管理系统

目前比较常见的数据库管理系统主要有 Access、MySQL、SQL Server、Oracle 等，其中 Access 主要用于单机版的小型数据库应用程序，SQL Server 和 Oracle 可用于网络版的大型数据库应用程序。近年来，MySQL 数据库以其免费、开源的特性，得到了越来越广泛的应用。

1．Access

Access 数据库是 Microsoft Office 办公软件的成员之一，可运行于各种 Windows 系统。Access 是一种小型关系数据库管理系统，具有界面友好、易学易用、开发简单、接口灵活等特点。Access 数据库最早由 Microsoft 公司于 1994 年推出，目前的最新版本是 Microsoft Office Access 2016。

2．MySQL

MySQL 是目前最流行的关系型数据库管理系统之一，最初由瑞典 MySQL AB 公司开发，并于 2008 年被美国 Sun 公司收购，目前属于美国 Oracle 公司。MySQL 具有体积小、速度快、成本低、开放源码等优点，因此与 Linux、Apache、PHP 等免费开源软件一起被广泛应用于中、小型 Internet 网站。

3．SQL Server

SQL Server 是一种大型关系型数据库管理系统，最初由 Microsoft、Sybase 和 Ashton-Tate 三家公司共同开发，于 1988 年推出了第一个 OS/2 版本。在 Windows NT 操作系统推出后，Microsoft 公司结束了与 Sybase 公司的合作，开始将 SQL Server 移植到 Windows NT 平台上。MS SQL Server 数据库历经了 6.5、7.0、2000、2005 等多个版本，目前的最新版本是 SQL Server 2016。

4．Oracle

Oracle 是美国 Oracle（中文名称：甲骨文）公司开发的一种大型关系型数据库管理系统。Oracle 公司成立于 1977 年，是全球最大的信息管理软件及服务供应商。Oracle 数据库是目前世界上使用最为广泛的数据库管理系统，大多数大型网站采用 Oracle 系统。

5．其他数据库管理系统

（1）Informix

Informix 是 IBM 公司开发的一种大型关系型数据库管理系统。作为一个集成解决方案，Informix 被定位为 IBM 在线事务处理（OLTP）旗舰级数据服务系统。

（2）Sybase

Sybase 是美国 Sybase 公司开发的一种大型型关系数据库管理系统。Sybase 数据库主要有三种版本，分别应用于 UNIX、Novell NetWare 和 Windows 系统。

（3）DB2

DB2 是 IBM 公司开发的一种大型关系型数据库管理系统。DB2 数据库具有较好的可伸缩性，支持从大型机到单用户的各种硬件环境，并可应用于 OS/2、Windows 等多种系统。DB2 提供了高层次的数据可用性、完整性、安全性和可恢复性，具有与平台无关的基本功能和 SQL 命令。

（4）BigTable

BigTable 是 Google 公司开发的一种大型非关系型分布式数据库，其设计目的是可靠处理 PB 级别（1 PB=2^{10} TB=2^{20} GB）数据，并且能够部署到上千台机器上并行工作。Bigtable 具有适用广泛、可扩展、高性能和高可用性等优点，已经在 GoogleEarth 等 Google 的产品和项目上得到了广泛应用。

10.2　创建 Access 数据库

Microsoft Office Access 是一款简单易用的小型关系型数据库管理系统，本节将介绍 Access 数据库的创建与访问。

10.2.1　Microsoft Access 简介

Microsoft Office Access 是 Microsoft 公司开发的面向 Windows 操作系统的桌面数据库管理系统。用户可基于 Access 内置的向导和生成器，快速创建数据库和简单应用程序，也可将 Access 数据库作为其他应用程序的后台数据库。本小节将介绍 Access 2010 数据库的基本组成、新建数据库、新建数据表等内容及操作。

Access 数据库主要包括表、查询、窗体、报表等对象，使用这些对象可以使数据访问和操作更加准确、灵活和高效。

（1）表

表（Table）是 Access 数据库最基本的对象，所有数据都存放于表中。用户在创建数据库后，首先要创建表。

（2）查询

查询（Query）是用于对 Access 数据库中数据进行操作访问的对象。通过查询对象可以将多个表中的数据集合在一起，为其他对象提供数据来源。使用查询可以方便数据访问，并减少数据冗余。

（3）窗体

窗体（Form）为 Access 数据库提供了友好的数据操作界面。在窗体对象上可添加标签、文本框、按钮等控件，其数据来源可以是表或查询。

（4）报表

报表（Report）为 Access 数据库提供了丰富的打印功能。报表对象以表或查询为数据来源，可将其中的数据任意组合，并进行分类汇总等操作。

1. 新建数据库

Microsoft Office Access 2010 的界面与其他 Office 组件风格一致，启动程序后单击"空数据库"链接，选择保存路径并输入文件名，单击"创建"按钮，即可新建一个数据库，如图 10-1 所示。

需要注意的是，Access 2010 支持*.accdb 格式的数据库，而早期的版本不支持该格式。如果想创建向后兼容（Backwards Compatibility）的数据库，应将保存类型改为*.mdb，如图 10-2 所示。

在"文件新建数据库"对话框中选择存储路径、保存类型并输入文件名后，单击图 10-1 中的"创建"按钮，即可新建数据库。

图 10-1　Access 2010 新建数据库

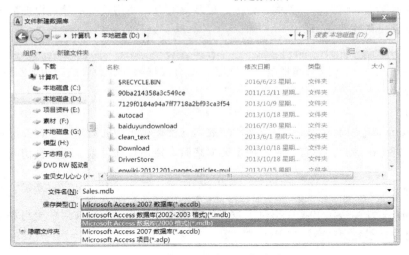

图 10-2　修改数据库文件保存类型

2. 新建数据表

数据库中的数据都保存在数据表中，创建数据库后应立即创建数据表。

（1）在 Access 2010 中创建表

在 Access 2010 中，可以通过"创建"菜单下的"表"链接新建数据表，如图 10-3 所示。

图 10-3　Access 2010 新建数据表

新建数据库自动打开一张新数据表，在"开始"菜单下，将工具栏最左侧的"视图"选项改为"设计视图"，如图 10-4 所示。

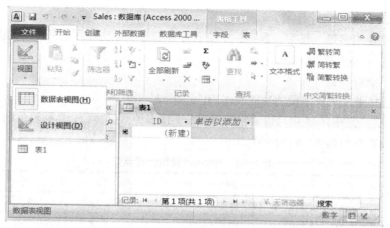

图 10-4 Access 2010 新建数据表的设计视图

在"设计视图"下，首先应输入数据表的名称，保存后才可以设计数据表结构，如图 10-5 所示。

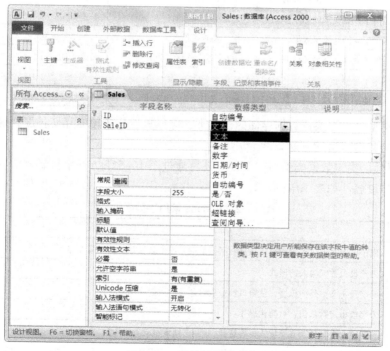

图 10-5 设计数据表结构

在数据表中，应选择数据值唯一的字段或字段组合，使用"设计"菜单中的"主键"按钮 ，将其设为主键。

（2）设置字段

设计数据表的工作主要是设置字段，即输入字段名称并选择数据类型。

① 字段名。数据表中每个字段都要有唯一的名称，即字段名。字段名必须符合 Access 命名规则：

- 字段名最多包含 64 个字符。
- 字段名可使用字母、汉字、数字、空格及特殊符号，不能使用句号（.）、感叹号（!）、重音符号（`）和方括号（[ ]）。
- 字段名不能以空格开头。

字段名称应尽量反映该字段的功能和作用。

② 数据类型。从图 10-5 中可以看出，Access 支持多种数据类型，具有较强的数据处理能力。Access 的常用数据类型如表 10-1 所示。

表 10-1　Access 常用数据类型

数 据 类 型	说　明	长　度
文本	用于存储文字型数据，如姓名、地址等	最多 255 个字符
备注	用于存储较长的文本，如简历、图书摘要等	最多 65 535 个字符
数字	用于存储数值型数据，如年龄、分数、库存量等	1 字节、2 字节、4 字节或 8 字节
日期/时间	用于存储日期或时间型数据，如出生年月、发货日期等	8 字节
货币	用于存储带货币符号的数据，如单价、销售额等	8 字节
自动编号	用于存储记录的顺序号，在输入记录时自动增长	4 字节
是/否	用于存储逻辑型数据，如是否合格、是否批准等	1 个二进制位
OLE 对象	用于嵌入或链接其他对象，如 Word 文档、图像、声音等	最多 1 GB 空间
超链接	用于存储超链接地址，超链接地址最多包含三部分	每部分最多 2 048 个字符
查阅向导	可使用列表框或组合框从其他数据表或值列表中选择值	通常为 4 字节

选择数据类型时，在保证数据存储的前提下，应尽量选择较短的存储长度，这样可以减少数据库的存储空间并提高访问速度。

③ 字段属性。确定数据类型后，Access 还可通过图 10-5 下方的字段属性对字段做进一步的定义，常用的字段属性如表 10-2 所示。

表 10-2　Access 常用字段属性

字 段 属 性	作　用
字段大小	用于设置文本、数字和自动编号数据类型的字段可以保存数据的最大容量
格式	用于设置数据输入的形式
标题	为字段定义另外的标题，使窗口和报表对象中的数据更加直观
默认值	为字段指定默认值，可简化操作
必需	确定字段内容是否必须填入，若选择"是"，则该字段不能为空
索引	定义了索引的字段，可提高查询等操作的速度；索引分为"有重复"和"无重复"两种

（3）编辑数据

创建数据表后，即可向表中输入或编辑数据。在 Access 2010 界面左侧"所有 Access 对象"列表中双击某个表，可打开图 10-6 所示的窗口，从中可输入或修改数据。

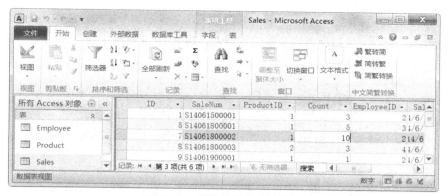

图 10-6 编辑数据表中的数据

注意:

- 自动编号型字段由系统自动生成,不能编辑。
- 输入的数据要与字段数据类型一致。
- 主键字段的数据不能重复。

选定某条记录后,按【Delete】键,即可删除记录。被删除的记录无法恢复。

3. 设置表间关系

Microsoft Office Access 是一种关系型数据库,可以把不同数据表中的数据,按照一定的关系组合起来进行处理。

(1)表间关系类型

关系型数据库中,数据表之间的关系可分为一对一、一对多和多对多三种。

① 一对一关系:如果表 A 中的每条记录至多与表 B 中的一条记录相匹配,且反之亦然,则 A、B 两表之间具有一对一关系。

② 一对多关系:如果表 A 中的每条记录与表 B 中的多条记录相匹配,但表 B 中的每条记录只与表 A 中的一条记录相匹配,则 A、B 两表之间具有一对多关系,一对多关系是最常见的表间关系。

③ 多对多关系:若表 A 中的每条记录与表 B 中的多条记录相匹配,且反之亦然,则 A、B 两表之间具有多对多关系。

(2)创建表间关系

在 Access 2010 中,可以通过"数据库工具"菜单下的"关系"链接创建表间关系,如图 10-7 所示。

图 10-7 设置表间关系

设置 Access 表间关系时，可以从"设计"菜单下的"显示表"链接，或在"关系"窗口右击并选择"显示表"命令，来选择创建关系的数据表，如图 10-8 所示。

图 10-8　选择数据表

在"关系"窗口中，按住鼠标左键将表 A 的某个字段，拖动到表 B 的某个字段上，将弹出"编辑关系"对话框，如图 10-9 所示。

图 10-9　"编辑关系"对话框

在图 10-9 所示的"编辑关系"对话框中：

① 如果员工表（Employee 表）中的连接字段（ID）是主键或有不重复索引，销售记录表（Sales 表）中的连接字段（EmployeeID）不是主键，也没有不重复索引，则两表之间的关系为"一对多"。

② 如果选中"实施参照完整性"复选框，则销售记录表连接字段（Sales.EmployeeID）的取值，只能是员工表连接字段（Employee.ID）中已存在的值。例如，图 10-9 中的设置，表示销售

记录表（Sales）的经手人 ID 字段（EmployeeID）只能是员工表（Employee）中存在的员工 ID（ID 字段）。该设置体现了"销售单的经手人必须是公司员工"这条逻辑规则。

③ 如果选中"级联更新相关字段"，则员工表连接字段（Employee.ID）的值被修改时，销售记录表连接字段（Sales.EmployeeID）的值级联更新。例如，图 10-9 中的设置，表示当员工表（Employee 表）中某个员工的员工 ID（ID 字段）被修改时，销售记录表（Sales 表）中该员工经手的所有销售单的经手人 ID 字段（EmployeeID），将被级联修改为该员工新的员工 ID。

④ 如果选中"级联删除相关字段"复选框，则员工表删除记录时，销售记录表相应的记录也被级联删除。例如，图 10-9 中的设置，表示当员工表（Employee 表）中某个员工被删除时，销售记录表（Sales 表）中经手人为该员工的所有销售单将被级联删除。

（3）修改表间关系

在图 10-9 所示的"编辑关系"对话框中，单击"创建"按钮，将在"关系"窗口的两表之间创建关系连线，如图 10-10 所示。

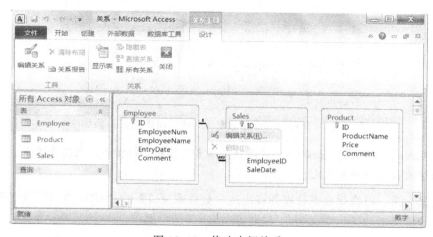

图 10-10　修改表间关系

图 10-10 所示的"关系"窗口中，在关系连线上右击，在弹出的快捷菜单中选择"编辑关系"命令，或双击关系连线将打开图 10-9 所示的"编辑关系"对话框，可以重新设置表间关系。选中关系连线，按【Delete】键即可删除关系。

10.2.2　可视化数据管理器

Visual Basic 6.0 开发环境中自带一个可视化数据管理器（VISDATA.EXE），通过它可以创建和管理多种类型的数据库。在 Visual Basic 主窗口，选择"外接程序"菜单下的"可视化数据管理器"命令，即可打开可视化数据管理器，如图 10-11 所示。

本小节将使用可视化数据管理器创建一个简单的 Access 数据库。

1. 新建 Access 数据库

在 Visual Basic 可视化数据管理器中，选择"文件"→"新建"→"Microsoft Access"→"Version 7.0 MDB"命令，即可创建 Access 7.0 格式的数据库，如图 10-12 所示。

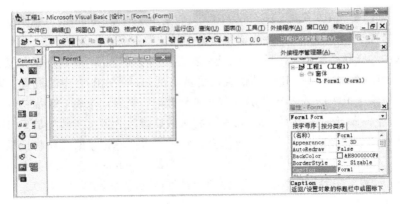

图 10-11　可视化数据管理器

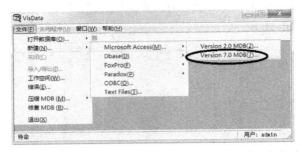

图 10-12　使用"可视化数据管理器"新建 Access 数据库

注意： Access 7.0 就是 Access 95，虽然版本很老，但在数据量不太大的情况下，与高版本的 Access 数据库在性能上相差无几。

新建数据库后，可视化数据管理器将出现"数据库窗口"和"SQL 语句"两个子窗口，如图 10-13 所示。

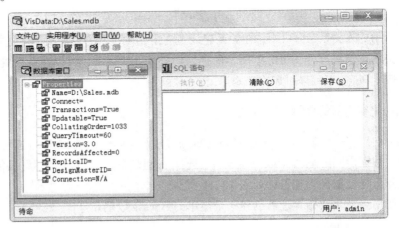

图 10-13　"数据库窗口"和"SQL 语句"子窗口

2．添加数据表

在图 10-13 所示的"数据库窗口"中右击，在弹出的快捷菜单中选择"新建表"命令，将打开"表结构"对话框，如图 10-14 所示。

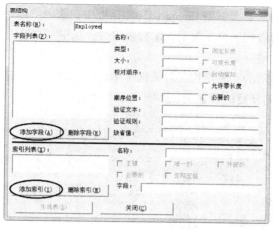

图 10-14　"表结构"对话框

在图 10-14 所示的"表结构"对话框中输入表名称，单击"添加字段"按钮，弹出"添加字段"对话框，如图 10-15 所示。

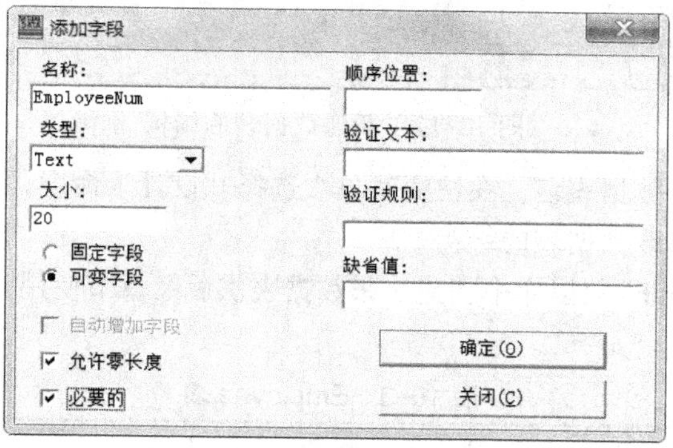

图 10-15　"添加字段"对话框

在图 10-15 所示的"添加字段"对话框中设置字段的名称，类型及大小等属性后，单击"确定"按钮，即可在数据表中添加一个字段。

在图 10-14 所示的"表结构"对话框中单击"添加索引"按钮，弹出"添加索引到 Employee"对话框，如图 10-16 所示。

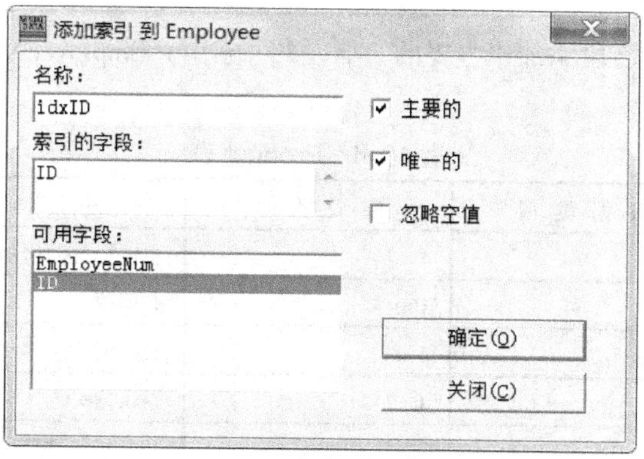

图 10-16　"添加索引到 Employee"对话框

在图 10-16 所示的"添加索引到 Employee"对话框中，选中"可用字段"列表框中的字段，然后输入索引名称即可为数据表设置索引。添加索引时，选中"主要的"和"唯一的"两个复选框，即可创建数据表的主键。

最后，在图 10-14 所示的"表结构"对话框中单击"生成表"按钮，即可在图 10-13 所示的"数据库窗口"中可以看到新建的数据表，如图 10-17 所示。

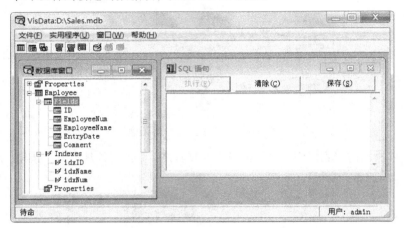

图 10-17　新建数据表的结构

创建数据表后，右击数据表名，在快捷菜单中选择"设计"命令，打开图 10-14 所示的"表结构"对话框，可从中修改数据表的结构。

本小节在"D:\Sales.mdb"数据库中创建 3 张数据表供后续章节使用，结构如表 10-3 至表 10-5所示。

表 10-3　Employee 表

字　段　名	数据类型	字　段　大　小	选　　项	说　　明
ID	Long	4	主键、自动增加	员工 ID
EmployeeNum	Text	20	必要的	员工工号
EmployeeName	Text	100	必要的	员工姓名
EntryDate	Date/Time	8		入职日期
Comment	Memo			备注

在 Employee 表的 ID 字段添加"主要的、唯一的"索引，EmployeeNum 和 EmployeeName 字段分别添加"唯一的"索引。

表 10-4　Product 表

字　段　名	数据类型	字　段　大　小	选　　项	说　　明
ID	Long	4	主键、自动增加	产品 ID
ProductName	Text	100	必要的	产品名称
Price	Single	4	必要的	单价
Quantity	Long	4	默认值=0	库存数量
Comment	Memo			备注

在 Product 表的 ID 字段添加"主要的、唯一的"索引，ProductName 字段添加"唯一的"索引。

表 10-5 Sales 表

字 段 名	数 据 类 型	字 段 大 小	选 项	说 明
ID	Long	4	主键、自动增加	销售单 ID
SaleNum	Text	20	必要的	销售单号
ProductID	Long	4	必要的	产品 ID
Count	Long	4	必要的	销售数量
EmployeeID	Long	4	必要的	经手人的员工 ID
SaleDate	Date/Time	8		销售日期

在 Sales 表的 ID 字段添加"主要的、唯一的"索引，SaleNum 字段添加"唯一的"索引。

3．添加数据

在 Visual Basic 可视化数据管理器的"数据库窗口"中双击数据表，将弹出数据记录窗口，如图 10-18 所示。

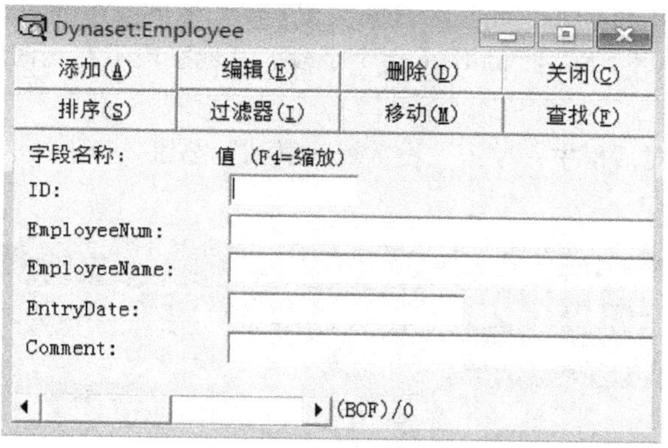

图 10-18　数据记录窗口

在图 10-18 所示的数据记录窗口中，单击"添加"按钮可以向数据表添加新记录，单击"编辑"按钮可以修改当前记录。

注意：自动增加型字段不用输入。

4．创建查询

数据库中的查询对象可以把来自多个表的数据组合在一起，进而提高数据的使用效率并减少数据冗余。在 Visual Basic 可视化数据管理器中，选择"实用程序"菜单下的"查询生成器"命令，将弹出"查询生成器"对话框，通过该对话框可创建查询，如图 10-19 所示。

【例 10-1】在 Sales 数据库中创建查询"销售记录"，将表 10-5 所示的 Sales 表中的 ProductID 字段（产品 ID）和 EmployeeID 字段（经手人的员工 ID），分别替换为 Product 表的 ProductName 字段（产品名称）和 Employee 表的 EmployeeName 字段（员工姓名），并显示 Product 表的 Price 字段（单价）。

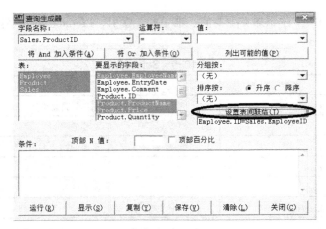

图 10-19 "查询生成器"对话框

操作步骤如下：

（1）选择查询中显示的字段

在图 10-19 所示"查询生成器"对话框中，选中 Employee、Product 和 Sales 表，在"要显示的字段"列表框中选择 Employee.EmployeeName、Product.ProductName、Product.Price、Sales.ID、Sales.SaleNum、Sales.Count、Sales.SaleDate 七个字段。其他字段不在查询中显示。

（2）设置表间联结

在"查询生成器"对话框中，单击"设置表间联结"按钮，弹出的"联结表"对话框，如图 10-20 所示。

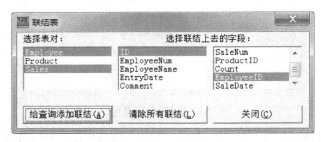

图 10-20 "联结表"对话框

在"联结表"对话框的"选择表对"列表框中选择 Employee 和 Sales 两个表，然后在"选择联结上去的字段"列表框中分别选择字段 Employee.ID 字段（左侧）和 Sales.EmployeeID 字段（右侧）。单击"给查询添加联结"按钮，即可在两表间添加一个"Employee.ID=Sales.EmployeeID"联结。使用同样的方法，再添加"Product.ID=Sales.ProductID"联结。

在图 10-19 所示"查询生成器"对话框中单击"保存"按钮并输入查询的名称"销售记录"，即可创建该查询。

10.3 SQL 语言简介

SQL 语言是一种经过优化的数据库查询语言，绝大多数关系型数据库管理系统，如 Oracle、MySQL、Microsoft SQL Server、Access 等都支持 SQL 语言标准。

10.3.1　SQL 语言概述

SQL 语言全称为结构化查询语言（Structured Query Language），它是一种专用的数据库查询语言。使用 SQL 语句可以创建、修改、删除数据库和数据表等对象，也可以插入、修改、删除、查询数据表中的数据。

1．SQL 语言的起源

SQL 语言最早由 IBM 公司在 1974 年推出，原名为 SEQUEL 语言（Structured English QUEry Language），应用于 IBM 公司的关系型数据库管理系统 System R 中。1986 年 10 月，美国国家标准局（ANSI）采纳 SQL 语言作为关系型数据库管理系统的标准语言，后为国际标准化组织（ISO）采纳为国际标准。1989 年 4 月，ISO 提出了具有完整性特征的 SQL:1989 标准，1992 年又公布了 SQL:1992 标准，目前的最新标准是 SQL:2011。

2．SQL 语言的特点

SQL 语言是一种经过优化的语言，采用专门技术和算法来提高数据库访问速度。SQL 语言还具有非过程化的特点，它允许用户在高层的数据结构上工作，不仅可以操作单条记录，还可以操作记录集合。所有 SQL 语句的输入和输出都是记录集合，并且允许一条 SQL 语句的输出作为另一条 SQL 语句的输入。

SQL 语言支持各类用户的数据库操作，包括系统管理员、数据库管理员、应用程序开发人员、决策支持人员及终端用户等。基本的 SQL 命令只有 10 条语句，具有简单易学的优点。因为绝大多数关系型数据库都支持 SQL 语言，因此用 SQL 语言编写的程序具有良好的可移植性。

3．SQL 语言的组成

SQL 语言主要包括数据定义、控制和操作三部分，其语句非常简短易学。

（1）数据定义语言

数据定义语言简称 DDL（Data Definition Language），主要用于定义表、索引、视图等数据库对象，语句包括 CREATE（创建）、DROP（删除）、ALTER（修改）等。

（2）数据控制语言

数据控制语言简称 DCL（Data Control Language），主要用于控制数据的安全性、完整性和并发性等，语句包括 GRANT（允许）、DENY（拒绝）、REVOKE（撤销）等。

（3）数据操作语言

数据操作语言简称 DML（Data Manipulation Language），主要用于数据的查询、新增、删除和修改等操作，语句包括 SELECT、INSERT、DELETE 和 UPDATE 等。

10.3.2　SELECT 查询语句

数据查询是数据库最基本，也是最重要的操作，数据查询的目的是返回满足用户查询条件的记录集合。在 SQL 语言中，查询功能主要由 SELECT 语句完成。

1．SELECT 语句的语法

SELECT 语句由多个子句构成，其常用语法如下：
```
SELECT [ALL|DISTINCT|TOP n[PERCENT]] fieldlist
```

```
[INTO newtable]
FROM tablelist
WHERE conditions
GROUP BY fieldlist
HAVING conditions
ORDER BY fieldlist [ASC|DESC]
```

说明：

（1）SELECT [ALL|DISTINCT|TOP n[PERCENT]] fieldlist

用于定义查询结果包含的字段或内容。

- fieldlist 是字段名（或常量、表达式）列表，字段名（或常量、表达式）间以逗号分隔，星号（*）表示所有字段。
- ALL 表示显示所有记录（默认）。
- DISTINCT 表示只显示内容不同的记录。
- TOP n 表示只显示前 n 条记录；TOP n PERCENT 表示显示前 n%条记录。

（2）INTO newtable

用于将查询结果存入新的数据表，newtable 是表名，INTO 子句可省略。

（3）FROM tablelist

用于定义查询的数据来源，tablelist 是表（查询）名列表，表（查询）名之间以逗号分隔。

（4）WHERE conditions

用于定义查询的限定条件，conditions 可以是复合条件，复合条件中的各原子条件之间用 AND（与）或 OR（或）连接。

（5）GROUP BY fieldlist

用于定义统计汇总的分类字段，fieldlist 是字段名列表，字段名间以逗号分隔。

（6）HAVING conditions

用于在统计汇总的结果上设置限定条件，conditions 的格式与 WHERE 子句相同。

注意：WHERE 子句在查询过程中进行筛选，HAVING 子句在查询后的结果中进行筛选。

（7）ORDER BY fieldlist

用于定义查询结果按哪些字段排序，fieldlist 是字段名列表，字段间以逗号分隔。ASC 表示升序排序（默认），DESC 表示降序排序。

【例 10-2】在 10.2.2 小节创建的 Employee 表（字段：ID、EmployeeNum、EmployeeName、EntryDate、Comment）中，查询入职日期早于 2010 年的员工的工号和姓名。

SQL 语句为：

```
SELECT EmployeeNum, EmployeeName
FROM Employee
WHERE EntryDate<#1/1/2010#
```

说明：

① 查询结果中只显示 Employee 表的 EmployeeNum（员工工号）和 EmployeeName（员工姓名）两个字段。

② Access 数据库中日期型数据可以按#月/日/年#格式书写。

2．WHERE 子句

SQL 语言中的 WHERE 子句用于设置查询条件，可用于 SELECT、INSERT、UPDATE 和 DELETE 等语句。WHERE 子句通常需要使用各种运算符和函数，Access 数据库使用的 SQL 运算符与 Visual Basic 运算符基本相同，主要有以下几种：

① 算术运算符：+（加）、–（减）、*（乘）、/（除）、MOD（取余）等。

② 比较运算符：=（等于）、<>（不等于）、>（大于）、>=（大于等于）、<（小于）、<=（小于等于）、BETWEEN 值 1 AND 值 2（在值 1 与值 2 之间）、IN（在一组值中）、LIKE（使用通配符 "?" 和 "*" 匹配字符串值）等。

③ 逻辑运算符：NOT（取反）、AND（与）、OR（或）。

④ 字符串运算符：+（字符串连接）。

SQL 语言中的很多函数与 VB 函数同名，如 LEFT、ABS、YEAR、IIF 等，它们的用法也与 Visual Basic 函数相同，本章不再赘述。

【例 10-3】在 10.2.2 小节创建的 "销售金额" 查询（字段：EmployeeName、ProductName、Price、ID、SaleNum、Count、SaleDate）中，查询每张销售单的销售单号、产品名称、单价、数量和金额（金额=单价 × 数量）。

SQL 语句为：

```
SELECT SaleNum AS 销售单号, ProductName AS 产品名称, Price AS 单价,
        Count AS 数量, Price* Count AS 金额
FROM 销售记录
```

说明：

① Access 数据库中的查询对象相当于在数据表上附加的一个 "过滤器"，可以作为数据表使用。

② SELECT 关键字后面的 "SaleNum AS 销售单号" 中，"AS" 关键字左侧是字段名、右侧是用户给该字段定义的别名，在查询结果中 "SaleNum" 字段的字段名变为 "销售单号"。

在 Access 数据库中，SQL 语句应保存在查询对象里，以供其他操作使用。当使用 Visual Basic 可视化数据管理器时，可以将 SQL 语句写在如图 10-13 所示 "SQL 语句" 子窗口中。SQL 语句执行无误后单击 "SQL 语句" 窗口的 "保存" 按钮，可以将 SQL 语句保存成查询对象，如图 10-21 所示。

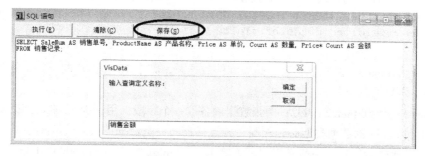

图 10-21　保存 SQL 查询

在 Visual Basic 可视化数据管理器执行或保存 SQL 语句时，都会询问 "这是一个 SQL 传递查询定义吗？"，如图 10-22 所示。

图 10-22 "传递查询"对话框

在"传递查询"对话框选择"否"即可。

3．跨表查询

数据库设计时，为减少数据冗余，一般将重复率高的字符型数据（如"产品名称"）单独存放一张表（product 表），并给每个数据项添加数值型编号（product.ID 字段）。在其他表（如 Sales 表）中，可以只保存该数据项的编号（ProductID），而不需要保存长度较长的字符型数据。在这种情况下，SQL 查询需要将多个数据表的数据结合起来，才能满足实际要求。在 SQL 语言中，JOIN 子句可用于建立跨表查询。

（1）内连接

在 Access 数据库中的两表间建立内连接的 JOIN 子句语法格式为：

```
FROM table1 INNER JOIN table2
ON table1.field1 comp table2.field2
```

说明：

① table1 和 table2：两张数据表，是查询的数据源，其中 JOIN 左边的 table1 称为"左表"、右边的 table2 称为"右表"。

② table1.field1 和 table2.field2：两张数据表各取一个字段，用于确定 table1 和 table2 之间的联系。field1 和 field2 的数据类型必须相同，并且保存同一类数据。

③ comp：比较运算符，一般常用"="（等于），"table1.field1 comp table2.field2"共同构成连接条件。

建立内连接关系的两张数据表中，只有满足连接条件的记录才会出现在查询结果中。

（2）外连接

在 Access 数据库中的两表间建立外连接的 JOIN 子句语法格式为：

```
FROM table1 [LEFT|RIGHT] [OUTER] JOIN table2
ON table1.field1 comp table2.field2
```

说明：

① table1 和 table2：两张数据表，是查询的数据源，其中 JOIN 左边的 table1 称为"左表"、右边的 table2 称为"右表"。

② table1.field1 和 table2.field2：两张数据表各取一个字段，用于确定 table1 和 table2 之间的联系。field1 和 field2 的数据类型必须相同，并且保存同一类数据。

③ comp：比较运算符，一般常用"="（等于），"table1.field1 comp table2.field2"共同构成连接条件。

④ LEFT [OUTER] JOIN：左外连接，除满足连接条件的记录外，左表（table1）中的所有记录出现在查询结果中。

⑤ RIGHT [OUTER] JOIN：右外连接，除满足连接条件的记录外，右表（table2）中的所有记录出现在查询结果中。

⑥ 在 Access 数据库中 OUTER 关键字可省略。

【例 10-4】在 10.2.2 小节创建的 Sales、Employee、Product 三张数据表上，使用内连接查询 Sales.ID、Product.ProductName、Product.Price、Sales.SaleNum、Sales.Count、Employee.EmployeeName、Sales.SaleDate 七个字段。

SQL 语句如下：

```
SELECT Sales.ID,Product.ProductName,Product.Price,Sales.SaleNum,
       Sales.Count,Employee.EmployeeName,Sales.SaleDate
FROM Employee
INNER JOIN (Sales INNER JOIN Product ON Sales.ProductID=Product.ID)
ON Employee.ID=Sales.EmployeeID
```

本例先在 Sales 表和 Product 表间进行内连接，连接条件为"Sales.ProductID=Product.ID"；然后在 Employee 表和 Sales 表间进行内连接，连接条件为"Employee.ID=Sales.EmployeeID"，从而实现三张数据表之间的内连接。

注意：本例的 SQL 语句与例 10-1 创建的"销售记录"查询对象作用相同。

10.3.3 其他常用 SQL 语句

SQL 语言提供了对数据表进行新增、删除、修改等操作的语句，本小节将对其进行简要介绍。

1. INSERT 语句

SQL 语言中，用于向数据表新增记录的是 INSERT 语句，格式为：

```
INSERT INTO table VALUES (value1, value2,…)
```

或

```
INSERT INTO table (field1, field2,…) VALUES (value1, value2,…)
```

其中：

INSERT INTO table：在 table 表插入一条新记录；

(field1, field2,...)：table 表需要赋值的字段列表，当所有字段都赋值时，可省略；

VALUES (value1, value2,...)：将数据 value1,value2,…依次赋给新记录的各个字段。

【例 10-5】在 Employee 表（字段：ID、EmployeeNum、EmployeeName、EntryDate、Comment）新增记录（工号=A003003，姓名=刘志鹏，入职日期=2011 年 9 月 1 日）。

SQL 语句如下：

```
INSERT INTO Employee (EmployeeNum, EmployeeName, EntryDate)
VALUES ('A003003', '刘志鹏',#2011-9-1#)
```

注意：Employee.ID 字段为自动增长型，不能赋值；Employee.Comment 字段允许为空，可不赋值。

2. DELETE 语句

SQL 语言中，用于删除数据表中记录的是 DELETE 语句，基本格式为：

```
DELETE FROM table
WHERE conditions
```

DELETE 语句将删除 table 表中满足条件 conditions 的所有记录。

【例 10-6】在 Sales 表（字段：ID、SaleNum、ProductID、Count、EmployeeID、SaleDate）删除销售日期（SaleDate 字段）在 2011 年之前的所有记录。

SQL 语句如下：

```
DELETE FROM Sales
WHERE SaleDate<#2011-1-1#
```

注意：如果不指定 WHERE 子句的话，DELETE 语句将删除数据表中的所有记录。

3．UPDATE 语句

SQL 语言中，用于修改数据表中记录的是 UPDATE 语句，基本格式为：

```
UPDATE table
SET field1=value1, field2=value2…
WHERE conditions
```

UPDATE 语句先找到 table 表满足条件 conditions 的所有记录，然后将这些记录的 field1 字段的值改为 value1，field2 字段的值改为 value2…

【例 10-7】将 Product 表（字段：ID、ProductName、Price、Quantity、Comment）中，单价（Price 字段）小于 5 的产品统一调价为 5 元。

SQL 语句如下：

```
UPDATE Product
SET Price=5
WHERE Price<5
```

注意：如果不指定 WHERE 子句，UPDATE 语句将修改数据表中的所有记录。

10.4　Data 控件

Data 控件是 Visual Basic 6.0 用于访问小型数据库的内部控件，能够方便、快捷地完成连接数据库、查询数据表等数据操作。需要注意的是，Data 控件不支持 Access 2003 以上的版本，目前已被 ADO 数据对象代替。

10.4.1　添加 Data 控件

在 Visual Basic 6.0 工具箱中，Data 控件的图标为，添加到窗体后，默认控件名为"Data1"，如图 10-23 所示。

图 10-23　Data 控件

Data 控件主要用于连接数据库，数据库中的数据可通过 Data 控件在文本框、复选框等控件中显示。

10.4.2　Data 控件常用属性、方法与事件

Data 控件的主要功能是连接数据库，它的属性和方法都是用于连接和操作数据库。

1. Data 控件的常用属性

Data 控件的常用属性主要有 Connect、DatabaseName、RecordSource、Recordset 等。

（1）Connect 属性

String 型，设置或返回连接数据库的类型。Data 控件可以连接 Access、dBASE、FoxPro、Paradox 等多种类型的数据库，和 Excel、Lotus、文本等其他格式的数据。Connect 属性可以在"属性"窗口或程序代码中设置，例如：

```
Data1.Connect = "Access"
```

表示 Data1 控件连接一个 Access 数据库。

（2）DatabaseName 属性

String 型，设置或返回连接数据库的路径和文件名。DatabaseName 属性可以在"属性"窗口或程序代码中设置，例如：

```
Data1.DatabaseName = "D:\Sales.mdb"
```

表示 Data1 控件连接 D:\Sales.mdb 数据库。

（3）RecordSource 属性

String 型，设置或返回所要连接的记录源，可以是表名、查询名或 SELECT 语句。RecordSource 属性可以在"属性"窗口或程序代码中设置，例如：

```
Data1.RecordSource = "SELECT ProductName FROM Product"
```

表示 Data1 控件的记录集包含 Product 表的 ProductName 字段。

（4）ReadOnly 属性

Boolean 型，用于设置或返回记录集是否以只读方式打开，默认为 False，表示可读、可写。

（5）Exclusive 属性

Boolean 型，用于设置或返回是否以独占方式打开数据库，True 表示单用户独占，False 表示多用户共享。

2. Data 控件的常用方法

（1）UpdateRecord()方法

UpdateRecord()方法用于将 Data 控件的当前内容写入数据库，该方法不触发 Validate 事件。

（2）UpdateControls()方法

UpdateControls()方法用于将数据绑定控件的内容更新为数据库的当前值，即取消用户所做的修改。

（3）Refresh()方法

Refresh()方法用于将记录集中的数据，刷新为当前数据库的内容。

3. Data 控件的常用事件

（1）Reposition 事件

Reposition 事件在当前记录指针移动时触发，例如：

```
Private Sub Data1_Reposition()
    Label1.Caption = "当前记录: " & (Data1.Recordset.AbsolutePosition + 1)
End Sub
```

表示当 Data1 控件改变当前记录时，在标签 Label1 上显示当前记录的序号。

注意：Data1.Recordset.AbsolutePosition 为记录集当前记录的索引，从 0 开始。

（2）Validate 事件

Validate 事件在当前记录指针移动之前，或是在 Update、Delete、Unload 或 Close 操作之前触发。

注意：Reposition 事件是在当前记录指针移动之后触发。

（3）Error 事件

Error 事件在 Data 控件报错时触发，可以在该事件中进行错误处理。

10.4.3　RecordSet 对象

Recordset 是 Data 控件最重要的属性，该属性的返回值是一个 Recordset 类型的对象，指向查询结果的记录集。

1．Recordset 对象的常用属性

Recordset 对象的常用属性如下：

（1）AbsolutePosition 属性

Long 型，返回或设置记录集当前记录的索引，从 0 开始。

（2）BOF 属性

Boolean 型，返回当前记录指针是否位于记录集首记录之前，若为 True，表示向前出界。当前记录指针在记录集中时，BOF 属性为 False。

（3）EOF 属性

Boolean 型，返回当前记录指针是否位于记录集末记录之后，若为 True，表示向后出界。当前记录指针在记录集中时，EOF 属性为 False。

（4）Fields 属性

Fields 是 Recordset 对象最重要的属性，返回记录集当前记录的字段（Field）集合，数据类型为 DAO.Fields 类。通过 Fields(索引)或 Fields("字段名")可以访问当前记录的各字段，例如：

```
For i=0 To Data1.Recordset.Fields.Count - 1
    Print Data1.Recordset.Fields(i).Name & "," & Data1.Recordset.Fields(i).Value
Next
```

以上代码可以在窗体上打印 Data1 控件记录集中当前记录的所有字段名和字段值，中间以逗号分隔。

（5）Filter 属性

String 型，返回或设置记录集的数据筛选条件。

（6）Sort 属性

String 型，返回或设置记录集的排序字段。

（7）RecordCount 属性

Long 型，返回记录集的总记录数。

2．Recordset 对象的常用方法

Recordset 对象的常用方法如下：

（1）AddNew()方法

AddNew()方法用于在记录集中新增空白记录。

（2）Cancel()方法

Cancel()方法用于取消对记录集的当前操作。

（3）CancelUpdate()方法

CancelUpdate()方法用于取消对记录集的数据更新。

（4）Close()方法

Close()方法用于关闭记录集。

（5）Delete()方法

Delete()方法用于删除当前记录。

（6）Edit()方法

Edit()方法用于编辑当前记录。

（7）FindFirst()、FindLast()、FindNext()、FindPrevious()方法

分别用于将当前记录指针定位到查找符合查找条件的第一条、最后一条、下一条、上一条记录，例如：

```
Data1.Recordset.FindFirst "EmployeeName Like '刘*' "
```

表示将 Data1 的记录集当前记录指针定位到第一条 EmployeeName 字段以"刘"开头的记录，即姓刘的员工。

注意： 使用 Like 运算符和通配符"*"可以进行模糊查找。

（8）Move()方法

Move()方法用于移动当前记录指针到指定记录，例如：

```
Data1.Recordset.Move 2
```

表示将 Data1 的记录集当前记录指针向后移动 2 条记录。

（9）MoveFirst()、MoveLast()、MoveNext()、MovePrevious()方法

分别用于移动当前记录指针到首记录、末记录、下一记录、上一记录。

（10）Update()方法

Update()方法用于将 AddNew()或 Edit()方法中修改内容保存到数据库。

Data 控件基本上已经被 ADODC 控件所取代，因此本书不再赘述。

10.5 ADODC 控件

在 Visual Basic 6.0 中，可以使用三种对象模型访问数据库：数据访问对象（Data Access Objects，DAO）、远程数据对象（Remote Data Objects，RDO）和 ActiveX 数据对象（ActiveX Data Objects，ADO）。Data 控件的内核是 DAO 对象模型，本节介绍的 ADODC 控件是一种基于 ADO 技术的功能更为强大的数据源控件。

10.5.1 添加 ADODC 控件

ADODC 控件是一种 ActiveX 外部控件，在创建标准 EXE 工程时，没有出现在 Visual Basic 工

具箱中。在使用之前，需要先把 ADODC 控件添加到工具箱中。

1. 添加 ActiveX 外部控件

在 Visual Basic 6.0 主窗口中，选择"工程"→"部件"命令，从弹出的"部件"对话框中选中"Microsoft ADO Data Control 6.0"复选框，单击"确定"按钮，即可将 ADODC 控件加入 Visual Basic 工具箱。ADODC 控件的图标为 δ^u 。"部件"对话框如图 10–24 所示。

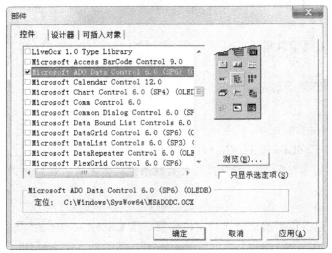

图 10–24　"部件"对话框

ADODC 控件添加到窗体上之后，默认控件名为 ADODC1。

2. 使用 ADODC 控件连接数据库

使用 ADODC 控件连接数据库的操作步骤如下：

① 选定窗体上的 ADODC 控件并右击，从快捷菜单中选择"ADODC 属性"命令，将弹出 ADODC 控件的"属性页"对话框，如图 10–25 所示。

图 10–25　ADODC 控件"属性页"对话框

② 在 ADODC 控件"属性页"对话框的"通用"选项卡中，选择"使用连接字符串"选项，单击"生成"按钮，打开"数据链接属性"对话框，如图 10-26 所示。

图 10-26　"数据链接属性"对话框

③ 在图 10-26 所示"数据链接属性"对话框的"提供程序"选项卡中，选择所需连接数据库的类型。若连接 Access 2000 以上版本的数据库，可选择"Microsoft Jet 4.0 OLE DB Provider"选项。单击"下一步"按钮，选择图 10-27 所示的"连接"选项卡。

图 10-27　设置连接数据库的位置和账号

④ 在图 10-27 所示的"连接"选项卡中，可以设置连接数据库的位置、用户名称和密码。

单击"测试连接"按钮，可测试数据库是否可用。单击"确定"按钮后，返回图 10-25 所示的"属性页"对话框。选择"记录源"选项卡，可以设置连接的数据表或查询，如图 10-28 所示。

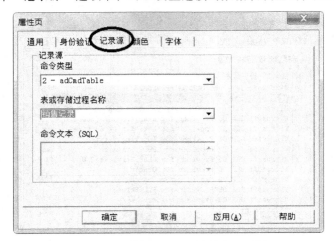

图 10-28　设置 ADODC 控件的记录源

⑤ 在图 10-28 所示的"记录源"选项卡中，如果在"命令类型"下拉列表框中选择"2-adCmdTable"，可通过"表或存储过程名称"下拉列表框选择已有数据表或查询作为记录源；若选择"1-adCmdText"命令类型，可在"命令文本（SQL）"文本框中输入 SELECT 语句作为记录源。

ADODC 控件设置完成后，可作为数据绑定控件的数据源使用。

10.5.2　ADODC 控件常用属性、方法与事件

ADODC 控件的成员与 Data 控件基本相同，本小节主要介绍 ADODC 控件特有的属性、方法和事件。

1．ADODC 控件常用属性

（1）ConnectionString 属性

String 型，设置和返回 ADODC 控件的数据源。在图 10-25 所示的"属性页"对话框中，生成的连接字符串"Provider=Microsoft.Jet.OLEDB.4.0;Data Source=D:\Sales.mdb"即 ConnectionString 属性。

（2）RecordSource 属性

String 型，设置和返回所要连接的记录源，可以是表名、查询名或 SELECT 语句。在图 10-28 中设置的就是 RecordSource 属性。

（3）CommandType 属性

设置和返回记录源的类型，数据类型为 CommandTypeEnum 枚举型。CommandType 属性有四种可选类型：adCmdUnknown（默认）、adCmdTable、adCmdText 和 adCmdstoreProc，与图 10-28 中的"命令类型"下拉列表框相对应。其中，adCmdTable 表示 RecordSource 属性的值是 1 个表名，adCmdText 表示 RecordSource 属性的值是 1 条 SELECT 语句。

（4）UserName 和 Password 属性

String 型，设置和返回连接数据源的用户名和密码，这是访问大型数据库所必需的。在图 10-27 所示的"连接"选项卡中，"用户名称"和"密码"文本框分别对应 UserName 和 Password 属性。

2．ADODC 控件常用方法

与 Data 控件一样，ADODC 控件也是通过 Recordset 属性返回一个指向查询结果记录集的对象。ADODC 控件的方法主要是 Recordset 对象的数据操作方法，包括：

① MoveFirst()、MoveLast()、MovePrevious()、MoveNext()方法。

② AddNew()、Delete()、Update()、CancelUpdate()方法。

③ Open()、Close()方法。

④ Find 方法等。

它们的用法与 Data 控件的 Recordset 对象基本相同。

3．ADODC 控件常用事件

（1）WillMove 和 MoveComplete 事件

Recordset 记录集当前记录指针改变之前，触发 WillMove 事件；改变之后触发 MoveComplete 事件。

（2）WillChangeField 和 FieldChangeComplete 事件

Recordset 记录集当前记录被修改之前，触发 WillChangeField 事件；修改之后触发 FieldChangeComplete 事件。

（3）WillChangeRecord 和 RecordChangeComplete 事件

Recordset 记录集中的记录发生变化之前，触发 WillChangeRecord 事件；记录集中的记录发生变化之后，触发 RecordChangeComplete 事件。

10.5.3　数据绑定控件

Data 控件和 ADODC 控件作为数据源可以连接到数据库，但不能显示数据。在 Visual Basic 6.0 中，可以使用数据绑定控件通过数据源显示数据库中的数据。Visual Basic 工具箱中的 TextBox、CheckBox、Image 等内部控件都可以与数据源绑定。此外，Visual Basic 6.0 还提供了一些 ActiveX 外部控件，如 DBCombo、DataCombo、DataGrid 等，这些控件提供了更为强大的数据操作功能。

1．内部控件

ADODC 控件或 Data 控件必须与数据绑定控件配合使用，才能显示或操作数据库中的数据。数据绑定控件是可以识别数据源的控件，通过它可以访问数据库中的数据。在 Visual Basic 中，能够和 Data 控件绑定的内部控件包含：TextBox、Label、CheckBox、ListBox、ComboBox、PictureBox、Image 等。

数据绑定控件需要设置三个属性来完成与数据源（Data 控件、ADODC 控件、ADO 对象等）的绑定。

（1）DataSource 属性

设置与该控件绑定的数据源，数据类型为 DataSource 类型。数据绑定控件的 DataSource 属性可以赋值为 1 个 Recordset 对象，例如：

```
Set Text1.DataSource = ADODC1.Recordset
```

表示将文本框 Text1 绑定到 ADODC1 控件。需要注意的是：

① DataSource 属性是对象类型，所以赋值时必须用 Set 语句。

② DataSource 属性的取值是 ADODC 控件的 Recordset 记录集，不是 ADODC 控件本身。

（2）DataField 属性

文本框等数据绑定控件只能显示一项数据，需要用 DataField 属性设置绑定的字段名称，数据类型为 String 型。例如：

```
Text1.DataField = "ProductName"
```

表示文本框 Text1 绑定到数据源的"ProductName"字段。

注意：DataField 属性的取值必须是 DataSource 属性指定记录集中的字段名。

（3）DataMember 属性

如果数据绑定控件的 DataSource 属性被设置为一个数据环境（DataEnvironment，可以连接到多个数据库），需要使用该属性进一步设置控件绑定到数据环境中的哪个数据库，数据类型为 String 型。

2．DataCombo 和 DataList 控件

数据组合框 DataCombo 是组合框 ComboBox 的扩展，而数据列表框 DataList 则是列表框 ListBox 的扩展。这两种控件都可以从数据库自动读取并加载数据项列表，是数据库应用程序开发中的常用控件。本小节将主要介绍 DataCombo 控件的用法，DataList 控件的用法与之类似。

（1）添加 DataCombo 和 DataList 控件

DataCombo 和 DataList 控件都不是 Visual Basic 内部控件，在使用前需要手动添加。在 Visual Basic 6.0 开发环境中，选择"工程"→"部件"命令，从弹出的"部件"对话框中选中"Microsoft DataList Controls 6.0"复选框即可添加这两种控件，如图 10-29 所示。

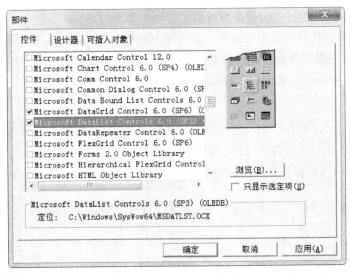

图 10-29　添加 DataCombo 和 DataList 控件

在 Visual Basic 6.0 工具箱中，DataCombo 控件的图标为⬛、DataList 控件的图标为⬛。添加到窗体后，DataCombo 控件的默名称为 DataCombo1，外观与组合框 ComboBox 相同；DataList 控件的默认名称为 DataList1，外观与列表框 ListBox 相同。

（2）DataCombo 控件常用属性、方法与事件

DataCombo 控件虽然与组合框（ComboBox）的外观一样，但该控件的列表项是从数据库自动加载的，因此没有 Value 属性，以及 AddItem()、RemoveItem() 和 Clear() 等方法。DataCombo 控件的主要属性如下：

① DataSource 属性。设置 DataCombo 控件绑定的数据源，数据类型为 DataSource 类型。当 DataCombo 控件选中列表项时，该数据源中的数据随之改变。

② DataField 属性。String 型，设置控件的连接字段，当 DataCombo 控件选中列表项时，该字段中的数据随之改变。

③ RowSource 属性。设置 DataCombo 控件的列表项从哪个数据源填充，数据类型为 DataSource 类型。

注意：当 DataCombo 控件选中列表项时，该数据源中的数据不随之改变。

④ ListField 属性。String 型，设置 DataCombo 控件列表项的文本来自哪个字段，该字段必须是 RowSource 属性指定数据源中的字段。

⑤ BoundColumn 属性。String 型，设置 DataCombo 控件列表项的数据值来自哪个字段，该字段必须是 RowSource 属性指定数据源中的字段。

注意：DataCombo 控件列表项的数据值不在控件中显示。

【例 10-8】创建"销售单管理"窗体，如图 10-30 所示。

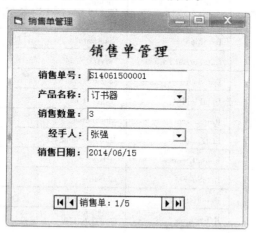

图 10-30 "销售单管理"程序界面

窗体上的主要控件如下：

① 添加 3 个 ADODC 控件，分别连接到 D:\Sales.mdb 数据库的 Product 表、Employee 表和 Sales 表。

② 添加 3 个文本框分别绑定 Sales 表的 SaleNum 字段、Count 字段、SaleDate 字段。

③ 添加 2 个 Datacombo 控件，分别填充 Product 表的 ProductName 字段和 Employee 表的 EmployeeName 字段，并且绑定到 Sales 表的 ProductID 字段和 EmployeeID 字段。

主要控件属性如表 10-6 所示。

表 10-6 "销售单管理"窗体主要控件属性设置

控 件 名	控 件 类 型	属 性 名	属 性 值	说 明
adbProduct	ADODC	Visible	False	连接到"产品"（Product）表
		ConnectionString	"Provider=Microsoft.Jet.OLEDB.4.0;Data Source=D:\Sales.mdb"	
		CommandType	2	
		RecordSource	"Product"	
adoEmployee	ADODC	Visible	False	连接到"员工"（Employee）表
		ConnectionString	"Provider=Microsoft.Jet.OLEDB.4.0;Data Source=D:\Sales.mdb"	
		CommandType	2	
		RecordSource	"Employee"	
adoSales	ADODC	ConnectionString	"Provider=Microsoft.Jet.OLEDB.4.0;Data Source=D:\Sales.mdb"	连接到"销售记录"（Sales）表
		CommandType	2	
		RecordSource	"Sales"	
txtSaleNum	TextBox	DataSource	adoSales	销售单号
		DataField	"SaleNum"	
txtCount	TextBox	DataSource	adoSales	销售数量
		DataField	"Count"	
txtSaleDate	TextBox	DataSource	adoSales	销售日期
		DataField	"SaleDate"	
		DataFormat.Format	"yyyy/MM/dd"	
dcbProductID	DataCombo	DataSource	adoSales	产品名称
		DataField	"ProductID"	
		RowSource	adbProduct	
		ListField	"ProductName"	
		BoundColumn	"ID"	
dcbEmployeeID	DataCombo	DataSource	adoSales	经手人
		DataField	"EmployeeID"	
		RowSource	adoEmployee	
		ListField	"EmployeeName"	
		BoundColumn	"ID"	

程序代码如下：

```
Private Sub adoSales_MoveComplete(ByVal adReason As ADODB.EventReasonEnum,
ByVal pError As ADODB.Error, adStatus As ADODB.EventStatusEnum, ByVal pRecordset
As ADODB.Recordset)
```

```
        adoSales.Caption = "销售单: " & adoSales.Recordset.AbsolutePosition & "/"
& adoSales.Recordset.RecordCount
    End Sub
```

说明：

① 每个 ADODC 控件只能连接 1 张数据表，因此程序中需要使用 3 个 ADODC 控件。其中，连接"产品"(Product)表和"员工"(Employee)表的 adbProduct 和 adoEmployee 控件用于向 Datacombo 控件填充列表项，因此不需要显示。

② 代码中使用了 adoSales 控件的 MoveComplete 事件，该事件在改变当前记录指针，例如单击控件 |◀◀|◀|销售单: 1/2 |▶|▶▶| 两端的箭头时触发。

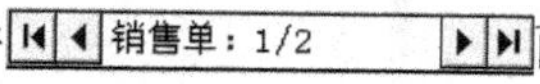

使用 DataCombo 控件时，应将 Style 属性设为 "2–dbcDropDownList"，可以限定用户只能从列表中选取，而不能输入字符。

3．DataGrid 控件

DataGrid 是 Visual Basic 提供的一种常用表格控件，可以显示数据源记录集的全部记录，并支持对数据记录的新增、修改和删除操作。

（1）添加 DataGrid 控件

DataGrid 控件也是 ActiveX 外部控件，添加 DataGrid 控件的方法与添加 ADODC、DataCombo 控件的方法一样。在 VB 主窗口的"工程"菜单下选择"部件"命令，在"部件"对话框中选中 "Microsoft DataGrid Control 6.0"复选框即可，如图 10–29 所示。

在 Visual Basic 工具箱中，DataGrid 控件的图标为 🖽。添加到窗体后，DataGrid 控件的默认控件名为 DataGrid1，外观如图 10–31 所示。

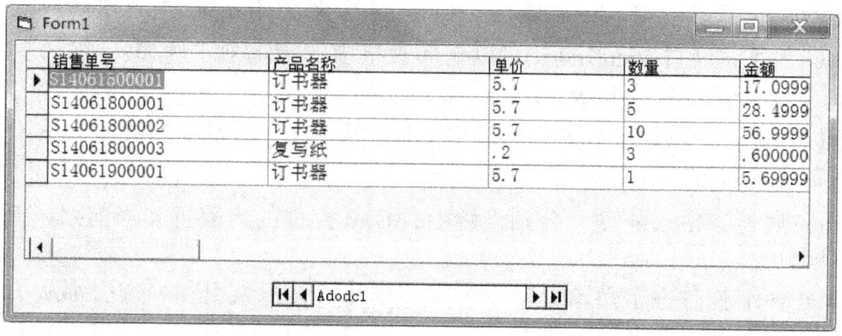

图 10–31 DataGrid 控件外观

注意：

① DataGrid 控件只能与 ADODC 控件、ADO 对象或 Data Environment 数据环境绑定，不能与 Data 控件绑定。

② MSFlexGrid 表格控件可以与 Data 控件绑定，在"部件"对话框选中 "Microsoft FlexGrid Control 6.0"复选框，可以向 Visual Basic 工具箱添加 MSFlexGrid 控件。

（2）DataGrid 控件常用属性、方法与事件

DataGrid 控件的属性非常多，其中大部分属性可以在图形化的属性页中设置。在 DataGrid 控件上右击，从快捷菜单中选择"属性"命令，将弹出 DataGrid 控件的"属性页"对话框，如图 10–32 所示。

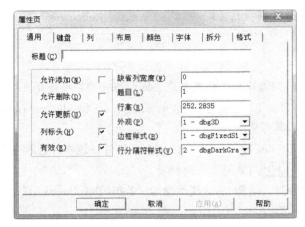

图 10-32　DataGrid 控件"属性页"对话框

DataGrid 控件的主要属性如下：

① DataSource 属性。设置 DataGrid 控件绑定的数据源，数据类型为 DataSource 类。DataGrid 控件可显示数据源的所有字段，因此没有 DataField 属性。

② AllowAddNew、AllowUpdate、AllowDelete 属性。Boolean 型，设置 DataGrid 控件是否允许新增、修改、删除数据源中的数据。

③ ColumnHeaders 属性。Boolean 型，设置 DataGrid 控件是否显示标题（表头）行。

④ Columns 属性。Columns 属性返回 DataGrid 控件所有列（Column）的集合，数据类型为 DataGridLib.Columns 类。Columns 类有 4 个成员——Add 方法（新增 1 列）、Remove 方法（删除 1 列）、Count 属性（总列数）和 Item 属性。Item 属性为 Columns 类的默认成员，数据类型为 DataGridLib.Column 类，通过 Item(Index)可以访问表格中的指定列，例如：

```
DataGrid1.Columns(0).Alignment = 2
```

可以将 DataGrid1 控件最左列的对齐方式设为居中对齐。表格中列的索引从 0 开始，最右列的索引是 Columns.Count-1。

⑤ Col、Row 属性。Integer 型，分别设置 DataGrid 控件的当前行和当前列，例如：

```
DataGrid1.Col = 0 : DataGrid1.Row = 0
```

可以将 DataGrid1 控件左上角单元格设为当前单元格，行索引和列索引都从 0 开始。需要注意的是，DataGrid 控件的数据来源于通过 DataSource 属性绑定的数据源，因此表格的总行数可以通过数据源的 Recordset 的 RecordCount 属性获取，例如：

```
Set DataGrid1.DataSource = Adodc1
DataGrid1.Row = Adodc1.Recordset.RecordCount - 1
```

可以将 DataGrid1 控件的数据源设为 Adodc1，然后将表格的最后一行设为当前行。

⑥ Text 属性。String 型，返回或设置 DataGrid 控件当前单元格的文本，当前单元格可以通过 Col 和 Row 属性设置。

DataGrid 控件常用方法与事件如下：

① Scroll 方法。Scroll 方法用于让 DataGrid 控件滚动指定的行数和列数，格式为：

```
Sub Scroll(Cols As Long, Rows As Long)
```

Cols 参数为正时，表格向左滚动，反之向右滚动；Rows 参数为正时，表格向下滚动，反之向上滚动。需要注意的是：表格滚动时当前单元格不变。

② Change 事件。当 DataGrid 控件当前单元格内容（Text 属性）发生改变时触发 Change 事件。

③ HeadClick 事件。单击 DataGrid 控件的标题行时触发 HeadClick 事件，格式为：

```
Event HeadClick(ColIndex As Integer)
```

ColIndex 参数为 DataGrid 控件标题行上被单击的列索引。

除 DataGrid 控件外，Visual Basic 6.0 还提供了 MSHFlexGrid 表格控件，可通过"部件"对话框中"Microsoft Hierarchical FlexGrid Control 6.0"复选框添加。

10.5.4　ADODC 控件应用

本小节将通过一个例子讲解通过 ADODC 控件新增、修改和删除数据记录的方法。

【例 10-9】在【例 10-8】创建的"销售单管理"窗体上添加 3 个命令按钮 cmdAdd、cmdSave 和 cmdDel，标题分别设为"新增""保存""删除"，如图 10-33 所示。

图 10-33　修改后的"销售单管理"程序界面

修改后的"销售单管理"程序只需要编写少量代码，即可实现新增、修改和删除销售单的功能。

1. 新增"销售单"

在"销售单管理"窗体单击"新增"按钮（控件名为 cmdAdd）时，通过 adoSales 控件记录集的 AddNew 方法添加一条空白记录，代码如下：

```
Private Sub cmdAdd_Click()
    adoSales.Recordset.AddNew
End Sub
```

编辑各字段后，单击"保存"按钮（控件名为 cmdSave）时，通过 adoSales 控件记录集的 Update 方法将新增记录写入数据库，代码如下：

```
Private Sub cmdSave_Click()
    Dim isValid As Boolean              '用于标识各字段值是否合法
    isValid = True
    On Error GoTo Err                   '报错时，跳到行号 Err 处
    If txtSaleNum.Text = "" Then        '判断是否输入了销售单号
        MsgBox "销售单号不能为空！", vbCritical, "错误"
        txtSaleNum.SetFocus
```

```
            isValid = False
        End If
        If dcbProductID.Text = "" Then          '判断是否选择了产品名称
            MsgBox "产品名称不能为空! ", vbCritical, "错误"
            dcbProductID.SetFocus
            isValid = False
        End If
        If Not IsNumeric(txtCount.Text) Then     '判断销售数量是否为数字
            MsgBox "销售数量必须为数字! ", vbCritical, "错误"
            txtCount.Text = "": txtCount.SetFocus
            isValid = False
        End If
        If dcbEmployeeID.Text = "" Then          '判断是否选择了经手人
            MsgBox "经手人不能为空! ", vbCritical, "错误"
            dcbEmployeeID.SetFocus
            isValid = False
        End If
        If Not IsDate(txtSaleDate.Text) Then     '判断销售日期是否合法
            MsgBox "销售日期格式错误! ", vbCritical, "错误"
            txtSaleDate.Text = "": txtSaleDate.SetFocus
            isValid = False
        End If
        If isValid Then                          '如何5个字段都合法,
            adoSales.Recordset.Update            '则将修改存入数据库
            adoSales.Refresh                     '更新数据源连接
        End If
        Exit Sub
Err:                                             '行号 Err 处
        If Err.Number = -2147467259 Then         '销售单号字段有重复
            MsgBox "销售单号不能重复! ", vbCritical, "错误"
            txtSaleNum = "": txtSaleNum.SetFocus
        End If
End Sub
```

将新增记录存入数据库之前，需要先检验各字段输入数据是否合法。本例的检验项包括：

① 销售单号不能为空。

② 产品名称不能为空。

③ 使用 IsNumeric 函数，检验销售数量是否为数字。

④ 经手人不能为空。

⑤ 使用 IsDate 函数，检验销售日期格式是否合法。

⑥ 通过错误号–2147467259 检验销售单号是否重复。

变量 isValid 的初值设为 True，当任何检验项不能通过时，都将变量 isValid 设为 False。最后，如果变量 isValid 的值仍为 True，表明所有检验项全部通过，使用 adoSales.Recordset.Update()方法将新增记录存入数据库。

2. 修改 "销售单"

修改销售单时，各字段可以直接编辑，单击 "保存" 按钮可将修改内容写入数据库。

3. 删除"销售单"

在"销售单管理"窗体单击"删除"按钮（控件名为 cmdDel）时，通过 adoSales 控件记录集的 Delete 方法可以删除当前记录，代码如下：

```
Private Sub cmdDel_Click()
    adoSales.Recordset.Delete            '删除当前记录
    adoSales.Refresh                     '更新数据源连接
    adoSales.Recordset.MoveFirst         '将首记录设为当前记录
End Sub
```

需要注意的是：Recordset 记录集删除当前记录后，当前记录指针并不会自动跳转到下一条记录，需要通过 MoveFirst() 方法让当前记录指针离开已经被删除的记录。

ADODC 控件相对于 Data 控件来说，能够连接更多种类的数据库，支持的数据库操作也更多，因此可以完全替代 Data 控件。

10.6　ADO 数据对象

ADO（ActiveX Data Objects）数据对象模型是对 DAO 和 RDO 模型的扩展，可以通过 OLEDB 方法连接数据库。使用 ADO 对象模型可以连接 Access、MySQL、SQL Server、Oracle 等各种类型的数据库。

10.6.1　ADO 组成

ADO 数据对象模型主要由三种对象组成：Connection、Command 和 Recordset。

① Connection 对象用于连接数据库，在访问数据库之前，必须先打开数据库连接。

② Command 对象用于对数据库进行增、删、改、查等记录操作或数据库对象操作。

③ Recordset 对象（记录集）用于访问 Connection 对象或 Command 对象打开的查询结果记录集。

ADO 数据对象之间的关系如图 10-34 所示。

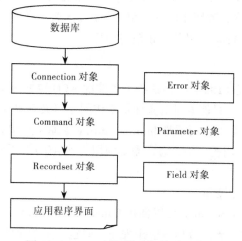

图 10-34　ADO 数据对象关系示意图

Error 对象用于返回数据库连接和数据操作过程中的错误，Parameter 对象主要用于创建 Command 对象所需的参数，Field 对象是 Recordset 对象所指向记录集的字段。

10.6.2 创建 ADO 数据对象

ADO 数据对象的工作机制与 ADODC 控件相同，但 ADO 对象不是控件，它没有图形界面，也不支持键盘和鼠标操作。在 Visual Basic 6.0 中使用 ADO 数据对象之前，需要先引用 ADO 类库（Library），ADODB 是使用较多 ADO 类库。

1. 引用 ADODB 类库

在 Visual Basic 6.0 主窗口的"工程"菜单下选择"引用"命令，在弹出的"引用"对话框中，选择"Microsoft ActiveX Data Objects 2.x Library"选项可将 ADODB 类库引入当前 Visual Basic 工程，如图 10-35 所示。

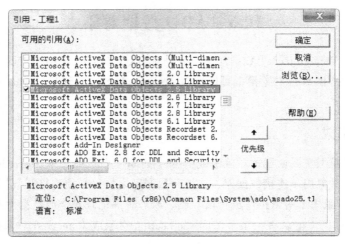

图 10-35　引用 ADODB 类库

ADODB 类库有多个版本，如 2.0、2.1、2.5 等。为保证程序的兼容性，在 Visual Basic 工程中应该引用较低的 ADODB 版本，如图 10-35 中引用的是 2.5 版。需要注意的是：ADODB 类库不是控件，既不会出现在 Visual Basic 工具箱，也没有图标。

2. 创建 ADO 数据对象

ADODB 类库中有多个类（Class），用这些类创建的 ADO 数据对象能够支持各种数据库操作。ADO 数据对象没有图形界面，只能通过对象变量来访问。定义对象变量的方法与定义变量相同，但对象变量的数据类型为一个类，而不是 Integer、String 等原子类型。

在 Visual Basic 数据库应用程序中，通常需要使用 3 种 ADO 数据对象：Connection、Command 和 Recordset。

（1）定义 Connection 对象变量

用 ADODB 类库中的 Connection 类可以创建 Connection 对象，Connection 对象主要用于连接数据源，是所有数据库操作的基础。数据库应用程序一般包含多个窗体，因此通常在标准模块定义全局的 ADO 数据对象变量。定义 Connection 类型全局对象变量的语句为：

```
Public 对象变量名 As ADODB.Connection
```

因为 DAO 数据对象模型中也有 Connection 类，为避免混淆，需要在类名 Connection 前加上类库名 ADODB。

（2）定义 Command 对象变量

用 ADODB 类库中的 Command 类可以创建 Command 对象，Command 对象主要用于执行 INSERT、DELETE、UPDATE 等各种 SQL 语句。定义 Command 类型全局对象变量的语句为：

```
Public 对象变量名 As ADODB. Command
```

为了方便阅读代码，通常也在类名 Command 前加上类库名 ADODB。

（3）定义 Recordset 对象变量

用 ADODB 类库中的 Recordset 类可以创建 Recordset 对象，ADODB.Recordset 对象的用法与 ADODC 控件的 Recordset 属性一致，主要用于访问查询结果记录集。定义 Recordset 类型全局对象变量的语句为：

```
Public 对象变量名 As ADODB. Recordset
```

为了避免与 DAO. Recordset 类混淆，需要也在类名 Command 前加上类库名 Recordset。

（4）创建数据对象

定义对象变量后，需要创建对象（Object），并让对象变量指向对象才能使用。在 Visual Basic 中，可以使用 New 关键字创建对象，使用 Set 赋值语句让对象变量指向对象。

① 隐式创建。如果定义对象变量时直接使用 New 关键字，当该变量第一次被程序调用时，Visual Basic 将自动创建对象，这种创建对象的方式称为隐式创建或自动创建。例如，在定义 Connection 类对象变量 cn 时使用以下语句：

```
Public cn As New ADODB.Connection
```

当程序第一次调用变量 cn 时，将自动创建 Connection 类的对象。

② 显式创建。如果在 Set 赋值语句中使用 New 关键字创建对象，则称为显式创建对象。例如：

```
Public rs As ADODB.Recordset
Set rs = New ADODB.Recordset
```

第 1 行代码定义了 Recordset 类型的对象变量 rs，第 2 行代码显式创建 Recordset 类的对象，并让变量 rs 指向该对象。

在数据库应用程序中通常需要连接多个数据源，使用 ADO 数据对象比使用 ADODC 控件更灵活、更方便。

10.6.3　ADO 数据对象常用属性与方法

ADO 数据对象不是控件，因此不能通过"属性"窗口或"属性页"对话框设置对象的属性。ADO 数据对象的所有属性都必须通过程序代码设置。

1. Connection 对象常用属性与方法

ADODB.Connection 对象主要用于连接数据源，主要属性和方法包括：

（1）ConnectionString 属性

String 型，用于设置数据源连接字符串，用法与 ADODC 的 ConnectionString 属性相同。例如：

```
Dim cn As New ADODB.Connection
```

```
cn.ConnectionString = "Provider=Microsoft.Jet.OLEDB.4.0;Data Source=D:\Sales.
mdb"
```

上述代码可以让对象变量 cn 所指向的 Connection 对象连接到 D:\Sales.mdb 数据库。

（2）Provider 属性

String 型，用于设置连接数据源的类型，相当于 ConnectionString 连接字符串的 Provider 子串，如上例中的：

```
cn.ConnectionString = "Provider=Microsoft.Jet.OLEDB.4.0;Data Source=D:\Sales.
mdb"
```

可改写为：

```
cn.Provider = "Microsoft.Jet.OLEDB.4.0"
cn.ConnectionString = "Data Source=D:\Sales.mdb"
```

两种写法的作用相同。

（3）CursorLocation 属性

数据类型为 CursorLocationEnum 枚举型，用于设置查询结果记录集的存放位置，常用取值为：

- adUseServer：查询结果记录集保存在服务器端的内存中。
- adUseClient：查询结果记录集保存在客户端的内存中。

在大多数数据库应用程序中，服务器与客户端的硬件配置差不多，将记录集放在客户端可以减轻服务器的负担。

（4）Open()方法

Connection 对象的 Open()方法用于打开与数据源的连接，在操作数据源之前，必须先打开连接。Open 方法的用法如下：

```
对象变量名.Open [ConnectionString As String], [UserID As String], [Password As
String], [Options As Long = -1]
```

其中：

- 参数 ConnectionString 为连接字符串，可代替 ConnectionString 属性。
- 参数 UserID 为数据源的登录账号，可写在 ConnectionString 参数或 ConnectionString 属性中。
- 参数 Password 为数据源的登录密码，可写在 ConnectionString 参数或 ConnectionString 属性中。
- 参数 Options 用于设置 Open()方法是否等待建立连接之后才返回，默认值–1（同步方式）表示必须等待数据连接建立成功才能继续执行后续代码，该参数不用设置。

例如：

```
Dim cn As New ADODB.Connection
cn.ConnectionString = "Provider=Microsoft.Jet.OLEDB.4.0;Data Source=D:\Sales.
mdb"
cn.Open
```

上述代码可以通过对象变量 cn 打开与 D:\Sales.mdb 数据库的连接，后两句代码也可直接写为：

```
cn.Open "Provider=Microsoft.Jet.OLEDB.4.0;Data Source=D:\Sales.mdb"
```

两种写法的作用相同。

（5）Close()方法

Connection 对象的 Close()方法用于关闭与数据源的连接，数据操作完成后，应及时关闭连接。Close()方法没有参数。

（6）Execute()方法

Connection 对象的 Execute()方法可用于执行 SQL 语句，用法如下：

对象变量名. Execute CommandText As String, [RecordsAffected], [Options As Long = -1]

其中：

- 参数 CommandText 为 SQL 语句或数据表（查询）名，不能省略。
- 参数 RecordsAffected 用于设置受查询影响的记录数，通常不用设置。
- 参数 Options 用于设置 CommandText 的类型和 Execute()方法的执行方式，通常不用设置。
- Execute()方法的返回值为 ADODB.Recordset 类型。

例如：

```
Dim cn As New ADODB.Connection
cn.Open "Provider=Microsoft.Jet.OLEDB.4.0;Data Source=D:\Sales.mdb"
cn.Execute "UPDATE Product SET Price=Price*1.1"
```

上述代码可以将 D:\Sales.mdb 数据库中 Product 表的 Price 字段增加 10%。

当 Connection 对象执行 SELECT 语句时，Execute()方法返回一个 ADODB.Recordset 对象。

注意：Execute()方法必须在打开数据连接之后才能使用。

（7）BeginTrans()方法

Connection 对象的 BeginTrans 方法用于开始一个事务（Transaction）。事务是数据库的一个执行单元，事务中的所有 SQL 语句只要有一条执行失败，所有操作都将被取消。事务是保证数据一致性的重要手段。BeginTrans()方法的返回值为 Long 型，表示事务的嵌套层数。

（8）CommitTrans()方法

Connection 对象的 CommitTrans()方法用于提交当前事务。事务开始（BeginTrans）后，事务中的对数据的修改虽然写入了数据库，但事务提交（CommitTrans）之前如果发生错误，前面写入数据库的修改将被撤销。

【例 10-10】使用 ADO 数据对象改写例 10-9 中的删除"销售单"部分，要求将被删除销售单（Sales 表）的销售数量（Count 字段）增加到相应产品（Product 表）的库存数量（Quantity 字段）。

从逻辑上讲，销售单被删除通常意味着售出产品被退货，这时应该自动增加该产品的库存数量。删除销售单和增加库存数量必须一起完成，否则将会造成售出数量与库存数量的不一致。删除（cmdDel）"销售单"部分的代码改写如下：

```
Private Sub cmdDel_Click()
    Dim cn As New ADODB.Connection              '隐式创建对象
    cn.Open "Provider=Microsoft.Jet.OLEDB.4.0;Data Source=D:\Sales.mdb"
    cn.BeginTrans                               '开始事务
    cn.Execute "UPDATE Product SET Quantity=Quantity+" & _
            adoSales.Recordset.Fields("Count") & _
            " WHERE ID=" & adoSales.Recordset.Fields("ProductID")
    cn.Execute "DELETE FROM Sales WHERE ID=" & _
            adoSales.Recordset.Fields("ID")
    cn.CommitTrans                              '提交事务
    cn.Close
    adoSales.Refresh
    adoSales.Recordset.MoveFirst
```

```
End Sub
```
上述代码将对产品（Product）表的 UPDATE 语句和对销售（Sales）表的 DELETE 语句放在同一个事务中，正常情况下两条语句都将成功执行并一起写入数据库，数据保持一致。但假如 UPDATE 语句执行后计算机突然断电，这时 DELETE 语句没有执行，事务也没有提交，再次开机后 UPDATE 语句对数据库所做的修改将被撤销，数据恢复一致。

（9）RollbackTrans()方法

Connection 对象的 RollbackTrans()方法用于撤销事务。在事务提交（CommitTrans）之前，使用 RollbackTrans()方法可以撤销该事务中的所有数据操作。

2. Command 对象常用属性与方法

ADODB.Command 对象主要用于执行 SQL 命令，可对数据库进行查询、新增、修改、删除等记录操作，常用属性和方法包括：

（1）ActiveConnection 属性

数据类型为 ADODB.Connection 类型，用于设置 Command 对象连接到哪个数据源。

（2）CommandText 属性

String 型，用于设置命令文本，可以是数据表或查询名、存储过程（Procedure）名或 SQL 语句。

（3）CommandType 属性

数据类型为 CommandTypeEnum 枚举型，用于设置命令文本的类型，用法与 ADODC 控件的 CommandType 属性相同，常用取值为：

- adCmdUnknown（默认），自动识别命令文本的类型。
- adCmdTable，表示 CommandText 属性为数据表名或查询名，Command 对象执行全表查询操作。
- adCmdText，表示 CommandText 属性为 SQL 语句。
- adCmdstoreProc，表示 CommandText 属性为存储过程名。

注意：CommandType 属性通常不需要设置。

（4）Execute()方法

Command 对象的 Execute()方法可用于执行 SQL 语句，用法与 Connection 对象的 Execute()方法相同。例如：

```
Dim cn As New ADODB.Connection
Dim cmm As New ADODB.Command
cn.Open "Provider=Microsoft.Jet.OLEDB.4.0;Data Source=D:\Sales.mdb"
Set cmm.ActiveConnection = cn
cmm.Execute "UPDATE Product SET Price=Price*1.1"
```

上述代码通过变量 cn 打开数据源连接，将 Command 类型的对象变量 cmm 与 cn 指向的 Connection 对象关联起来，再通过 Command 对象的 Execute 执行 SQL 语句。

当 Command 对象执行 SELECT 语句或 CommandText 属性为数据表名或查询名时，Execute 方法返回一个 ADODB.Recordset 对象。

（5）Cancel()方法

Command 对象的 Cancel()方法用于取消 Execute()方法的调用。

3. Recordset 对象常用属性与方法

ADODB.Recordset 对象指向一个查询结果记录集,用法与 ADODC 控件的 Recordset 属性相同。记录集可通过 Connection 或 Command 对象的 Execute()方法生成,也可通过 Recordset 对象的 Open() 方法打开。

（1）Recordset 对象常用属性

① ActiveConnection 属性。数据类型为 ADODB.Connection 类型,用于设置 Recordset 对象连接到哪个数据源。

② Source 属性。Variant 型,用于设置 Recordset 对象的数据来源,可设为数据表名、查询名或 SELECT 语句。

③ CursorLocation 属性。数据类型为 CursorLocationEnum 枚举型,用于设置查询结果记录集的存放位置,可设为 adUseClient（客户端）或 adUseServer（服务器端、默认）,用法与 Connection 对象的 CursorLocation 属性相同。

④ CursorType 属性。数据类型为 CursorTypeEnum 枚举型,用于设置记录集的游标（Cursor）类型,常用取值如下:

- adOpenForwardOnly（前向游标,默认）,记录集当前记录指针只能向前移动（MoveNext）,不能后退（MoveProvious）。
- adOpenKeyset（键集游标）,当多个用户同时操作同一个数据源（例如多个销售员同时访问 Sales 表）,记录集只能看到其他用户对数据源的修改,不能看到其他用户新增或删除的记录。
- adOpenDynamic（动态游标）,记录集可以看见其他用户对数据源的修改、新增和删除操作,并允许当前记录指针双向移动。动态游标记录集是功能最强,同时也是最耗费资源的记录集。
- adOpenStatic（静态游标）,记录集允许当前记录指针双向移动,但不能看见其他用户对数据源的修改、新增和删除操作。

在小型数据库应用程序中,由于耗费资源不多,因此通常使用功能最强的动态游标（adOpenDynamic）记录集。

⑤ LockType 属性。数据类型为 LockTypeEnum 枚举型,用于设置记录集的锁定（Lock）类型,常用取值为:

- adLockReadOnly（只读锁,默认）,记录集不能新增、删除和修改数据源。
- adLockPessimistic（记录级保守锁）,记录集在修改记录的整个过程中锁定被修改记录,此时其他用户不能同时修改被锁定的记录。
- adLockOptimistic（记录级开放锁）,记录集只在提交修改结果［调用 Update()方法］的一瞬间锁定记录,此时其他用户不能同时修改被锁定的记录。使用 adLockOptimistic 锁的记录集对被修改记录的锁定时间比使用 adLockPessimistic 锁的记录集要短得多,可大大提高数据源的使用效率,但同时增加了发生"脏读"（Dirty Read）等并发问题的可能性。
- adLockBatchOptimistic（批开放锁）,记录集只在批提交修改结果［调用 UpdateBatch()方法］的一瞬间锁定记录,此时其他用户不能同时修改被锁定的记录。使用 adLockBatchOptimistic 锁的记录集对记录的锁定时间比使用 adLockOptimistic 锁的记录集更短,但发生并发问题的可能性更大。

在小型数据库应用程序中,由于用户数量不多,因此通常使用记录开放锁定（adLockOptimistic）

记录集。

⑥ RecordCount 属性。Long 型，返回记录集中的总记录数。

⑦ BOF、EOF 属性。Boolean 型，返回记录集中当前记录指针是否向前、向后出界。

（2）Recordset 对象常用方法

① Open()方法。Recordset 对象的 Open()方法用于打开查询结果记录集，用法如下：

```
对象变量名.Open [Source], [ActiveConnection], [CursorType As CursorTypeEnum =
adOpenUnspecified], [LockType As LockTypeEnum = adLockUnspecified], [Options As
Long = -1]
```

其中：

- 参数 Source 为数据来源，可代替 Source 属性。
- 参数 ActiveConnection 为关联的数据连接，可代替 ActiveConnection 属性。
- 参数 CursorType 为游标类型，可代替 CursorType 属性。
- 参数 LockType 为游标类型，可代替 LockType 属性。
- 参数 Options 用于设置 Source 参数的类型，用法与 ADODC 控件、Command 对象的 CommandType 属性相同，通常不用设置。

② Close()方法。Recordset 对象的 Close()方法用于关闭查询结果记录集。

③ Move 方法。Recordset 对象的 Move()方法用于将当前记录指针移动到指定位置。

④ MoveFirst()、MoveLast()、MoveNext()、MoveProvious()方法。分别用于将当前记录指针移动到首记录、末记录、下一记录、上一记录。

⑤ AddNew()、Delete()、Update()、CancelUpdate()方法。分别用于新增空白记录、删除当前记录、保存对当前记录的更新、撤销对当前记录的更新。

⑥ UpdateBatch()方法。Recordset 对象的 UpdateBatch()方法用于批量更新数据源。当 Recordset 对象的 LockType 属性设为 adLockBatchOptimistic 时，调用 Update 方法不会将更新的内容写入数据库，也就是说可以连续新增或修改多条记录而不锁定记录。所有的更新在调用 UpdateBatch 方法时一起写入数据库，记录只在更新的一瞬间被锁定。

需要注意的是，使用 adLockBatchOptimistic 记录集和 UpdateBatch 方法极大地增加了发生并发问题的可能性，只有当系统用户极少时才能采用这种方法。

⑦ Requery()方法。Recordset 对象的 Requery()方法用于重新查询，即刷新记录集。

本章介绍了数据库基本概念、常用 SQL 语句、Data 控件和 ADO 数据对象等内容。ADO 数据对象是 Visual Basic 6.0 中功能最强大、使用最灵活的一种数据访问方法，本书的下一章将通过一个具体实例来介绍使用 ADO 数据对象开发数据库应用程序的方法。

习　题　10

1．什么是数据库？什么是数据库管理系统？

2．数据库系统通常由哪几部分组成？

3．关系型数据库中表、记录和字段之间的关系是什么？关系型数据库的表间关系有哪些？

4．创建 Access 数据库"D:\学生成绩.mdb"，包括"学生信息""课程""成绩"3 张数据表，结构分别如表 10-7、表 10-8 和表 10-9 所示。

表 10-7　"学生信息"表

字　段　名	数　据　类　型	字　段　大　小	说　　明
学生 ID	自动编号	长整型	主键
学号	文本	10	必填项，有索引（无重复）
姓名	文本	30	必填项，有索引（有重复）
班级	文本	20	必填项，有索引（有重复）
出生日期	日期/时间		必填项
性别	文本	2	必填项
备注	备注		可为空

表 10-8　"课程"表

字　段　名	数　据　类　型	字　段　大　小	说　　明
课程 ID	自动编号	长整型	主键
名称	文本	30	必填项，有索引（有重复）
学分	数字	长整型	必填项
平时占比	数字	单精度型	必填项
期末占比	数字	单精度型	必填项
备注	备注		可为空

表 10-9　"成绩"表

字　段　名	数　据　类　型	字　段　大　小	说　　明
课程 ID	数字	长整型	主键
学生 ID	数字	长整型	
平时成绩	数字	单精度型	可为空，默认值 0
期中成绩	数字	单精度型	可为空，默认值 0
期末成绩	数字	单精度型	必填项

5．在"D:\学生成绩.mdb"数据库中创建表间关系：

（1）在"学生信息"表的"学生 ID"字段和"成绩"表的"学生 ID"字段之间建立"一对多"关系。

（2）在"课程"表的"课程 ID"字段和"成绩"表的"课程 ID"字段之间建立"一对多"关系。

6．在"D:\学生成绩.mdb"数据库中，"学生信息"表的"班级"字段含有大量重复的文本型数据。参考"成绩"表与"学生信息"表之间的关系，重新设计数据库，减少文本型字段的数据冗余。

提示：可创建"班级"表，将"学生信息"表的文本型"班级"字段改为数字型"班级 ID"字段，并创建两表间的关系。

7．在"D:\学生成绩.mdb"数据库中，创建"学生成绩"查询，将"成绩"表的"课程 ID"字段显示为"课程"表的"名称"字段；"学生 ID"字段显示为"学生"表的"姓名"字段。

8．在"D:\学生成绩.mdb"数据库中，写出下列查询对应的 SQL 语句：

（1）查询 1996 年出生的学生的姓名和班级。

（2）使用 COUNT() 函数统计姓"张"的学生的人数。

（3）使用内连接（INNER JOIN）跨表查询学生成绩，查询结果包括："课程"表的"名称"字段、"学生信息"表的"姓名"和"班级"字段、"成绩"表的"平时成绩"和"期末成绩"字段。

（4）使用 AVG() 函数计算"计科 1301"班"高等数学"课程的总评成绩平均分。

 总评成绩=平时成绩×平时占比+期中成绩×期中占比+期末成绩×期末占比

 期中占比=1-平时占比-期末占比

9．在"D:\学生成绩.mdb"数据库中，写出下列操作对应的 SQL 语句：

（1）向"课程"表插入新记录：名称为"计算机应用基础"，学分为 3，平时占比为 30%，期末占比为 70%。

（2）删除所有"计科 1001"班的学生。

（3）给课程 ID 为 1、学生 ID 为 3 的期末成绩加 10 分。

10．简述使用 ADODC 控件连接"D:\学生成绩.mdb"数据库，并通过 DataGrid 控件显示"学生成绩"查询全部记录的方法。

提示：答案应包括 ADODC 控件 ConnectionString 属性和 RecordSource 属性的取值，以及 DataGrid 控件通过什么属性绑定数据源。

11．ADO 对象模型的常用对象有哪些？作用分别是什么？

第**11**章 股票交易查询软件

本章将通过一个完整的实例——股票交易查询软件，来讲解数据库应用程序的数据输入、统计查询和数据输出等功能的实现方法。

11.1 软件工程简介

软件工程就是指导计算机软件开发与维护的工程学科。软件工程的研究内容是用工程化方法构建和维护高质量的软件，涉及程序设计语言、数据库、平台与标准、设计模式等方面。软件工程学科提出了多种软件工程方法学，其中使用最多的是传统方法学和面向对象方法学。对于规模较少、业务简单的小型系统来说，使用传统的结构化方法就可以有效保证软件开发过程的顺利实施。

软件工程中的传统方法学也称为生命周期方法学或结构化范型，它采用结构化技术来完成软件开发的各项任务。传统方法学通常将软件的生命周期分为软件定义、软件开发和运行维护三个阶段。

11.1.1 软件定义

软件定义阶段的主要任务是确定软件项目必须完成的目标，并确定项目的可行性和所需资源。软件定义阶段通常进一步分为问题定义、可行性研究和需求分析三部分。

1. 问题定义

在问题定义阶段，通常由系统分析员根据市场调研或客户调研对问题性质、工程目标、项目规模和周期等方面给出明确定义。如果开发的是用户定制软件，这些问题需要用户最终确认。

2. 可行性研究

可行性研究阶段的主要任务是明确上一阶段提出的问题是否能够解决并值得解决。该阶段的工作不是去解决问题，而是用最小的代价尽可能快地确定解决问题所需的资源（包括技术、人力、资金等）是否超出项目组的能力范围，以及项目的收益与支出是否符合项目组的预期。

3. 需求分析

需求分析阶段的主要任务是对待开发软件提出完整、准确、具体的要求。在开发用户定制软件时，由于用户不知道计算机能干什么，而软件开发人员不知道用户想要什么，因此需要项目组与客户反复沟通，逐步明确软件的具体要求，并最终形成双方确认的规格说明（Specification）。

11.1.2 软件开发

软件定义阶段完成后，项目组将以软件的规格说明为依据进入软件开发阶段。软件开发阶段分为系统设计和系统实现两部分，其中系统设计又分为概要设计和详细设计，系统实现又分为软件编码和软件测试。

1. 概要设计

概要设计又称逻辑设计或总体设计，该阶段的主要任务是使用抽象符号和简短文字描述目标软件的总体实施方案。在该阶段软件工程师首先提出实现目标软件的各种可行方法，从中选出最佳方案，并制订实现该方案的详细计划。

用户对项目实施方案确认后，软件工程师进一步设计目标软件的体系结构，也就是确定软件由哪些模块构成以及模块间的关系。

2. 详细设计

详细设计又称物理设计或模块设计，该阶段的主要任务是将解决方案具体化，最终给出系统的详细规格说明。详细规格说明必须包含工程的实施细节，程序员将根据详细规格说明编写程序代码。

3. 编码与单元测试

编码阶段的主要任务是编写正确易懂、便于维护的程序模块。在该阶段程序员通常使用高级程序设计语言（例如 Visual Basic）将详细设计阶段生成的详细规格说明翻译成程序。程序员实现一个业务逻辑或功能模块后，应该对该模块进行完整的单元测试，进而减少系统测试的工作量。

4. 系统测试

系统测试阶段的主要任务是通过各种类型的测试和调试，使软件达到预定目标。最基本的测试是集成测试和验收测试。集成测试是根据概要设计阶段确定的软件结构，将经过单元测试的各模块组装起来，在组装过程中对软件进行必要的测试。

验收测试是根据双方确认的规格说明书，由用户对目标软件进行验收。对于复杂系统，验收测试后通常还需要组织现场测试和平行运行来检验软件的质量。

11.1.3 运行维护

运行维护阶段的主要任务是使软件能持久的满足用户的需求。运行维护通常分为 4 种：改正性维护、适应性维护、完善性维护和预防性维护。

改正性维护是指诊断和改正用户使用过程中发现的软件错误；适应性维护是指当运行环境发生改变时（例如用户对计算机软硬件进行升级）对软件进行的修改；完善性维护是指根据用户新的需求改进或扩充软件；预防性维护是指为将来的升级或扩展做准备而对软件进行的修改。

目前我国执行的计算机软件开发规范是国家标准《信息技术 软件生存周期过程》（GB/T 8566—2007），该标准将软件生存周期分为基本过程、支持过程和组织过程，其中基本过程又分为获取过程、供应过程、开发过程、运作过程和维护过程。本节介绍的软件工程传统方法学对应于该标准的开发过程、运作过程和维护过程。

11.2　股票交易查询软件的系统设计

本节将以股票交易查询软件为实例来简要讲解软件开发过程中的概要设计和详细设计。

11.2.1　股票交易查询软件的概要设计

股票交易查询软件的主要功能是利用从网上下载的股票交易历史数据，统计和查询一段时间内股票的量价关系，并输出查询结果。

1. 数据来源

股票交易查询软件的数据来源为股票交易历史数据和股票代码名称对照表，它们都可以从股票交易软件中免费下载。

（1）股票交易历史数据

从网上下载的股票交易历史数据通常为纯文本格式，数据格式如图 11-1 所示。

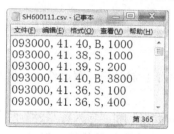

图 11-1　股票交易数据文件格式

图 11-1 所示的是"北方稀土"股票（代码为 SH600111）在 2012 年 8 月 9 日的部分交易数据。数据文件的文件名为股票代码，扩展名为.csv。文件中的数据以逗号分隔为 4 列，分别表示交易时间（格式为 hhmmss）、交易价格（单位：元）、交易方式（B 表示买入、S 表示卖出）、交易数量（单位：股）。

股票交易数据通常以每月为一个压缩文件，解压后文件夹名为数据发生的年月，文件夹内每日为一个子文件夹，子文件夹内每只股票为一个文本文件，如图 11-2 所示。

图 11-2　股票交易数据文件夹结构

股票交易查询软件需要将图 11-2 所示的文件夹中所有交易数据文件全部导入数据库，以便统计和查询所用。

（2）股票代码名称对照表

如图 11-1 所示，股票交易数据文件的文件名中只有股票代码，而没有股票名称。为了股票交易查询软件能更方便使用，需要将股票代码和名称的对照表导入数据库。从股票交易软件中可以免费下载全部股票的基本信息，如图 11-3 所示。

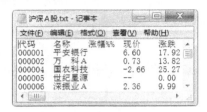

图 11-3　股票基本信息

图 11-3 所示的股票基本信息被保存在扩展名为.txt 的文本文件中，股票基本信息包括很多列，各列之间以制表符（Tab）分隔，其中的前两列即为股票代码和股票名称。

2．模块划分

股票交易查询软件主要分为 4 个功能模块：数据导入、数据查询、数据导出、数据删除。

（1）数据导入模块

数据导入模块包括"导入交易数据"和"导入对照表"两个子模块。

① 导入交易数据子模块。导入交易数据子模块用于将如图 11-1 所示的股票交易历史数据文件中的交易数据导入数据库，包括"导入文件"和"导入文件夹"两个功能。"导入文件夹"功能支持递归检索所有子文件夹中的文件。

在实际使用中，分时交易数据的用处不大，因此在数据导入时将交易数量按交易日期、交易价格和交易方式汇总。

② 导入对照表子模块。导入对照表子模块用于将如图 11-3 所示的股票基本信息文件中的股票代码和股票名称导入数据库。

（2）数据查询模块

数据查询模块用于设置查询条件并显示查询结果，查询条件包括"股票代码""交易日期区间""交易价格区间""交易方式""交易数量区间"。查询结果包括表格和图表两种格式。

（3）数据导出模块

数据导出模块用于将查询结果导出为 Excel 电子表格。

（4）数据删除模块

数据删除模块用于删除陈旧数据。

3．数据结构

数据结构是计算机存储和组织数据的方式，是具有特定关系的数据元素的集合。有针对性的数据结构设计可以提高软件的运行效率。股票交易查询软件的数据结构包括内存中的数据结构和数据库结构。

（1）内存数据结构

① 股票代码名称对照表。为了提高查询速度，股票交易查询软件需要在内存中永久维持一个股票代码和名称的对照表。对照表使用自定义类型数组来保存，自定义类型 StockCodeName 有两个分量：股票代码 Code（长整型）、股票名称 Name（字符型）。

② 股票交易数据。股票交易查询软件从文件读取股票交易数据后，需要按股票代码、交易日期、交易价格、交易方式汇总交易数量，然后将汇总结果写入数据库。为了提高运行速度，需要在内存中暂时保存股票交易数据。

股票交易数据中的股票代码来自数据文件的文件名；交易日期来自数据文件所在的文件夹名；交易价格、交易方式和交易数量使用自定义类型数组来保存。存放交易数据的自定义类型 ExchangeData 需要 3 个分量：交易价格 Price（浮点型）、买入量 Buy（长整型）、卖出量 Sell（长整型）。

（2）数据库结构

股票交易查询软件的数据量非常大，经过估算每月的数据量将近 200 万条，而该类软件通常需要保留最近 5 年的数据，也就是数亿条交易数据。为了提高查询速度，需要将这些数据分散保存在数据库的多张数据表中。

股票交易查询软件将股票代码名称对照表保存在一张数据表中，表结构如表 11-1 所示。

表 11-1　"股票代码名称" 表

字　段　名	数 据 类 型	字 段 大 小	说　　明
股票代码	整型	4	主键
股票名称	文本	10	必填项

说明：

- 股票代码是不重复的 6 位数字，可以直接作为主键使用；
- 股票名称最长为 5 个字符，例如 "*ST 二重"。

股票交易数据拆分成多张数据表，拆分方式为：股票代码除以 1000 取商。数据表结构如表 11-2 所示。

表 11-2　"股票交易×××" 表

字　段　名	数 据 类 型	字 段 大 小	说　　明
股票代码	整型	4	主键
交易日期	整型	4	
交易价格	浮点型	4	
买入量	整型	4	默认 0
卖出量	整型	4	默认 0

说明：

- 数据表名中的 ××× 即为股票代码除以 1000 的商，目前有 000、001、002、300、600、601、603 这 7 种情况。
- 股票代码、交易日期、交易价格作为联合主键。
- 交易日期按数值处理可以节省存储空间。
- 按交易方式（B 表示买入、S 表示卖出）将交易数量分成买入量和卖出量。

此外，需要 1 张"股票代码前缀"数据表存储股票代码的前 3 位，也就是"股票交易×××"表名中的×××。"股票代码前缀"表只有"前缀"1 个文本型字段，长度为 6 字节。

"股票交易×××"表虽然记录数很多（可能达到 5 000 万条），但每条记录只有 20 字节，而且都是数值型数据，因此处理速度并不慢。

11.2.2 股票交易查询软件的详细设计

划分软件模块后，应该对每个模块进行详细设计。详细设计阶段并不编写代码，而是用自然语言、流程图、伪代码等工具描述各个功能的逻辑实现，最终形成软件的详细规格说明。

1. 数据导入模块

数据导入模块包括"导入数据文件""导入文件夹""导入股票列表"三个功能。

（1）导入数据文件

此功能用于将单个股票交易数据文件（见图 11–1）导入"股票交易×××"数据表，并按交易价格和交易方式汇总。本节用流程图描述"导入数据文件"功能，如图 11–4 所示。

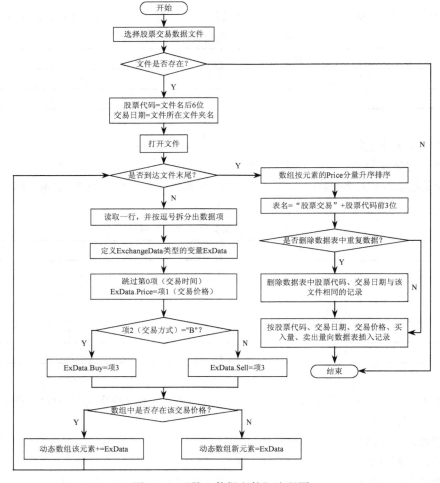

图 11–4 "导入数据文件"流程图

　　流程图（Flow Chart）又称框图，是一种用图形和箭头来描述业务逻辑的表示方法。流程图具有准确清晰、形象直观、便于理解的特点，是一种常用的软件详细设计表现形式。但流程图通常占用篇幅较大，而且流程线过于灵活，从而造成程序阅读和修改上的困难，因此过于复杂的业务逻辑不适合用流程图来描述。

　　（2）导入文件夹

　　此功能用于将文件夹及子文件夹（见图 11-2）中的全部股票交易数据文件导入"股票交易×××"数据表，并按交易价格和交易方式汇总。本小节用伪代码描述"导入文件夹"功能，如图 11-5、图 11-6 所示。

算法：	GetFiles (objFolder, strExt)
说明：	获取 objFolder 指定文件夹及子文件夹下所有扩展名为.strExt 的文件路径
输入：	objFolder - 文件夹对象； strExt - 文件扩展名；
输出：	strReturn - 以竖线（|）分隔的所有文件路径
1：for each 文件对象 f in objFolder 　2：　　if (f 的扩展名 = strExt) 　3：　　　　strReturn ← strReturn + "|" + f 的路径； 　4：　　end if 　5：end for 　6：for each 文件夹对象 fld in objFolder 　7：　　strFiles ← call GetFiles(fld, strExt);　△递归调用 GetFiles 　8：　　if (strFiles 不为空) 　9：　　　　strReturn ← strReturn + "|" + strFiles; 10：　　end if 11：return strReturn;	

图 11-5　伪代码描述"获取文件夹下所有文件"

　　伪代码（Pseudocode）是一种介于自然语言与编程语言之间的算法描述语言，具有结构清晰、代码简单、可读性好的特点，可以非常容易地以任何一种编程语言实现。伪代码中通常用←表示赋值；用 if-then-else-end if 表示选择结构；用 while-end while、repeat-util 和 for-end for 表示循环结构；用 call 表示过程调用；用 return 表示返回；用△表示注释；[ ]表示数组。

算法：	导入文件夹
说明：	将文件夹下所有数据文件导入数据库，文件夹名为交易日期，文件名为股票代码，文件扩展名为.csv
输入：	fldParent - 股票交易数据文件夹路径；
输出：	数据库"股票交易 XXX"表；
1：fldParent ← fldParent 对应的 Folder 对象； 　2：s ← call GetFiles(fldParent, ".csv");　△GetFiles 返回竖线分隔的文件路径 　3：strFiles[] ← 以竖线为界拆分 s 　4：for each FilePath in strFiles 　5：　　call 导入数据文件(FilePath);　//调用"导入数据文件"算法 　6：end for	

图 11-6　伪代码描述"导入文件夹"

伪代码描述方法的缺点主要是不够直观，因此算法出错时不容易排查。

（3）导入股票列表

此功能用于将股票基本信息文件（见图 11-3）中的股票代码和股票名称导入"股票代码名称"数据表。本小节用自然语言描述"导入股票列表"功能，如图 11-7 所示。

算法：	导入股票列表
描述：	1．打开股票基本信息文件 2．读取文件，将每行文本以 Tab 为界拆分成数组 3．清空"股票代码名称"表 4．校验数组第 1 项后 6 位为数字（股票代码） 5．将数组前两项插入"股票代码名称"表 6．将股票代码前 3 位插入"股票代码前缀"表，不能重复 7．当出现新的前缀×××时，创建对应的"股票交易×××"表

图 11-7　自然语言描述"导入股票列表"

自然语言描述方法的优点是浅显易懂、便于沟通；缺点是容易产生歧义，因此只适用于描述比较简单的功能。

2．数据查询模块

数据查询模块用于设置查询条件并显示查询结果。

（1）查询条件

模块支持的查询条件包括：

- 股票代码：通过列表框选择，支持多选。
- 交易日期（起始）、交易日期（结束）：通过日历选择。
- 交易价格（最低）、交易价格（最高）：通过文本框输入。
- 买入量（最小）、买入量（最大）：通过文本框输入。
- 卖出量（最小）、卖出量（最大）：通过文本框输入。

（2）查询方法

通过数据源对象连接数据库，并执行 SELECT 语句。

（3）查询结果

查询结果显示为表格和图表两种格式，分别如下：

- 表格：支持股票多选，包括"股票代码""股票名称""交易日期""交易价格""买入量""卖出量"6 列。
- 图表：不支持股票多选，以交易价格为 X 轴、交易量为 Y 轴（买入为正、卖出为负），如图 11-8 所示。

3．数据导出模块

数据导出模块用于将表格形式的查询结果导出为 Excel 电子表格。

4．数据删除模块

数据删除模块用于删除符合筛选条件的交易数据，筛选条件包括：

- 股票代码：通过列表框选择，支持多选。

● 交易日期（起始）、交易日期（结束）：通过日历选择。

删除方法为通过数据源对象连接数据库，并执行 DELETE 语句。

本节通过示例简要介绍了流程图、伪代码、自然语言描述这三种软件详细设计表示方法。股票交易查询软件的数据查询、数据导出、数据删除模块逻辑结构比较简单，本节不再赘述。

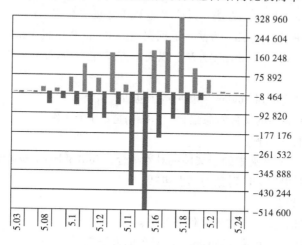

图 11-8　图表形式的查询结果

11.2.3　技术说明

股票交易查询软件除用到本书第 9 章和第 10 章介绍的技术外，还需要使用 FileSystemObject 对象、Shell 对象、DTPicker 控件、MSHFlexGrid 控件、MSChart 控件和 Excel 类库。

1．访问文件

股票交易查询软件需要从文件导入股票交易数据，除使用第 9 章介绍的 Open() 方法外，还使用了 FileSystemObject 对象和 Shell 对象来读取文件和文件夹。

（1）Open() 方法

本书 9.2.1 小节介绍了读取文本文件的方法，主要步骤如下：

```
Open pathname For Input As #filenumber    '以文本方式打开 pathname 文件，
                                          '文件号为 filenumber
Do Until EOF(filenumber)                  '当 filenumber 文件尚未读到末尾
    Line Input #filenumber,var            '从 filenumber 文件读取一行存入变量 var
Loop
Close #filenumber                         '关闭 filenumber 文件
```

使用 Open() 方法操作文件独占文件时间较长，并且代码相对比较复杂，因此通常使用 FileSystemObject 对象来读写文件。

（2）FileSystemObject 对象

从 Visual Basic 6.0 开始，Microsoft 公司提供了一个全新的文件系统对象 File System Object（FSO）。使用 FSO 对象可以方便、快捷的管理和操作文件及文件夹。

① 引用 Scripting 类库。在 Visual Basic 6.0 开发环境中选择"工程"→"引用"命令，选中"Microsoft Scripting Runtime"复选框即可引用 Scripting 类库。本例需要使用 Scripting 类库中的

FileSystemObject 对象、Folder 对象、File 对象和 TextStream 对象。

　　② FileSystemObject 对象。本例用到 FileSystemObject 对象的方法包括：

- FolderExists。
- GetFile(FilePath As String)方法：返回路径为 FilePath 的 File 对象。
- GetFileName(Path As String)方法：返回路径 Path 中的文件名。
- GetFolder(FolderPath As String)方法：返回路径为 FolderPath 的 Folder 对象。
- OpenTextFile(FileName As String)方法：以文本方式打开 FileName 文件，返回 TextStream 文件流对象。

　　③ Folder 对象。本例用到 Folder 对象的属性包括：

- Files 属性：文件夹中的文件对象集合，Files(i)是第 i 个文件。
- Name 属性：文件夹名称。
- SubFolders 属性：文件夹中的子文件夹对象集合，SubFolders(i)是第 i 个子文件夹。

　　④ File 对象。本例用到 File 对象的属性包括：

- Name 属性：文件名。
- ParentFolder 属性：文件所在的文件夹对象。

　　⑤ TextStream 对象。本例用到 TextStream 对象的方法包括：

- Close 方法：关闭文件流。
- ReadAll 方法：文件流里的全部字符。

　　（3）Shell 对象

　　① 引用 Shell32 类库。在 Visual Basic 6.0 开发环境中选择"工程"→"引用"命令，选中"Microsoft Shell Controls And Automation"复选框即可引用 Shell32 类库，本例需要使用其中的 Shell 对象和 Folder2 对象。

　　② Shell 对象。本例使用 Shell 对象的 BrowseForFolder (Hwnd As Long, Title As String, Options As Long)方法弹出"浏览文件夹"对话框。BrowseForFolder 方法的第 2 个参数为对话框提示文字，其余参数设为 0 即可，方法返回所选文件夹的 Shell32.Folder 对象。

　　③ Folder2 对象。Shell32. Folder2 对象是 Shell32.Folder 对象的扩展，可以接收 BrowseForFolder()方法的返回值。本例使用 Folder2 对象的 Self 属性获得文件夹的 FolderItem 对象，再通过 FolderItem 对象的 Path 属性获得文件夹路径。

　　例如：

```
Dim objShell As New Shell32.Shell
Dim objFolder As Shell32.Folder2
Set objFolder = objShell.BrowseForFolder(0, "选择股票交易交易数据文件夹", 0)
strFldPath = objFolder.Self.Path
```

以上代码将弹出"浏览文件夹"对话框，所选文件夹的路径保存进变量 strFldPath 中。

　　2．访问数据库

　　股票交易查询软件使用本书 10.6 节介绍的 ADO 数据对象来访问数据库。使用 ADO 数据对象之前需要引用 ADODB 类库，可以通过 ADODB.Connection 对象连接数据库并执行 SQL 语句，通过 ADODB.Recordset 对象获得查询结果记录集。

3．查询及结果显示

股票交易查询软件在数据查询和数据导出模块中需要使用 DTPicker、MSHFlexGrid 和 MSChart 控件。

（1）DTPicker 控件

DTPicker 控件是一种日期选择控件，在 Visual Basic 6.0 开发环境中选择"工程"菜单下的"部件"命令，选中"Microsoft Windows Common Controls-2 6.0"复选框即可在"工具箱"中添加包括 DTPicker 在内的一组控件。DTPicker 控件在"工具箱"中图标为 ，在窗体上外观为 2015/1/1 星期四 ▾ 。单击 DTPicker 控件右侧的下拉箭头，可以从弹出的日历中选择日期，如图 11-9 所示。

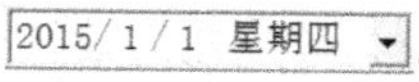

图 11-9　DTPicker 控件

通过 DTPicker 控件的 Value 属性可以获得所选日期。

（2）MSHFlexGrid 控件

MSHFlexGrid 是一种表格控件，比本书 10.5.3 小节介绍的 DataGrid 控件更加强大。在 Visual Basic 6.0 集成开发环境中选择"工程"菜单下的"部件"，选中"Microsoft Hierarchical FlexGrid Control 6.0"复选框即可在"工具箱"中添加 MSHFlexGrid 控件。MSHFlexGrid 控件在"工具箱"中图标为 ，在窗体上显示为表格。本例用到的 MSHFlexGrid 控件成员包括：

① Cols 属性：Long 型，表格的总列数。

② FixedCols 属性：Long 型，表格左侧固定列的列数。

③ ColWidth(i)属性：Long 型，表格第 i 列的列宽，-1 表示默认列宽，i 从 0 开始。

④ Rows 属性：Long 型，表格的总行数。

⑤ FixedRows 属性：Long 型，表格顶部固定行的行数。

⑥ RowHeight(i)属性：Long 型，表格第 i 行的行高，-1 表示默认行高，i 从 0 开始。

⑦ TextMatrix(i,j)属性：String 型，表格第 i 行、第 j 列单元格的文本。

⑧ Clear()方法：清空表格。

（3）MSChart 控件

MSChart 是一种图表控件，在 Visual Basic 6.0 集成开发环境中选择"工程"→"部件"命令，选中"Microsoft Chart Control 6.0"复选框即可在"工具箱"中添加 MSChart 控件。MSChart 控件在"工具箱"中图标为 ，在窗体上显示为如图 11-8 所示的图表。本例用到的 MSChart 控件成员包括：

① TitleText 属性：String 型，图表标题。

② ChartType 属性：图表类型，取值如表 11-3 所示。

表 11-3　MSChart 控件支持的图表类型

属 性 值	常 数	图 表 类 型
0	VtChChartType3dBar	3D 条形图
1	VtChChartType2dBar	2D 条形图
2	VtChChartType3dLine	3D 折线图
3	VtChChartType2dLine	2D 折线图
4	VtChChartType3dArea	3D 面积图
5	VtChChartType2dArea	2D 面积图
6	VtChChartType3dStep	3D 阶梯图
7	VtChChartType2dStep	2D 阶梯图
8	VtChChartType3dCombination	3D 组合图
9	VtChChartType2dCombination	2D 组合图
14	VtChChartType2dPie	2D 饼图
16	VtChChartType2dXY	2D XY 散点图

股票交易查询软件中使用的是 2D 条形图。

③ ChartData 属性：Variant 型，通常赋值为一个 2 维数组。若 2 维数组第 0 行是字符串，则作为系列（Series 对象）的标题，其余各行必须是数值型，作为图表各系列数据点（DataPoint 对象）的值。例如：

```
Dim PTs() '存放条形图的数据点坐标，交易价格为 X 轴，交易量为 Y 轴
For i = 1 To grdCal.Rows - 1 '求表格中显示的行数
    If grdCal.RowHeight(i) <> 0 Then LNum = LNum + 1
Next i
ReDim PTs(LNum - 1, 2)
For i = 1 To grdCal.Rows - 1
    If grdCal.RowHeight(i) = 0 Then GoTo Skip '跳过不显示的行
    '用交易价格、买入量（负）、卖出量（正）做图表
    Price=grdCal.TextMatrix(i,3):             Buy=grdCal.TextMatrix(i,4):
Sell=grdCal.TextMatrix(i,5)
    PTs(LNum, 0) = Str(Price) '用交易价格做标题
    PTs(LNum, 1) = Buy '买入量是系列 1
    PTs(LNum, 2) = -Sell '负的卖出量是系列 2
    LNum = LNum + 1
Skip: '语句标号
Next i
Cht.ChartType=1
Cht.ChartData = PTs
```

以上代码使用 MSHFlexGrid 控件 grdCal，可见行的第 3、4、5 列在 MSChart 控件 Cht 上创建 2D 条形图，如图 11-8 所示。

④ Column、Row 属性：Integer 型，用于设置图表的当前数据点。

⑤ Data 属性：String 型，用于返回/设置图表的当前数据点的值，例如：语句 Cht.Row = 8: Cht.Column = 2: MsgBox Cht.Data 与 MsgBox Cht.ChartData(8,2)的作用相同。

⑥ Plot 属性：Plot 类型，指向图表的绘制区域。Plot 对象的 Axis(*i*)属性指向图表的坐标轴

（Axis 对象），其中 Axis(0)表示 X 轴、Axis(1)表示 Y 轴。Axis 对象的 AxisTitle 属性（AxisTitle 对象）表示坐标轴的标题。AxisTitle 对象的 Text 属性表示坐标轴标题文本。例如：Cht.Plot.Axis(0).AxisTitle.Text = "交易价格"，可以将图表的 X 轴标题设为"交易价格"。

4．导出 Excel 电子表格

在 Visual Basic 中将数据导出为 Excel 电子表格，需要使用 Excel 类库。在 Visual Basic 6.0 集成开发环境中选择"工程"→"引用"命令，选中"Microsoft Excel×××Object Library"复选框即可引用 Excel 类库，其中×××为已安装 Excel 的版本号。

（1）Application 对象

表示 Excel 应用程序，包括多个工作簿，常用成员包括：

① Caption 属性。Excel 应用程序的标题，String 型。

② Visible 属性。Excel 应用程序是否可见，Boolean 型。

③ Workbooks 属性。所有工作簿的集合，Workbooks.Item(i)表示第 i 个工作簿（Workbook 对象），数据类型为 Workbooks 类。通过 Workbooks 类的 Add 方法可以新建 Excel 工作簿。

（2）Workbook 对象

表示 Excel 工作簿，包括多张工作表。Workbook 对象的 Worksheets 属性表示工作簿中所有工作表的集合，Worksheets.Item(i)表示第 i 张工作表（Worksheet 对象）。

（3）Worksheet 对象

表示 Excel 工作表，包括多个单元格。Worksheet 对象的 Cells(i, j)属性可设置工作表第 i 行、第 j 列单元格的内容。例如：

```
Dim xlApp As New Excel.Application
Dim xlBook As Excel.Workbook
Dim xlSheet As Excel.Worksheet
Set xlBook = xlApp.Workbooks.Add
Set xlSheet = xlBook.Worksheets.Item(1)
xlSheet.Range("A:A").NumberFormatLocal = "@"    '将 A 列设为文本格式
For i = 1 To GrdResult.Rows
    For j = 1 To GrdResult.Cols
        xlSheet.Cells(i, j) = GrdResult.TextMatrix(i - 1, j - 1)
    Next j
Next i
xlApp.Visible = True
```

以上代码可以新建 Excel 工作簿，并在第 1 张工作表中写入 MSHFlexGrid 表格控件 GrdResult 的全部内容。

11.3　股票交易查询软件的编码实现

软件详细设计完成后，系统分析员与程序员需要对软件详细规格说明进行反复审核与修改。待最终确认后，软件开发正式进入编码实现阶段。

11.3.1　程序界面设计

股票交易查询软件包括 2 个窗体——主窗体（frmMain）、查询结果窗体（frmResult），以及 1

个标准模块（modMain）。

1. 主窗体

股票交易查询软件的主窗体（frmMain）是程序的启动窗体，包括数据导入、数据查询、数据删除模块的操作接口，窗体外观如图 11-10 所示。

图 11-10　主窗体（frmMain）设计界面

主要控件的属性设置如表 11-4 所示。

表 11-4　主窗体及控件的主要属性设置

控 件 名 称	控 件 类 型	属　　性	属　性　值	说　　明
frmMain	窗体	Caption	"股票交易查询系统"	
lblCaption	Label	Caption	"股票交易查询软件"	窗体顶部标题
cmbImport	ComboBox	Style	2	选择导入类型
		List	"股票代码名称" "交易数据文件" "交易数据文件夹"	
lblImportCount	Label	Caption	"导入数量: 0/0"	显示导入进度
CD	CommonDialog			用于选择文件
fraCondition	Frame	Caption	"筛选条件"	包含以下所有控件
lstCodeType	ListBox	Style	1	股票代码类别
cmdCodeTypeSel	CommandButton	Caption	"全选"	全选/全清代码类别
lstCode	ListBox	Style	1	股票代码

控 件 名 称	控 件 类 型	属　　性	属 性 值	说　　明
cmdCodeSel	CommandButton	Caption	"全选"	全选/全清股票代码
dtpDateMin	DTPicker			交易日期（起始）
dtpDateMax				交易日期（终止）
cmbLogicPrice	ComboBox	Style	2	只能选，不能输入
		List	"AND" "OR"	筛选条件间的关系
txtPriceMin	TextBox			交易价格（最小）
txtPriceMax				交易价格（最大）
cmbLogicBuy	ComboBox	Style	2	Dropdown List
		List	"AND" "OR"	筛选条件间的关系
txtBuyMin	TextBox			买入量（最小）
txtBuyMax				买入量（最大）
cmbLogicSell	ComboBox	Style	2	Dropdown List
		List	"AND" "OR"	筛选条件间的关系
txtSellMin	TextBox			卖出量（最小）
txtSellMax				卖出量（最大）
txtCodeSpecify				指定股票代码
cmdClear	CommandButton	Caption	"清空"	清空筛选条件
cmdQuery			"交易查询"	按筛选条件查询
cmdDelete			"删除数据"	按筛选条件删除

说明：

- 表 11-4 中不包括窗体上用于说明的标签。
- 本例使用"导入"组合框（有 3 个列表项）作为数据导入模块的用户接口，用"导入数量"标签显示导入操作的进度。
- 框架 fraCondition 包含所有筛选条件和"交易查询""删除数据"两个主要按钮。
- 两个"全选"按钮同时具有"全清"功能。
- 单击"交易查询"按钮时，按股票代码、交易日期、交易价格、买入量、卖出量在"股票交易×××"数据表查询，并弹出查询结果窗体（frmResult）显示查询结果。
- 单击"删除数据"按钮时，按股票代码、交易日期删除"股票交易×××"数据表中的数据。

2．查询结果窗体

在主窗体上单击"查询"按钮，将弹出查询结果窗体（frmResult）。查询结果窗体显示表格和图表形式的查询结果，并且含有数据导出模块的操作接口，窗体外观如图 11-11 所示。

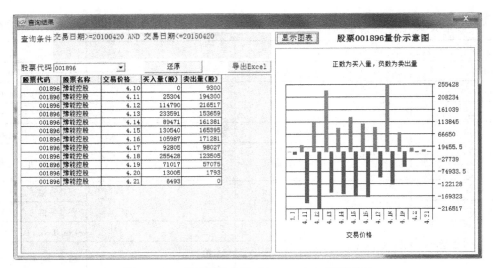

图 11-11　查询结果窗体（frmResult）运行界面

主要控件的属性设置如表 11-5 所示。

表 11-5　查询结果窗体及控件的主要属性设置

控件名称	控件类型	属性	属性值	说明
frmResult	窗体	Caption	"查询结果"	
lblCondition	Label	Caption	""	显示查询条件
cmbCode	ComboBox	Style	2	选择股票代码或全部
cmdSum	CommandButton	Caption	"合并交易日期"	按代码、价格再次汇总
cmdExport			"导出 Excel"	新建 Excel 工作簿并导出
grdResult	MSHFlexGrid	SelectionMode	1	按行选定
		ScrollBars	2	只有垂直滚动条
		FixedCols	0	不要固定列
		FixedRows	1	有 1 个固定行
grdCal		Visible	False	合并交易日期的结果
cmdChart	CommandButton	Caption	"显示图表"	合并交易日期后显示图表
Cht	MSChart	ChartType	1	2D 条形图
		ShowLegend	False	不显示图例
		Visible	False	

说明：

- 表 11-5 中不包括窗体上用于说明的标签。
- 两个 MSHFlexGrid 表格控件 grdResult 和 grdCal 重叠在一起，通过按钮 cmdSum（合并交易日期）控制显示哪一个，两个表格都只有 1 个固定行，没有固定列。
- MSChart 图表控件设置为二维条形图，启动时不显示。

股票交易查询软件的查询结果窗体通过语句 frmResult.Show 1，实现模态显示。模态显示时，窗体独占前台模式。

11.3.2　程序初始化

股票交易查询软件的初始化代码主要包含在标准模块（modMain）和主窗体。

1．定义变量及过程

标准模块通常用于定义了全局变量、过程，以及自定义数据类型，窗体模块通常只定义本模块使用的模块级变量和过程。

（1）自定义数据类型

股票交易查询软件的标准模块（modMain）中定义了 2 个数据类型，分别表示股票交易数据和股票代码名称。

```
Public Type ExchangeData        '股票交易数据
    Price As Single             '交易价格
    Buy As Long                 '买入量
    Sell As Long                '卖出量
End Type
Public Type StockCodeName        '股票代码和名称
    Code As Long
    Name As String
End Type
```

（2）全局变量

标准模块中定义了 2 个全局变量用于连接数据库，以及 1 个全局动态数组用于存放股票代码和名称。

```
Public cnn As ADODB.Connection
Public rs As ADODB.Recordset
Public StoCodeName() As StockCodeName
```

（3）全局过程

标准模块中定义了 4 个全局过程，过程的格式及说明如下：

① DateToStr()函数：用于将日期型数据转换为 yyyyMMdd 格式的 8 位字符串。

```
Public Function DateToStr(varDate) As String
```

② GetFolder()函数：用于弹出"浏览文件夹"对话框，并返回所选文件夹的路径。

```
Public Function GetFolder(strCaption As String, objFSO As FileSystemObject)
As String
```

③ GetFiles()函数：用于级联检索文件夹下指定扩展名的文件。

```
Public Function GetFiles(objFolder As Folder, strExt As String) As String
```

④ ReadExchangeData()函数：用于从股票交易数据文件中读取并汇总交易记录。

```
Public Function ReadExchangeData(strFilePath, ExDatas() As ExchangeData) As
Long
```

标准模块中定义的全局变量和过程在程序启动时加载进内存，工程中的所有模块可以直接使用。

（4）局部过程

本例的主窗体中还定义了 1 个模块级过程 RenewList，用于刷新股票代码列表。

```
Private Sub RenewList(cnn As ADODB.Connection)
```

模块级过程只能在本模块内使用，虽然作用域较小，但可以直接使用本模块的控件，例如

RenewList 过程可以直接使用主窗体上的控件 lstCodeType。

2. 主窗体的 Form_Load 事件

为了提高程序的通用性，股票交易查询软件使用文本文件 connectionstring.dat 保存数据库连接字符串。设置连接字符串的方法参见本书 10.5.2 小节。

```
Private Sub Form_Load()    '窗体加载，初始化
Dim s As String
Open App.Path & "\connectionstring.dat" For Input As #1
Line Input #1, s    '读取连接字符串
Close #1
cmbLogicPrice.ListIndex = 0 : cmbLogicBuy.ListIndex = 0 : cmbLogicSell.
ListIndex = 0
Set cnn = New ADODB.Connection    '创建 Connection 对象
cnn.CursorLocation = adUseClient : cnn.ConnectionString = s : cnn.Open
RenewList cnn
If cnn.State = adStateOpen Then cnn.Close
End Sub
```

注意：在使用本例源代码时，需要将"股票交易查询软件"文件夹复制到 C 盘，因为 connectionstring.dat 文件中的连接字符串将数据源设置为 Data Source=C:\股票交易查询软件\股票交易数据.mdb。

本章使用 ADO 对象开发了一个股票交易管理软件，通过该示例可以了解 Connection 对象、Recordset 对象，以及 MSHFlexGrid、MSChart 等控件的用法，并掌握从 VB 6.0 导出 Excel 电子表格的方法。因为股票交易的数据量非常大，建议使用 MySQL 等大型数据库来代替 Access 作为数据源。

参 考 文 献

[1] 教育部考试中心. 全国计算机等级考试二级教程：Visual Basic 语言程序设计[M]. 北京：高等教育出版社，2016.

[2] 孙中红. 面向对象程序设计基础：Visual Basic[M]. 北京：清华大学出版社，2016.

[3] 贾茹. Visual Basic 程序设计教程[M]. 北京：清华大学出版社，2016.

[4] 吴凤祥. Visual Basic 程序设计[M]. 2 版. 北京：机械工业出版社，2016.

[5] 刘瑞新. Visual Basic 程序设计教程[M]. 3 版. 北京：机械工业出版社，2016.